国家自然科学基金青年项目资助（项目编号：51608414）
项目名称：中日比较视野下的传统戏场原型与范式研究

中日传统观演建筑研究

崔陇鹏 著

中国建筑工业出版社

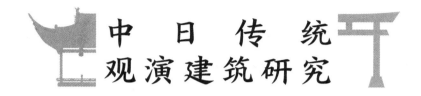

图书在版编目（CIP）数据

中日传统观演建筑研究／崔陇鹏著．—北京：中国建筑工业出版社，2018.12

ISBN 978-7-112-22809-6

Ⅰ．①中… Ⅱ．①崔… Ⅲ．①文化建筑－对比研究－中国、日本 Ⅳ．①TU242.4

中国版本图书馆CIP数据核字（2018）第234486号

责任编辑：宋　凯　张智芊
版式设计：锋尚设计
责任校对：姜小莲

中日传统观演建筑研究
崔陇鹏　著
*
中国建筑工业出版社出版、发行（北京海淀三里河路9号）
各地新华书店、建筑书店经销
北京锋尚制版有限公司制版
北京君升印刷有限公司印刷
*
开本：787×1092毫米　1/16　印张：17¼　字数：328千字
2019年2月第一版　2019年2月第一次印刷
定价：65.00元
ISBN 978－7－112－22809－6
（32946）

前　言

传统观演建筑是与传统演艺息息相关的建筑类型，在我国有着悠久的历史和广泛的遗留。笔者通过对我国山西、四川、浙江各省以及日本大阪、京都等地的传统观演建筑的调研后，从“行为·场所”的视野出发，深层次地剖析推动中日观演建筑历史演变的原因。通过对观演行为的研究，探讨中日观演建筑的同源性和差异性，以达到保护研究中日传统观演建筑，提升当代观演空间的“空间公共性”和“空间活力”，探寻当代观演建筑发展方向的目的。

全文总共分为六章：第1章主要对研究的对象、目的，以及文章的结构作绪论；第2章主要探究中日传统演艺与传统观演建筑的渊源；第3章和第4章对祭祀性与娱乐性这两类观演建筑进行中日对比研究；第5章是基于前两章行为与空间关系研究的基础上，探讨观演行为与观演空间尺度、空间模式的关系；第6章主要论述传统观演场所的保护、再生以及当代观演建筑的发展方向。

通过对中日观演行为和观演建筑的对比研究，得出以下结论：

首先，寻找中日传统观演建筑异同的根本原因。在历史上，中日两国的祭祀型传统观演建筑有很深的渊源，在形态上也有很多相似之处，但是在空间布局和使用方式上有很大的不同。本书通过对中日传统舞台对比后发现，中国戏台大多坐落于庙宇的大殿前，与山门合为一体，而日本的舞台大都处于拜殿两侧，并用挂桥连接。基于对中日两国祭祀行为、祭祀场所的大量案例的调查研究后，笔者指出中日传统观演场所同源性和差异性的根本原因，是中日两国不同文化主导下的行为方式的异同引起的。

其次，推断和复原中国宋元勾栏的空间形态。中日在宋元时期交往很频繁，促使中国的戏曲与勾栏瓦舍传入日本，而我国的勾栏至今已经失传，但日本同时期的观能场保留了许多翔实的资料，鉴于两者在观演行为和观演空间上的相像性，笔者通过日本记载的古代“观能场”的空间形态来研究我国勾栏的空间形态，通过比较两国观演行为与观演场所的异同，推断中国宋元勾栏瓦舍的空间形态。

再次，寻找传统观演场所的“空间活力”所在。传统的戏曲种类的丰富性决定了演出空间的丰富性，不同的演出特点必然与不同的观演场所相适应，笔者分别从戏曲的演出方式和舞台的尺度，以及视听行为与观演场所的尺度，来阐释行为与空间之间的相互适应性，进而寻找传统观演场所的“空间公共性”和“空间活力”所在。

最后，提出了传统观演场所的保护、再生与发展策略和当代观演建筑的发展策略。笔者认为对传统观演建筑的保护应该基于对传统表演艺术和观演场所的双层面的保护与再生。通过对当代中日观演场所现状的研究，本书提出中国当代观演建筑需要走现代化、专业化、民族化的道路。同时，笔者认为，当代观演建筑需要向中国传统观演空间学习，发展一种具有开放性、流动性、多元性特征且充满着“空间活力”的观演场所。

目　录

第4章　娱乐与私宅、勾栏、戏园观演空间

第5章　观演行为与传统观演空间

第1章
绪论

1.1 研究对象及概念界定

1.1.1 传统观演建筑的界定

许多学者都以分类的观点研究中国的古代建筑，日本伊东忠太郎在他的《中国建筑史》中做了一个中国建筑配置形式比较图，对宫殿、佛寺、道观、文庙、武庙、陵墓、官衙、住宅等进行分类比较，得出的结论是“大都以同样方针配置之……盖中国无论何事，皆表露出此种性质也。”此说明了中国古建筑的一大特性——功能通用性，而建筑的等级形制是制约建筑最主要的因素。而从类型上看，中国古代并无独立的观演类建筑，而是包含于民居、宫殿、祠庙或会馆之中，故中国古代没有出现过像欧洲那样专门供戏曲演出的专业剧场。而且中国传统观演场所中与观演活动有关的建筑的出现时间较晚，至宋代才出现舞亭，清代才发展成为成熟的戏台形式，但其性质都是服务于其他功能、隶属于不同的建筑类型，故其形态性质，甚至名称都有所不同。

中国古代演出场所的名称杂乱纷呈。山西古代的碑文石刻中最常出现的是舞亭、戏台、戏楼、乐楼等，而四川清代的碑文也多称其为乐楼、歌台、演剧台、歌楼等。各地的称谓也极其不统一，但总体来看情况大致是：宋元时期称为舞楼、舞亭，明代多称为乐楼者最多见，清代戏台名称趋于多样化①。但在观演建筑发展早期，戏台、戏楼的称谓并不多见，其不能准确地反映本书所研究的对象，日本传统的演出场所更多沿用了源自唐代的名称“舞台”。而在我国，舞台已有其特定的含义，也不能贴切地指明要描述的对象。我国民间称演戏的场所为戏场，这一词最早出现于唐代，即都市中百戏杂技歌舞的表演场所，它注重于由戏场中的建筑围合成的空间，虽然戏场一词与传统的建筑空间本意很贴近，但是在现代语境中它已经指向性不明，已经无法具体阐述建筑和空间的区别以及观和演的特点。

国外当代表演的场所多被称为剧场，而我国自建设国内的观演建筑以来，也

---

① 薛林平. 中国传统剧场建筑［M］. 北京：中国建筑工业出版社，2009：6.

一直采用剧场一词，故中国传统观演建筑被认为是如同国外的剧场一样的作用。同时，其作为其他传统功能性建筑的附属品，被冠名以神庙剧场、祠堂剧场、会馆剧场等，该做法都抹杀了中国传统观演空间的特征，并以国外剧场的模式去研究，其实是忽略了我国建筑自身的特点和形成规律，承认西方剧场的发展模式和特点即是我们的观演建筑的特点。笔者认为这是一种对传统观演建筑的误读，不能单纯地称之为剧场。

而在真正意义上，我国的传统观演空间和西方的公共观演空间类似。作为集体活动的场所，并不具备专业的功能性，而传统观演建筑指中国传统戏场中的戏台、厢房、正厅等与观演活动有关的建筑及其空间，是较为广泛接受的词，传统观演建筑一词更能明确地指明所述对象，易于被广泛地接受，同时更加深入地探讨观演空间中观与演的关系以及人与人的交往方式。所以本书以传统观演建筑为题。此外，当代的观演空间包含的内容很广泛，具有时间和空间上的双重概念，在横向上包括剧场、音乐厅、影视中心、观演综合体，而在纵向上，从中国古代的祭祀驱魔参拜的随处做场，到汉唐的广场，到宋以来的固定舞台，再到清代的茶园剧场，包括观与演的活动场所都可以称为观演空间。而书中所涉及的传统的观演建筑空间，主要是从纵向研究跟演剧有关的空间。

1.1.2 行为的本体——传统演艺活动

中国戏曲有着悠久的历史和深远的影响，在世界戏曲史上独树一帜，与希腊的悲剧和喜剧、印度的梵剧并称为世界上三种古老的戏剧文化，它最早是从模仿劳动的歌舞中产生的。其先后经历了先秦戏曲的萌芽期、唐代戏曲的形成期、宋金戏曲的发展期、元代戏曲的成熟期和明清戏曲的繁荣期等几个时期。虽然其起源较早，但直至12世纪才形成完整的形态[①]。流传至今的传统戏曲剧种，约有360多种，其内容极为丰富且剧目繁多，据文化部1956~1957年统计，可以报出名目的戏曲剧目有51867个，记录下来的也有14632个[②]，据中国艺术研究院戏曲研究所20世纪80年代初统计，全国有戏曲剧种317种[③]，比较流行著名的剧种有昆曲、川剧、京剧、越剧、黄梅戏、豫剧、秦腔等50多个剧种。同时，全国各地还有许

① 张耕. 中国大百科全书—戏曲曲艺卷［M］. 北京：中国大百科全书出版社，1992：1.

② 周育德. 中国戏曲文化［M］. 北京：中国友谊出版公司. 1996：490.

③ 马彦祥，余从. 中国大百科全书—戏曲曲艺卷［M］. 北京：中国大百科全书出版社. 1983：588.

多的傩戏存在，成为古老的非物质文化遗产。传统观演建筑是戏剧发生的舞台，所以本书在研究非物质文化载体的同时，还包含对演出活动的关注和人对演出空间的使用方式的关注。

1.1.3 行为—场所视野及空间研究

“场所”的有关理论是当今建筑理论界讨论的热门话题之一。所谓“场所”是指包含了物质因素和人文因素的生活环境，只有当物质的实体和空间表达了特定的文化、历史、人的活动时才能称之为场所。“行为—场所”的概念是巴克等人建立，与传统实验心理学的方法不同，巴克等人用现场追踪观察的方法来研究人的外显行为，并且将人的行为模式与物质场所联系起来作为整体研究。

本书所指的“行为—场所视野”，有别于巴克等人建立的“行为—场所”的研究方式，笔者认为：行为是意识的“实体”，而场所是空间的“实体”，场所与行为的研究，必须通过寻找行为与空间的关系，将“行为”转化为“空间”，进而寻求意识与场所的关系。行为与意识的不同进而产生传统演艺场所的不同，而其中行为的不同是意识的不同所产生的。可以说，“意识决定行为，行为决定场所”，在中日演艺文化中，这种意识起源都是祭祀文化，即古老的巫傩仪式，而宗教的产生与演进则是演艺文化不断改变的“动力”，而观演行为的不断改变则是建筑空间形态不断改变的动因。

本书主要是通过历史文献关于行为的客观记录以及不同文化背景下人的行为方式的对比，建立起“行为—场所—行为”的研究模式，探讨行为与观演场所的产生及演变之间的关系，探寻构成传统观演空间活力的因素，从而寻找提升当代观演空间活力的因素。按照行为的大小模式可分为宏观行为和微观行为。按行为的属性，可分为直接行为和间接行为，本书按照与观演空间有关的行为将其分为直接行为（观演行为）和间接行为两种。直接行为是指纯以观演为目的而进行的演出活动。间接行为是指以不同目的为契机而产生的演出活动，间接行为又分为酬神祭祀、商贸交易、交往娱乐，其中酬神祭祀活动是观演场所产生的起因，商贸交易活动推动着观演场所的发展，而交往娱乐活动是观演场所存在的根本原因和最终目的所在。

在进行“行为—场所”研究的同时，对公共观演活动的载体——观演空间进行研究。传统观演建筑在当时时代背景环境中的存在具有特殊意义，不仅仅是戏曲发展的舞台，更是人们公共活动空间，是中国式交往空间的代表。进行其空间的研究，主要是寻找事物发生背后的原因。研究观演建筑的空间公共性就是指通过研究寻找以下几个问题的答案，传统公共性观演空间是怎样产生的？观演建筑的空间公共性产生的原因是什么？需要怎样的公共观演空间？而怎样的空间才是积极的和更有价值的？传统观演建筑的空间的公共性研究有助于揭示公共观演空间的需求，增加传统演出中的互动性和公共交流，同时提高观演场所中的公众参与性。

1.2 国内外研究综述

1.2.1 传统观演建筑的保存状况

我国传统观演建筑遍及城乡，至今仍完整地保存有10000余座百年以上的古戏台。根据《中国戏曲志》各省市卷，至今保留的传统观演建筑相对集中，主要分布在山西、浙江、陕西、四川、河北、河南、江西等地。以山西为例，2006年出版的《中国文物地图集·山西分册》收录了2800余座传统戏台。浙江是除山西以外，现存传统剧场建筑最为集中的省区，数量众多，大都集中在会馆、祠堂中。而其他大部分省区市，现存的传统剧场则屈指可数，如黑龙江、辽宁、吉林、海南、贵州、青海、宁夏、天津等地，现存的传统剧场少于10座；如北京、内蒙古、甘肃、上海、江苏、湖北、湖南、广东、广西等地，现存的传统剧场大约少于50座。

与其他文化建筑一样，传统观演建筑虽侥幸躲过战争的摧残，但受20世纪80年代后的经济浪潮的影响，许多开发商和政府部门在经济利益的驱动下，对大量遗存的传统观演建筑进行拆除。20世纪50年代调查时，我国遗存古戏台建筑约有10万余座，而2008年调查统计时仅剩下了1万余座，50余年内损毁了十分之九之多，而且现在还有很多摇摇欲坠，濒临坍塌。以山西为例，20世纪80年代经文化部门普查，“仍存清代以前的庙台2887座，仅及原数十之二三”。山西清代的戏台，“据估计总数近万座”。以河南为例，根据《中国戏曲志·河南卷》编委会在20世纪80年代的调查，河南历史上曾有3483座传统戏台，“有的县多达百座以上，一般也有五六十座，少则二三十座”。当时留存者有419座，占12%。根据《中国文物地图集·河南分册》(1991年版)、《中国戏曲志·河南卷》(1993年版)

等文献记载，20世纪90年代初时，河南留存的传统戏台100余座，仅为20世纪80年代的三分之一，毁坏者甚多。

1.2.2 传统观演建筑的研究状况

我国传统戏曲舞台的研究状况可以分为三个阶段：

第一阶段是20世纪三四十年代，这一时期为戏曲舞台建筑的介绍阶段，如：卫聚贤在1931年发表的《元代演戏的舞台》一文，就是介绍山西万荣县建于1354年的一座戏台，还有建筑学家梁思成和林徽因在1935年写的《晋汾建筑预查纪略》，并亲绘了汾阳县柏树村天龙庙戏台。至1936年，周贻白先生的《中国剧场史》成为第一部研究古代戏台专著，周贻白先生精通于戏剧史，该书中征引大量的古代文献，论述了中国戏台的基本情况，并勾勒了中国戏台演进的轨迹。

第二阶段是20世纪50～70年代，是中国戏台研究的拓展阶段，如墨遗萍写于1957年的《记几个古代乡村戏台》，也有更多的学者对戏台开始研究；刘念兹写于1957年的《元杂剧演出形式的几点初步看法》，对山西洪洞广胜寺明应王殿杂剧壁画做了考证，并分析元杂剧演出形式。1972年，丁明夷在《山西中南部的宋元舞台》一文中，提供15座宋金元代戏台的相关资料，勾勒中国戏台发展演化的大趋势。

第三阶段是20世纪80年代初到现在，这一时期为中国戏台建筑研究的繁荣阶段，研究的深度和广度明显增加。1984年，柴泽俊发表的《平阳地区元代戏台》；1996年，高琦华著的《中国戏台》，初步探讨了戏台与戏曲之间的影响关系；1997年，廖奔的《中国古代剧场史》主旨在于论述剧场形制的变迁；2003年，周华斌先生著《中国剧场史论》一书；2004年，韦明铧先生著《江南戏台》一书；2004年，冯俊杰先生的《山西神庙剧场考》选取山西160余座剧场，考述各神庙历史演变，戏台与观演概况；2009年，薛林平著《中国传统剧场建筑研究》一书，很详细地介绍了山西、河北、江苏、浙江、山东、河南、河北等地的剧场建筑264座；2009年，周华斌先生所著的《中国古戏台研究与保护》论述了古戏台的历史演变，同时涉及古代观演史、各地演戏观戏习俗、古戏台建筑形制及类型；2009年，段建宏先生所著的《戏台与社会：明清山西戏台研究》运用历史学与文化人类学的方法论述明清时期山西戏台的特色及其形成原因，解析古戏台的社会功能；2009年，罗德胤先生的《中国古戏台建筑》重点探讨戏台建筑的形成和发展过程，同时也关注影响这一过程的相关因素；2014年，王季卿先生的

《中国传统戏场建筑研究》一书中，收录了众多当代对于传统戏台研究的论文，从如何进行整理、保护、继承、发扬等多个方面对其进行探讨（表1-1）。

我国传统观演建筑的研究状况　　表1-1

	文章名称	笔者	内容简介	年份，期刊
第一阶段（20世纪30～40年代）	元代演戏的舞台	卫聚贤	介绍万荣县建于1354年的一座戏台	1931年，清华大学文学月刊，2卷1期
	晋汾建筑预查纪略	梁思成 林徽因	汾阳县柏树村天龙庙戏场	1935年，中国营造学社会刊，5卷3期
	中国剧场史	周贻白	第一部研究古代戏场专著，介绍了中国戏场的基本情况，并勾勒了中国戏场演进的轨迹	1936年，商务印书馆
第二阶段（20世纪50～70年代）	记几个古代乡村戏台	墨遗萍	介绍了古文献记录的我国宋元时期的古代戏台14座	1957年，戏剧丛书
	元杂剧演出形式的几点初步看法	刘念兹	对山西洪洞广胜寺明应王殿杂剧壁画做了考证，并分析元杂剧演出形式	1957年4月，戏曲研究
	山西中南部的宋元舞台	丁明夷	提供15座宋金元代戏台的相关资料，勾勒中国戏台发展演化的大趋势	1972年，文物
第三阶段（20世纪80年代～至今）	京都古戏楼	周华斌	介绍一百几十处戏楼及演剧场所，阐述中国古典式剧场的发展演变规律	1993年，海洋出版社
	中国戏台	高琦华	论述各种戏台，探讨了戏台与戏曲之间的影响关系	1996年，浙江人民出版社
	中国古代剧场史	廖奔	本书主旨在于论述剧场形制的变迁	1997年，中州古籍出版社
	清代以来的北京剧场	李畅	论述剧场的演出形式与建筑特点	1998年，北京燕山出版社
	北京老戏园子	侯希三	介绍清代中叶以后戏园的建筑、设备、经营方式、名伶演出等情况以及天灾人祸所致变迁沿革	1999年，中国城市出版社
	徽州古戏台	陈琪等	整理研究古徽州历史文化中的部分地面地理文化遗存	2002年，辽宁人民出版社
	山西神庙剧场考	冯俊杰等	选取山西160余座剧场，考述各神庙历史演变，戏台与演剧概况	2004年，上海书店出版社
	中国传统剧场建筑研究	薛林平	介绍了山西、河北、江苏、浙江、山东、河南、河北等地的剧场建筑264座	2009年，中国建筑工业出版社
	老戏台——古风	何兆兴	介绍全国现存的古戏台及其风貌	2003年，人民美术出版社
	中国古戏台研究与保护	周华斌等	论述古戏台的历史演变，同时涉及古代演剧史、各地演戏观戏习俗、古戏台建筑形式及类型	2009年，中国戏剧出版社
	戏台与社会：明清山西戏台研究	段建宏	运用历史学与文化人类学的方法论述明清时期山西戏台的特色及其形成原因，解析古戏台的社会功能	2009年，中国社会科学出版社

与我国毗邻的日本，其对传统舞台很早就开始研究。日本的传统舞台主要分布在广大的农村各地，其中舞台主要以歌舞伎与净琉璃的舞台为主，据角田一郎在1972年的统计，日本农村拥有的歌舞伎与净琉璃舞台共有1338座（不包括损毁的431座）。1957年，须田敦夫的《日本剧场史的研究》，是在日本剧场史上相当重要的一本书；角田一郎于1971年著《农村舞台的综合研究——歌舞伎，人形居的中心》对全国的农村舞台进行初步的统计调研，得出了现存的传统舞台的大量数据；1978年，日本学者若井三郎在《佐渡的能舞台》中详细地记载了220多个能乐舞台及其使用状况；1997年，学者西和夫也在《祝祭的临时舞台》中记载的60多个临时装配使用的神乐舞台及其保护再利用状况；2009年，田口章子在《元禄上方歌舞伎——初代坂田藤十郎的舞台》中详细地记录了京都元禄上方时期歌舞伎舞台的复原及演出情况；2010年，三上敏视在《神乐出会》一书中，大量记载了能与神乐在传统舞台上演出的状况。日本学者除了对传统观演建筑调研和保护的同时，还对其进行保护再利用，使得对传统观演场所的保护方法，从单一的文化遗产保护与修复，拓展到历史遗产的保护再利用，进而挖掘其人文价值和社会意义。

从上可以看出，我国当代对传统观演建筑的研究有以下不足。首先，研究方法限于考察，缺乏保护空间的研究，更缺乏对人行为的关注；其次，传统的研究方法仅限于建筑本体空间的研究，缺少对于场所和环境的关注，尤其是对观演建筑所在聚落环境和社会环境；最后，缺少其他研究方法的介入，且研究者多为戏曲界学者，研究的角度多为建筑史学的角度及戏曲文化美学的角度，而未有从建筑学的空间角度研究。笔者通过对我国山西、陕西、四川、浙江各省以及日本大阪、京都等地的传统观演建筑的调研后，从“行为—场所”的视野出发，通过对中日观演行为和观演建筑的对比研究，深层次地剖析推动中日观演建筑历史演变的原因，寻找传统观演场所“空间公共性”和“空间活力”存在的原因。同时，从日本保留的“观能场”史料中推断中国已经失传的宋元“勾栏”的空间形态，同时基于中日两国文化和历史上的相似性，从日本的戏剧改革和舞台改革的历程和经验中寻找中国观演建筑改革和发展的方向，以促进我国观演建筑设计的现代化和民族化进程。

1.3 研究目的和意义

1.3.1 研究目的

本书的研究具有以下几方面的目的：

第一，探索中国观演空间产生及演变的原因。

中国观演空间演变成为今天的形式和格局有其必然性和幕后的推动力量的存在，而这动力就是观演行为的变迁，行为之变迁又和祭祀、商贸、娱乐行为的发展有直接的关系。所以，对于观演空间产生及演变的研究，必须从社会的发展和人行为方式的变迁出发，深层次地探析这种推动观演空间演变的动力和原因，才能寻找到传统观演场所空间活力存在的真正原因。

第二，通过中日对比探索中国宋元勾栏瓦舍的空间形态。

中国历代王朝更替，建筑文化通常也随着旧王朝的覆灭而消失或变异。日本不同于我国，由于天皇权力的中心位置，两千年来，其建筑文化形式得以更好地延续保留，至今还留存许多唐宋时期的建筑形式，很多学者都通过对日本的古建筑学习研究，来推测断定我国唐宋时期的建筑形态。如今关于我国勾栏的形态已经失传，中日在宋元时期交往很频繁，而我国的勾栏与日本同时期的观能场在演出的内容和建筑的形态上极为相像，以此通过日本流传的观能场形态来研究我国勾栏的形式，比较其异同，对勾栏的研究将有重大的突破。进行中日传统观演建筑的对比研究，更有利于从日本的研究中发现我国研究的不足，对我国历史建筑的断代研究和建筑空间形式推断有很大的帮助。

第三，基于行为—场所视野的研究，探寻观演行为与建筑空间的关系。

本书以建筑学、行为学为理论基础，从“行为—场所”的角度，深入地剖析了人的行为对空间环境的需求，以及空间环境对人行为的影响。通过对比中国京剧剧场和日本歌舞伎剧场的发展，说明不同的文化和表演行为对建筑空间发展的影响，从而提出当代京剧剧场的发展方向。针对当代观演建筑设计中对传统文化和观演行为的漠视而产生的问题，笔者提出相应的应对策略，旨在提升当代观演空间的“空间公共性”和“空间活力”，探寻当代观演建筑发展方向。

1.3.2 研究意义

本书的研究具有以下几方面的意义：

第一，中国传统观演建筑的保护。

就中国山西、四川、浙江等传统观演建筑遗留较多的地方展开调研和保护工作，四川地区的传统观演建筑不同于其他地方，由于地处偏远，又处于江河、丘陵地带，空间形式在继承传统文化的同时，又得以突破，体现出空间的变化、开放和丰富性，成为研究行为与场所的重要素材，但是近些年，由于三峡水库修建、汶川地震等以及众多人为因素，戏台破坏严重，急需研究保护。山西保留有最多的戏台，且年代久远，不仅保留有大量明清时期的戏台，还有宋元时期的遗存戏台，可以说是戏曲舞台研究的活化石。

第二，提升当代公共观演空间活力。

中国传统的观演场所是多义的，体现出功能的结合性，其使用方式主要除了演戏以外，平时更是公共活动的场所。它的多义性决定它具有公共观演，公共交流、公共“舞台”等多重公共性价值，以空间为切合点，探讨其公共性的研究更具有意义。“空间与观念间是一种相互塑性的关系，人的观念指导他们的空间营造；而营造出的空间又会帮助他们形成观念。”[①]所以，本书进行空间属性的研究，意在通过研究建筑实体空间和社会结构而寻求这种空间属性产生的原因，寻找中国传统文化中深层次社会形态、人群心理以及环境、历史因素的多重叠合的影响，逆向地寻找传统公共观演空间产生的原因和演变的动力，从而提出当代的公共观演空间设计对传统人群的心理和生活行为习惯的漠视而产生的问题。

第三，探寻中日观演建筑改革和发展的方向。

中日观演建筑在19世纪都进行了改革，将室外观演场所变为室内场所，但在20世纪30年代，中国观演建筑和戏曲的改革在内忧外患的情况下建设基本停止，研究和进一步变迁也基本中断。20世纪50年代后至今，西方的剧场模式成为我国剧场建设的主流，当代的戏曲舞台除了西式化以外，可借鉴和参考的传统模式研究成果几乎一片空白，使得我国本土化的观演建筑出现了巨大的断层。而日本的歌舞伎场的改革先于我国，同时保持了较好的连续性，当代歌舞伎场空间的多样化和民族化特征得以体现，为我国戏曲观演建筑提供了很好的借鉴。从日本的戏

① 于雷. 空间公共性研究［M］. 南京：东南大学出版社，2005：1.

剧改革和舞台改革中寻找经验和发展道路，对于我国这一空白领域的研究有极大的帮助。

1.4 研究结构和方法

1.4.1 研究结构

本书总共分为六部分：

第1章　绪论。对研究的对象、目的，以及全书的结构作阐述。

第2章　演艺与传统观演建筑的渊源。本章对两大古老剧种（日本戏剧、中国戏曲）及观演空间进行简单的介绍，以此从大体上把握中日戏剧文化和观演建筑的发展脉络，找出中日传统观演建筑的同源性和差异性。

第3章　祭祀与神庙、祠堂、会馆观演空间。本章对中国神庙戏场、祠堂戏场、会馆戏场以及酬神祭祀活动进行研究。此外，还对中日祭祀型观演空间进行对比研究。在历史上，中日的祭祀型观演建筑有很深的渊源，在形态上也有很多相似之处，但是在空间布局和使用方式上有很大的不同。中国神庙戏台大多都与山门合建，而日本的神乐舞台大都处于拜殿左右，并用挂桥连接，而这种差异性产生的根本原因是由中日两国不同文化主导下的行为方式的不同引起的。

第4章　娱乐与私宅、勾栏、戏园观演空间。此类观演空间是以交往娱乐活动为主要目的的场所。将对比研究中日私家及公共娱乐场所的观演行为，通过它们探究中日娱乐型观演空间的异同。此外，本章探索中国勾栏瓦舍的空间形态，中日在南宋时期交往很频繁，中国的戏剧与勾栏瓦舍传入日本，而今天我国勾栏的形态已经失传，而我国勾栏与日本同时期的观能场在演出内容和建筑形态上极为相像，以此通过日本观能场的形态来研究我国的勾栏的形式，比较其异同，对勾栏的研究将有重大的突破。

第5章　观演行为与传统观演空间。本章是基于行为与空间关系的研究，探讨行为与空间尺度、空间模式的关系。传统的戏曲种类的丰富性决定了演出空间的丰富性，不同的戏曲演出与观演场所必然相互适应，本章从传统观演活动开始研究，同时对比日本舞台演出行为与适应性，从戏曲演出的方式和舞台的尺度，以及视听行为与观看场所的尺度，来阐释行为与空间之间的相互适应性。

第6章　传统观演场所的保护、再生与发展方向。本章探索中国京剧剧场的产生和发展，同时与日本的歌舞伎剧场的发展作对比，借以说明不同的文化和表演行为对建筑空间发展的影响，从而提出当代京剧剧场的发展方向。此外，本章基于对传统表演艺术和观演场所的双层保护与再生，探讨当代观演场所的发展方向。首先，提倡立法保护和政策倾向。其次，研究当代人的行为与空间相对于传统的转变。再次，关注我国观演场所的建设和商业运作状况，这是传统观演场所再生的关键。最后，提出当代传统观演场所的设计策略和发展方向。

1.4.2　研究方法

（1）基于不同地域文化的对比研究：本书采用共时性横向比较、历时性纵向比较的方法，同时对中日两国同一类型的建筑进行对比研究。为了掌握大量的中日传统观演建筑的资料，笔者在写作的几年时间里，亲自考察了我国四川、山西、陕西、浙江、江苏等地的古戏台，同时调研了日本东京、京都、横滨、大阪等地的传统观演建筑，取得了很多宝贵的资料，以保证中日传统观演建筑研究中两国资料的平衡性和对等性，更加有力地说明中日建筑文化异同的原因。

（2）基于不同学科的交叉研究：主要立足于建筑学、戏剧学和社会学等学科交叉研究。传统观演建筑是人们社交的场所，又与传统戏曲文化紧密相关，只有将建筑学、戏剧学、社会学内容纳入对传统观演建筑空间的研究中，才能客观真实地反映所研究的对象。而观演场所和观演行为有着密不可分的关系，笔者从中日两国观演行为研究出发，通过对比和史料的考证，进而完成对中国历史上断代的建筑空间和形态的推断。

（3）基于不同层面的多重视角研究：从建筑与城乡环境的关系到建筑内部的空间布局，从社会不同的观演群体和阶层之间的关系到个体的心理感受等多个视角出发分析研究建筑与人的关系，从而探索观演场所空间公共性和空间活力的产生。

（4）基于定性与定量的分析研究：以定性与定量的方式来得出影响人行为活动的因素。通过对中日两国实际留存的传统观演建筑案例的调研，整理了大量的真实数据，通过量化和对比，从而客观地说明建筑的尺度及历史演化过程。

（5）基于理论和实际的双重研究：以史料和实地调研为依据进行对比研究。通过对中日两国古代文献记载的查阅和实际的调研，得到了许多宝贵的一手资料，从而获得推断空间形态的理论依据，以有力的论证填补中国观演建筑历史上的空白之处。

第2章

演艺与传统观演建筑的渊源

2.1 传统演艺及观演建筑的类型与状况

中日两国有着悠久的历史和文化交流，两国的传统演艺和观演建筑也有着千丝万缕的联系。本章主要从中日两国传统观演建筑的历史演化进行研究，分析中日传统观演建筑的同源性和差异性，寻找推动传统演艺及其观演空间发展的内在因素。下文所提到的传统观演建筑，主要是指中国的传统观演建筑，配之以日本的传统观演建筑进行对比研究。

2.1.1 影响传统观演建筑发展的主要因素

影响传统演艺和传统观演建筑产生和发展的因素很多，本章从中日两国的地理环境、宗教文化等方面进行论述，对比其异同，从而得出结论。

2.1.1.1 地理环境因素

中国是一个多山地的国家，山区面积约占全国总面积的三分之二，而中国先民栖息居住则多选择盆地以及背山面水的平原地区，而正是这种地理环境因素造就了中国的传统文化。北京大学教授俞孔坚在《理想景观探源：风水与理想景观的文化意义》一书中提到，中国文化是一种“盆地文化”①，是因为中国城市农村聚落的选址经常是择地而居，而最为理想的景观模式就是被山水环绕的围合模式，其具有聚落空间布局上的内向中心性和对外防御性的外向封闭性两种特征。传统聚落环境所反映出的这种朴素的“内”“外”辩证关系，既是一种理想的模式，也是环境空间原型产生的潜在背景，原型则是在聚落共有的文化系统影响下形成的较稳定的空间模式，是组成聚落的基本结构。而“盆地”则是中国传统的环境空间原型，这一空间特征是从特定的环境要素中抽象出的有普遍意义的形式和空间形态，它代表了大部分中国人最初经验的积淀与含义。

中国传统建筑空间，其单体建筑变化不大，特点在于群体布局变化之中。其

① 俞孔坚．理想景观探源：风水与理想景观的文化意义［M］．北京：商务印书馆，1998.

中，墙作为最明确的边界要素，“墙套墙”或“院套院”成为传统空间的核心，体现古人“家国同构”的特征以及复杂结构的“自相似性”秩序。传统院落空间同构的类型本质，简言之，即为空间的“围合”，更体现中国盆地文化的一种模式效应（表2-1）。由于中国先民千百年来对“盆地”这一基本环境的空间体验，最终演化出建筑的最理想的围合模式和空间原型——四合院。这种空间原型由于受到物质环境和文化观念作用而形成，根深蒂固地渗透到聚落成员的潜意识之中，最后当这种原型被传统儒家文化赋予了伦理的空间寓意，也就被神圣化而表现出极大的稳态性，与儒家的“伦理常纲”紧密地联系在一起，成为建筑布局的一种基本模式。

中日文化及建筑空间的差异（笔者自绘） 表2-1

	文化类型	文化属性	宗教信仰	地理气候	建筑空间	审美意识
中国	盆地文化	内向型，防御性	佛教，道教，儒学	季风性大陆气候	封闭式庭院	对称
日本	海岛文化	外向型，侵略性	佛教，神道教	季风性海洋气候	开放式庭院	非对称

日本是一个岛屿国家，全国长长的海岸线，内海外海相连，河流纵横交错，三分之一的土地是茂密的森林。日本列岛地处太平洋季风气候，除了受到自然气象的恩惠以外，同时也蒙受了不少损失。每到台风季节，台风暴雨猛烈袭击列岛，同时日本也是世界上降雪量最大的地区之一。这种大雨、大雪的双重自然现象可称为“热带”“寒带”的双重性格，台风季节性、突发性的双重性，形成日本人生活的双重性。湿润的气候丰富了日本人的食物，同时它又以洪水、暴风的形式威胁日本民族。由于岛国的资源较少，地震频发，台风肆虐，从而使得日本人从内心深处就带有不安定和外向性，形成一种典型的海岛文化，其建筑空间格局不同于中国的以庭院为中心的布局方式，而是以建筑为中心的开放式的布局方式。从上可以看出，中日地理环境的不同是中日建筑空间不同的根源所在，也是造就人的行为和建筑布局异同的最主要的原因。

2.1.1.2 宗教文化因素

宗教信仰对观演空间的布局有着重大的意义，中日两国的传统祭祀文化虽然出于同一源头，但是由于后期祭祀文化演变的不同，最终形成了不同的表演方式和建筑空间格局，可以说是“意识决定行为，而行为又决定空间形式”，下面就中日两国宗教对建筑的影响进行阐释（表2-2）。

中日宗教文化的差异（笔者自绘） 表2-2

宗教	属性	文化类型	神像	神殿朝向	崇拜对象	方式	对神的概念
中日佛教	多神教	根植文化	有神像	西，南向	释迦牟尼	崇拜	物化，有具体的形象
中国道教	多神教	原生文化	有神像	南向	太上老君	崇拜	物化，有具体的形象
日本神道教	多神教	原生文化	无神像	无定向	自然万物	敬畏	虚灵，没有形象

我国的宗教有佛教和道教两种。佛教自东汉传入中国以来，即与中土传统文化相结合，并逐渐发展成为中国文化的一个重要组成部分，至隋唐时期，达到了高峰。随佛教一起传入的音乐、建筑、绘画、舞蹈等，在被吸收于中国文化的过程中发展起来。中国的佛教经历了逐渐本土化过程，即将印度文化演化为自身文化，并最终与中国的建筑文化相结合，形成中国唐代特有的建筑风格和布局，并逐渐向日本传播。

我国的道教源于对自然的崇拜，对神灵的崇拜，慢慢发展到祖先与天神合一，成为至上神的雏形。在其形成之初，就受到佛教为佛“塑金身”以及传统文化中“立牌位”观念的影响，将无形的神物化于有形的雕塑，而在中国文化“北向为尊”思想的影响下，大多的神殿都坐北向南，并作为神庙中最主要的建筑存在。

日本的宗教有佛教和神道教两种。日本的佛教早经奈良时期起就具有了民众信仰的萌芽，由于佛教是多神教，相对于一神教，其有更多的包容性，这促使佛教与日本本土教派融合共生。如在日本奈良时期，由于佛教文化的深刻影响，当时的统治者采取佛本神末的形式使得神佛共存，但到镰仓时期末期，又由于民众对神道教的信仰超越了佛教的信仰，反之产生了神本佛末的形式。因此说，日本人并未完全放弃传统信仰而改信佛教，神和佛被认为是没有矛盾的可以并存的信仰，这点在日本神社建筑的发展上可以清楚地看到。

与中国的道教相似，日本的神道教是以万物有灵论为基础的，拜的也都是自然神，其认为自然界的山川、森林，以及祖先的灵等都成为他们祭祀崇拜的对象。因此有山神、水神、海神、地神、太阳神，自然界到处是神，不需要变成人的模样，即便是有名有姓的神，也仅是一个牌位而已，并没有人像。这点影响到日本祭祀文化和观演建筑的发展，早期的日本神社没有正式的神殿建筑，而一直以来，作为人和神交流的场所——拜殿，其体积和规模都远大于神殿。此外，神社建筑受到佛教建筑很大的影响，神社的神殿根据其受到佛教文化影响的形式和年代可分为三类（表2-3）[①]：

（1）原生宗教时期。在飞鸟时期以前，中国佛教未传来时，是日本的原生宗教时期，神社建筑都采用神明造，屋顶为直线，且建筑山面向前的做法，建筑空间以非对称布局为主，如：伊势神宫“神明式”[②]，完整地体现了古代建筑和式之美、简素性、调和性和非对称性的自然性格。

日本神殿和拜殿的组合演化历程[③]　　表2-3

分类	宗教形式	神殿屋顶演化形式	拜殿屋顶演化形式	神社屋顶组合形式	神社平面模式	建筑特点
本土化时期（飞鸟以前）	神道教	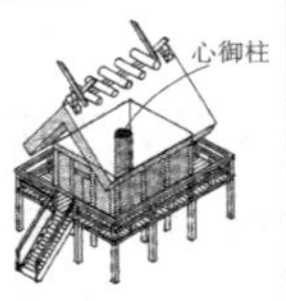	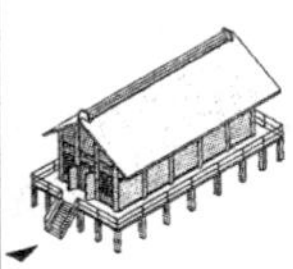		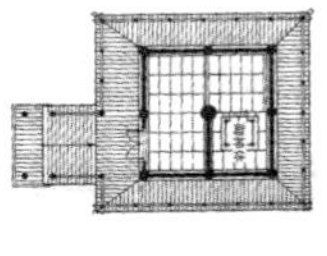	非对称布局，屋顶为直线，方向与南北向平行
		建造方式：神明造、大社造、住吉造、大鸟造		（单殿式）拜殿神殿分离	典型案例：伊势神宫	
汉风化时期（飞鸟至平安时期）	佛教与神道教	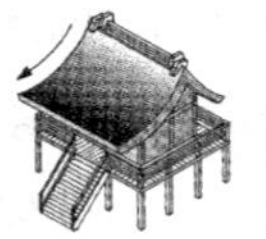	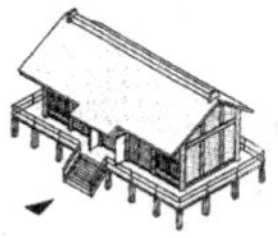		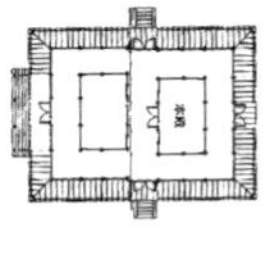	对称布局屋顶为曲线，方向与南北向垂直
		建造方式：春日造、流造、八幡造、日吉造		（双殿式）拜殿神殿结合	案例：京都石清水八宫	
和风化时期（平安后期）	佛教与神道教融合		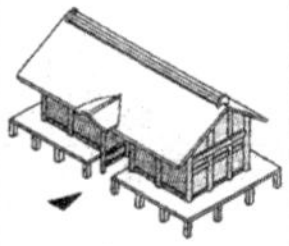	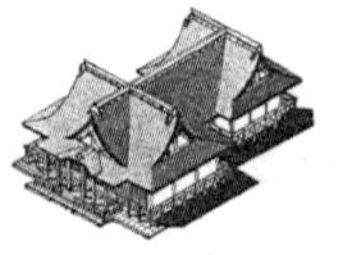	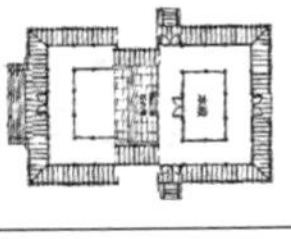	非对称布局，屋顶为直曲混合，方向十字交错
		建造方式：八栋造、浅间造、祇园造、権现造		（宫寝式）拜殿神殿结合	宫城县仙台大崎八幡神社	

（2）传入宗教时期。主要指飞鸟至平安时期，在中国佛教传来，神社采用春日造、八幡造等，建筑风格开始“汉风化”，神殿成为佛临时的住所，受其影响，屋顶的形式从平行方向演化为垂直方向，建筑平面对称布局，屋顶变为曲

① （日）宫元健次．图说日本建筑［M］．东京：株式会社学芸出版社，2001：13．日本学者宫元健次在图说日本建筑中，将神殿按形式，代分为四类：1．山、木、石等自然神的自然居所；2．佛教传来前的神庙形式；3．佛教传来后的神庙形式；4．神社与寺院在一起的宫寺的形式，人对神祭祀的特殊的形式．其中第一类没有建筑形式，故笔者将其与本土建筑时期合二为一。

② （日）宫元健次．图说日本建筑［M］．东京：株式会社学芸出版社，2001：14．在殿正中有一颗被称为“心御柱”的大黑柱，作为神的象征，一般的人是不允许进入神社参拜的。

③ （日）宫元健次．图说日本建筑［M］．东京：株式会社学芸出版社，2001：12-86.

线。为了对抗佛教的佛像带来的冲击，神殿也开始改变而设置神像，同时，采用神殿和拜殿组合的双堂的建筑样式，如：大分县宇佐的八幡神社建于天平九年（737年），采取前殿和后殿的双殿形式。

（3）融合宗教时期。主要指平安后期，神社开始和风化，采用八栋造、浅间造、祇园造，建筑空间布局采用非对称布局，屋顶为直曲混合、方向十字交错的组合式的建筑。这时期，日本神社建筑开始学习中国殿堂的寝宫式做法，采用神社与寺院在一起的宫寺的形式，同时中间出现以币殿作为连接体的方式，成为人对神祭祀的特殊的建筑形式。

从历史发展上看，佛教是一种外来的根植文化，而道教与神道教则是中国和日本的原生文化。如果说佛教文化的传播让中日的建筑文化趋于相同，则道教和神道教文化让中日两国的建筑走向异化。从历史上的短时期看，佛教的影响力比较强；但从实质上、长期看，中日文化仍受到原生文化影响。也从侧面说明根植文化和原生文化在历史上是相互影响、此消彼长的过程。

从两国的本土宗教信仰可以看出，日本的神是个虚灵抽象的概念，仍具有原始图腾祭祀的影子，因而大多没有神像。而中国的神是个物化具象的概念，具有人的形象和意识的存在，所以通常以人像为其化身。可以说，神像的存在方式与祭拜属性的不同，是影响观演空间形成和演变最重要的原因，也是中日传统观演空间布局不同的一个重要原因。

2.1.2 传统演艺与观演建筑的类型与分布

本节主要通过对中日两国的传统演艺及观演建筑的类型与地理分布的概述，说明中日两国传统演艺与观演建筑的历史渊源。

2.1.2.1 传统演艺简述

传统演艺文化是指戏曲、杂技、歌舞等的表演活动行为。在我国古代可以具体分为优戏（歌舞）、百戏（杂技）、傩戏三种，而戏剧是由它们演化而来的一种表演方式。世界四大古老戏剧分别为古希腊戏剧、印度梵剧、中国戏曲和日本戏剧。古希腊戏剧产生于公元前6世纪，200多年后，它便逐渐衰落，但后世欧洲的戏剧文化都是由它派生演化出来的；印度梵剧形成时间不详，它也早已是文化陈迹，但东南亚各国的歌舞都受到它的影响；中国戏曲产生较晚，至公元11世纪才正式登堂入室，但自它产生的800余年来，非但未见其衰败，反而根深叶茂、

图2-1　川剧与京剧

图2-2　能乐与歌舞伎
引自：山田庄一，歌舞伎．文乐．能乐．狂言的舞台［M］株式会社，2006（4月）：37，195页．

繁衍派生，形成大大小小317个地方剧种（图2-1）。

日本戏剧成熟最晚，13世纪才出现成熟的戏剧形式——能乐（图2-2）。在东方戏剧中，以日本戏剧对西方现代戏剧表演体系的影响最大，其拥有悠长的历史，并表现出强烈的民族特色，在西方为人熟知的程度是其他的东方国家所不及的。这是因为第二次世界大战以后，中国与西方脱节，印度的古典剧场则无复往日之风，而日本的能乐、歌舞伎、文乐并没有成为在博物馆展示的死亡的戏剧形式，而是生动的、依旧存在的演绎方式，其原貌依稀可辨，这一点与被称之为西方戏剧源流的，只留下古剧场遗迹、面具及剧本的希腊戏剧情况大不相同，所以日本剧场成为东方剧场的代表[①]。

① ［美］布罗凯特．世界戏剧艺术欣赏——世界戏剧史［M］．北京：中国戏剧出版社，1987：294.

从其产生的时间中，似乎隐约地看出从西向东的延伸之势，因此有学者提出大胆的推论——“西剧东渐”的模式，认为四种戏剧的产生是前后影响的。希腊的戏剧产生后由马其顿的统治者亚历山大带入印度[①]，但其历史久远且无文字记载，已无法考证，只能从后世流传的剧目中看出些端倪。而印度的梵剧通过佛教传入中国，是从两国边疆比邻的西域之路而来的，最有力的证据是新疆发现的梵文《弥勒会见记》，这是公元1世纪印度梵剧大师马鸣的剧本，此外，在敦煌也发现许多梵文剧本。而与中国比邻的日本也有大量的古文献记载中国舞乐文化的影响。《续日本纪》中有文武天皇大宝二年（公元702年）正月与群臣在西阁饮宴，席间奏中国的“五常太平乐”，是首次关于传入中国的舞乐的记载。日本的能乐本身就与中国的戏曲有很多相似之处，除此之外，能乐的舞台与中国宋元时期的舞台也很相似。日本学者宫崎市定说，“日本的古代文化从性质上来说，可以把它称之为终点文化”，因为古代日本处于东方的终点，一直以来都是受中国、印度、朝鲜影响较深。

2.1.2.2 中日传统演艺的类型与分布

中国戏曲起源较早，在原始社会的歌舞中已经萌芽，但它发育形成的过程却非常漫长，直到12世纪才形成完整的形态[②]。中国传统演艺分为传统戏曲和传统曲艺两大类，都是从明代的四大声腔及清代的东柳、西梆、南昆、北弋、皮黄等的五大系统派生出的地方剧。《中国大百科全书·戏曲·曲艺卷》中记录，1981年全国有传统戏曲315种[③]，1982年全国有传统曲艺343种，传统戏曲与曲艺的总

① 刘彦君. 东西方戏剧进程［M］. 北京：文化艺术出版社，2005：15.
② 张耕. 中国大百科全书：戏曲曲艺卷［M］. 北京：中国大百科全书出版社，1992：1.
③ 马彦祥. 余从. 中国大百科全书—戏曲曲艺卷［M］. 北京：中国大百科全书出版社，1983：588.

数达658种。此外，我国的戏曲剧目繁多，据文化部1956～1957年统计，可以报出名目的戏曲剧目有51867个，记录下来的也有14632个[①]。

我国最古老的戏曲是昆曲，有约八百年的历史，发源于14、15世纪明朝苏州昆山的曲唱艺术体系。而今最有名的中国五大戏曲剧是：京剧、越剧、黄梅戏、评剧、豫剧。我国现在主要的地方剧曲调的系谱分类，大概有以下几种：

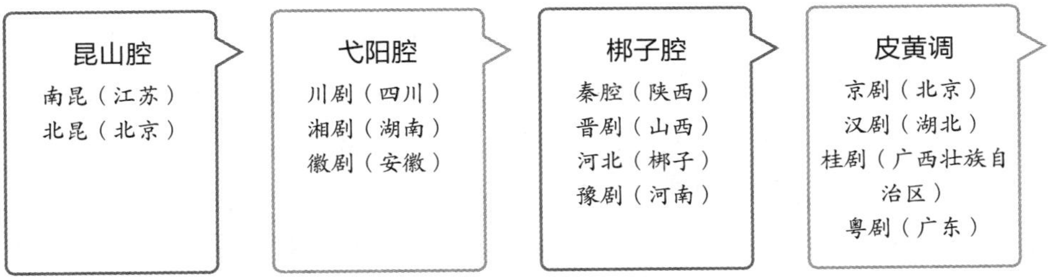

昆山腔
南昆（江苏）
北昆（北京）
弋阳腔
川剧（四川）
湘剧（湖南）
徽剧（安徽）
梆子腔
秦腔（陕西）
晋剧（山西）
河北（梆子）
豫剧（河南）
皮黄调
京剧（北京）
汉剧（湖北）
桂剧（广西壮族自治区）
粤剧（广东）

根据起源的年代分类，可以分为古代剧种和近代剧种：

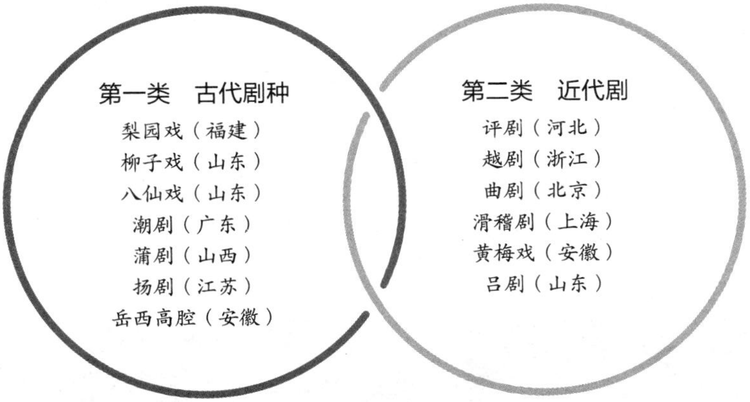

戏曲和曲艺的分布和发祥地，黄河中游的山西地区的传统艺能的起源数（61个）最多，其次是长江中游地区的湖北省其传统艺能的起源数是50个。从中可以看到，传统艺能的起源数长江和黄河中下游地区较为集中，这与中华文明是由长江文明和黄河文明的发生地域相一致。

日本的演剧艺术，是在本土原始巫咒以及民族歌舞的基础上，受到中国以及印度等多国文化影响的条件下产生的，经过数百年的演变，流传至今的戏剧种类主要有能乐、神乐、歌舞伎、净琉璃四种类型。

① 周育德．中国戏曲文化［M］．北京：中国友谊出版公司，1996：490.

能乐的种类很多大约有240种，现在经常在日本各地定期上演的能乐大概有119种，其中以近畿、关东、中部地区较多，种类最多的为关东地区，那里经常上演的能乐种类有38种之多，且多以佛教思想为背景。除了能乐外，神乐的种类也有众多，日本学者三上敏视在著作《神乐出会》中记载了日本岩手县花卷市早池峰神乐、长野县饭田市远山霜月神乐等25种著名的神乐类型，并详细地记述了其演出的过程，西和夫在《祝祭的临时舞台——神乐与能的剧场》中也对各地的神乐演出进行记录（图2–3），从中可以看出，日本的神乐广泛地分布于日本的农村，连独立偏远的隐岐岛上也有独特的隐岐岛前神乐，而神乐与能乐的演出场所都与神社有关，与各地的风俗信仰有关，所以种类繁多。

与神乐和能乐不同，歌舞伎没有那么多的类型，但其在日本各地广泛流传，此外，日本还有一种独特的戏剧是木偶戏。木偶戏在日本有很多种类和名称，如人形剧、操剧、操人形以及后来的文乐等。每一个名称都有自己的来源，在演出上也各有特点，但都是傀儡戏。在这些傀儡戏中，最主要的一种就是木偶净琉璃，它是由日本早期的木偶戏和净琉璃曲结合而成的，日本当代净琉璃的演出场所主要是在德岛县（图2–4）。

2.1.2.3 中日传统观演建筑的分布

我国传统观演建筑遍及城乡，至今仍完整地保存有10000余座百年以上的古戏台。根据《中国戏曲志》各省市卷，至今保留的传统观演建筑相对集中，主要

图2–3 日本神乐演出
西和夫，祝祭的临时舞台—神乐与能的剧场[M]. 彰国社株式会社，1997：53页

图2–4 日本德岛县某文乐演出
森兼三郎，德岛的农村舞台[J].（照片，西田茂雄），住宅建筑，1992（8）：131

分布在山西、浙江、陕西、四川、河北、河南、江西等地。以山西为例，2006年出版的《中国文物地图集·山西分册》收录了2800余座传统戏台。浙江是除山西以外，现存传统剧场建筑最为集中的省区，其传统观演建筑数量在五百座以上，大都集中在会馆、祠堂中，仅宁海一县就有百座以上，而嵊州市也有百座以上，其余如四川、河南、河北、陕西、江西，拥有的数量在都在100座以上，而其他大部分省（区市），现存的传统剧场则屈指可数。如黑龙江、辽宁、吉林、海南、贵州、青海、宁夏、天津等地，现存的传统剧场少于10座；如北京、内蒙古、甘肃、上海、江苏、湖北、湖南、广东、广西等地，现存的传统剧场大约不超过50座。

图2-5　檜枝岐的爱宕神社演出歌舞伎
服部幸雄,《图绘歌舞伎的历史》. 株式会社平凡社，2008年版，第150页

日本的传统观演建筑主要分布在广大的农村地区，其包括歌舞伎、神乐、能乐、净琉璃的舞台四种，其中舞台主要以歌舞伎与净琉璃的舞台为主（图2–5），据角田一郎在1972年的统计，日本全国当时农村地区拥有的歌舞伎与净琉璃舞台共有1338座（不包括损毁的431座），其中德岛县就有208座净琉璃的舞台，而近畿地区的兵库县、中央地区的爱知县以及中部地区的长野县均有百座以上的歌舞伎舞台，佐贺县、冈山县、岐阜县、神奈川县、群马县的歌舞伎舞台数目在50座以上。日本新潟佐渡岛保留了大量的舞台，被誉为“能乐之乡”，佐渡的能舞台大部分都属于神社，日本学者若井三郎在著作《佐渡的能舞台》中记载了220个能乐舞台，其中有35个能乐固定表演舞台，有151栋为临时装配使用的舞台，学者西和夫也在《祝祭的临时舞台》中记载了60多个临时装配使用的神乐舞台，由于神乐和能乐的舞台大多是在使用时临时装配的，所以很难有确切的数目。

中国戏曲和舞台主要集中在东南沿海一带，日本的南部和中部地区自古就与中国有频繁的交往，所以该地区的舞台和戏剧种类较多，尤其是与中国唐代交往甚密的京都、奈良等地，而北部地区戏剧和舞台种类几乎为零。

2.1.3 传统演艺与传统观演建筑的分类

本节将传统演艺和观演建筑分为娱乐型和祭祀型两类，并根据演艺与舞台发展的形态、宗教的传入及产生，以及戏剧出现的时间等多种因素，将其历史时期分为：产生期、发展期、成熟期三个时期。

2.1.3.1 传统演艺的分类

在对观演场所进行分类研究前，首先需对传统演艺进行分类和定义。我国学者王兆乾先生在《仪式戏剧与观赏戏剧》一文中将戏剧分为仪式剧与观赏剧两种①，“仪式性戏剧”（或“祭祀戏剧”），其主要的功能是祈求平安福祉（图2–6），而“观赏性戏剧”（或“娱乐性戏剧”）则是以娱乐观众为其主要目的（图2–7）。日本东京大学田仲教授在《中国戏剧史》一书提出观赏性戏剧起源于祭祀戏剧的观点②，而南京大学学者解玉峰先生否定这一论点，认为其混淆了仪式性戏剧和观赏性戏剧这两类戏剧的差异③。其认为“观赏性戏剧起自宋元的中国民族戏剧，是在华夏民族特有的审美观念之下逐步形成和完善的，它与‘祭祀戏剧’有艺术与非艺术的本质性差异。”从上可以看出，在中国戏曲的起源上，中外的学者有

图2–6 江西婺源千年傩戏2012年演出

图2–7 日本宫廷舞乐

八板贤二郎，《传统艺能歌舞伎的舞台》，新评论株式会社，2009年11月，第一版，5页

① 王兆乾先生认为：两者的戏剧观念不同，功利目的不同，对象不同，演出环境、习俗也不同。这两种戏剧，既有联系，又有区别。若从文化史的角度考察，仪式性戏剧原本是戏剧的本源和主流，而倡优侏儒供人调笑，只是支流。盖因古人认为“国之大事在祀与戎”但在戏剧史里，却将观赏性戏剧作为戏剧的主流，仪式性戏剧反成为遗漏的篇章。

② 田仲一成，东洋文库研究员、日本学士院会员、东京大学名誉教授，研究中国戏曲史。

③ 解玉峰，南京大学中文系，在戏史辨第四辑（胡忌主编，中国戏剧出版社，2004）上，发表过一篇文章；献疑于另类的中国戏剧史——读田仲一成《中国戏剧史》，全面地批评田仲一成的《中国戏剧史》。

着不同的见解，最大的分歧在于仪式性戏剧和观赏性戏剧的起源问题。日本东京大学田仲教授认为观赏性戏剧起源于祭祀戏剧，主要原因在于希腊、日本、印度的戏剧都起源于祭祀仪式，故自然地推理出中国的戏剧起源于祭祀仪式，而宋元杂剧自然是从祭祀的傩戏中分化出来的观点，其论点虽然有着“普遍性”的合理性，但对于中国戏曲文化的“特殊性”，存在着过度推理的嫌疑，其没有认识到中国舞乐文化的早熟性，如唐代的队舞、参军戏等早已有着戏曲的萌芽，其形式远成熟于当时傩戏的发展，而杂剧的名称在晚唐时就已经出现①。宋舞中夹杂有情节性的故事，既舞蹈又表演，后逐渐演化为唱、念、做、打的程式，可以说宋杂剧是在继承歌舞戏、参军戏、词调、说唱、民间歌曲等艺术传统的基础上融合、发展而产生的。由于杂剧在宋元时期的“普世性”和深刻的影响力，傩戏把世俗戏剧移植过来为其傩祭活动服务，傩舞及纯粹的宗教礼仪形式不可能直接地衍化出中国的戏曲，这一论点被许多中国学者所接受，如我国学者谭兴烈在《沅澧傩戏与孟姜女——沅澧傩戏的形成》一文中就明确指出，“沅澧傩歌傩舞本身不可能直接衍化出傩戏，而是把世俗戏剧移植过来为其傩祭活动服务，纯粹的宗教礼仪形式不可能直接产生傩戏。”此外，巴蜀地区的傩仪祭祀表演就是特定的宗教团体傩戏班与民间灯戏班共同组成的，与宗教团体演出的傩戏明显不同，故傩戏是不可能直接地衍化出中国的戏曲。

中国的优戏（乐舞）可以分为伎乐②、雅乐③、散乐④三种，它们不仅在宫廷娱乐场所演出，在寺庙祭祀中也广泛地使用，一般来说，用于寺院庆典、庙会活动的佛教乐舞多体现佛教的通俗性，而用于法事道场的乐舞则要体现佛教的庄严性。如在盛唐之时的一本器乐专著《羯鼓录》里所录食曲三十二首，则是专门用于法会道场演出，而且以假面伎乐为主，其中“毗沙门”与“龟兹大武”，就是一种戴假面具跳的金刚力士舞。又如宋代寺院的伎艺演出相当兴盛的，著名的东京大相国寺内兽戏、杂伎和戏剧女乐的表演，直可以与勾栏、瓦肆的繁盛热闹相呼应。此外明代城隍庙还有修建舞蹈演出场所的记载：“乐亭为奏伎乐所，以祟祈报，以娱神人”⑤，说明自汉唐至明清以来，舞乐作为祭祀文化的一部分，这种角色从未消失过，且“仪式性戏剧”和“观赏性戏剧”彼此相互登台演出，且交

① 任半塘．唐戏弄［M］．上海：上海古籍出版社，2006.

② 伎乐，即乐舞，隋唐时期，伎乐成为佛教的祭祀的主要乐曲，隋代设置国伎、清商伎、高丽伎、天竺伎、安国伎、龟兹伎、文康伎七部乐而得名，传入日本后或称伎乐舞。

③ “雅乐”一词于周朝就已出现，指太古时祭祀巫术的一种歌舞。

④ 散乐的故乡是西域，在隋朝以前称为百戏，其内容有模仿技艺、歌舞、杂技、幻术、傀儡子等。

⑤ 段建宏．戏台与社会——明清山西戏台研究［M］．北京：中国社会科学出版社，2009：238.

织生长状态。而正是由于乐舞文化的影响，使得傩戏一步步地发展和成熟，而传统傩戏的成熟应该是在戏曲成熟后产生的，由于中国祭祀的礼俗性，不能完全地把优戏和傩戏划分清楚，说优戏必然出现于娱乐场所而傩戏必然出现于祭祀场所，且我国在明清以后，作为观赏性的戏剧的戏曲更是成为祭祀演艺中娱人的主要部分。

故笔者对两种戏剧的形成持“同源异流”的态度，即原始的巫傩仪式是戏剧的本源，其发展为傩戏与优戏（歌舞）两种类型，其中优戏是娱乐性表演，在演化中不断地成熟成为观赏性戏剧，而傩戏发展为仪式性戏剧，这两种戏剧，既有联系又有区别，在历史发展上两者相互借鉴，相互影响，尤其是在我国宋代，两种演出类型的相互影响下产生了宋杂剧。在演化中杂剧逐渐演变成为戏曲，而戏曲本身也长期依附于神庙的演出而存在，笔者不赞同观赏性戏剧是宋代才产生的“无源之水”，也不赞成观赏性戏剧是仪式性戏剧的“仪式蜕变”的产物，其两者正如“礼”和“乐”的关系一样，两者相辅相成，“乐”让“礼”产生活力，“礼”则主宰着“乐”的方向[①]。所以，笔者认为“仪式性戏剧”和“观赏性戏剧”分别源自由上古时期傩仪分化而来的优戏和傩戏，其各自有着独立的成长过程，同时也有过相互交织的生长状态。

2.1.4　传统观演建筑的类型

从传统观演建筑类型上看，中国传统并无独立的此类建筑，而是包含于民居、宫殿、祠庙或会馆之中，由于其性质都是服务于其他功能，隶属于不同的其他类型的建筑，故其形态性质，甚至名称都有所不同。传统观演建筑又包含有永久性的观演场所和临时性的观演场所两种，临时性的观演场所如草棚、广场、露台由于其简易性和不确定性，无法纳入本书探讨的领域，故仅对永久性的观演场所进行探讨，永久性传统观演建筑按其所属功能分为：神庙戏场、祠堂戏场、会馆戏场、戏园、勾栏、私家戏场六种。为了研究观演行为方式与场所之间的联系，根据传统演艺属性的不同以及观演场所的特点将其分为祭祀型观演场所和娱乐型观演场所两大类。

（1）祭祀型观演场所：神庙戏场、祠堂戏场、会馆戏场。

（2）娱乐型观演场所：勾栏戏场、私家戏场、戏园。

---

① 冯俊杰，戏剧与考古［M］．北京：文化艺术出版社，2002：33.

祭祀型观演场所是由祭祀的需求而产生的观演场所，而娱乐型观演场所是由娱乐的需求而产生的观演场所，两者的本质区别在于——娱乐型观演空间中没有神性空间的存在，本书将从这两方面展开分别的论述。

由于娱乐型观演场所和祭祀型观演场所相互学习借鉴，在发展的时空上基本相同，但祭祀型观演场所略早于娱乐型观演场所。我国学者周华斌先生将戏曲的发展分为五个时期①。笔者的分类略有不同，从戏剧与观演建筑共同发展的角度，根据演艺与舞台发展的形态、宗教的传入及产生，以及戏剧出现的时间等多种因素，将戏剧与观演场所分为：产生期、发展期、成熟期三个时期（表2–4）。

中国传统观演场所的分类和属性　　表2–4

	类型	演变期	年代	演出属性	表演对象	演出方式	主要场所	兴起的原因
中国传统观演场所	祭祀型（仪式性、娱神性）	产生期	汉以前	原始祭祀	自然神	傩仪、傩舞	广场、高台	自然崇拜、图腾崇拜
		发展期	汉～宋	宗教祭祀	宗教神	傩戏、坛戏	寺庙露台、献亭	佛教东来、道教兴起
		成熟期	宋以后	世俗祭祀	世俗神	戏剧（仪式性）	神庙、祠堂、会馆	理学的发展、宗教的世俗化
	娱乐型（观赏性、娱人性）	产生期	汉以前	歌舞观赏	上层阶层	优戏、歌舞	住宅、宫廷	观赏的需求、舞乐的兴起
		发展期	汉～宋	杂耍娱乐	中下阶层	百戏、参军戏	梨园、勾栏	市场的开放、杂耍的兴起
		成熟期	宋以后	故事演绎	中上阶层	戏剧（观赏性）	戏园、酒楼	经济的增长、演艺的兴起

1. 上古至汉代——产生期。

这一时期是先民的原始祭祀时期，由于自然崇拜，图腾崇拜的原因，先民以傩仪、傩舞的形式祭祀神祇，表演场所为祭祀广场、祭祀高台等场所。同时，早在我国周代，宫廷的仪式性歌舞——优戏就已经开始，汉初从中东而来的西域杂技，更为演艺增添了新的活力，其演出主要是出于观赏的需求，其表演场所为广场、庭院、厅堂等。

2. 汉代到宋代——发展期。

东汉时期，随着佛教东来和道教的兴起，祭祀的形式从原始祭祀向宗教祭祀演变，祭祀神祇也从原始的自然神向宗教神转变，表演以傩戏为主，而且已经产

① 周华斌. 中国剧场史论［M］. 北京：北京广播学院出版社，2003. 周华斌先生在中国剧场史论中将戏曲的发展分为五个时期：第一时期，自先秦至宋，是孕育发生期；第二时期，自元代至明前期，全面展开期；第三时期，自明中期至明晚期，是高度发展期。

生故事情节，其演出的目的是酬神献礼，同时传播宗教思想。祭祀的场所通常是寺庙露台、献亭等，其最终演化成为后期表演的场所——戏台。从汉魏到中唐，又先后出现了以竞技为主的“角抵”（即百戏）、以问答方式表演的“参军戏”和扮演生活小故事的歌舞“踏摇娘”等，都是优戏的进一步发展，娱乐型观演场所主要为梨园、乐坊等。

3. 宋代到民国——成熟期。

宋代，随着“理学”的发展和宗教信仰的世俗化，宗教祭祀逐渐向世俗祭祀演化，祭祀演出中娱乐的成分逐渐增大，傩戏和优戏相互交织产生了宋杂剧、南戏等，其演出方式也被搬入了神庙观演场所，成为庙会助兴演出的一部分。同时，市井中出现专门的演艺场所——勾栏、草棚。元代后，勾栏、草棚逐渐被历史淘汰，戏台开始普及大江南北，其在神庙、祠堂、会馆中比比皆是，“杂剧”也在戏台上大加发展成为戏曲。明代，昆曲传奇兴起，至康熙年间，地方戏开始兴起，形成了京剧、川剧等多种地方戏剧种，演出的场所则扩大到酒楼、戏园等场所。

2.2 传统演艺与观演场所的历史演化

由于中日两国传统演艺与观演场所的发展轨迹与类型各有不同，本节先论述中国传统演艺与观演场所的产生和发展，紧接着论述其在日本的传承演化过程。笔者将中国传统演艺与观演场所的发展划分为三个时期，其划分的两个时间点是汉代和宋代，汉代佛教传入，伴随着伎乐和舞台形式的传入，而宋代宋杂剧和南戏的兴起促使神庙戏台和勾栏的出现。

2.2.1 传统演艺与观演场所的产生期

戏剧作为人类文化的一个组成部分，与其他文化形式有着紧密的联系。无论是欧洲的戏剧，还是东方某些国家的民族戏剧，都可以追溯到古代的祭祀性歌舞。我国汉代时的巫祈神歌舞，也是中国戏曲艺术产生的基因。可以说傩仪是所有演艺活动的起源，进而产生傩戏、百戏、优戏等演出形式，而所有形式进化到最后，都以戏曲作为其成熟形式。

2.2.1.1 汉代以前的祭祀行为与观演场所

我国上古时代至汉代期间，原始祭祀盛行，从四川地区遗留的三星堆遗址文化中，可以看到祭祀的很多场景（图2–8）。三星堆古城的年代大约在商末周初，正好是当时武王伐纣时被遗弃。在三星堆古城遗址中心有三星台（图2–9），为五行傩祭而建的祭台。三台，即为灵台、社台、祖台合一的一字形高台。据挖掘简报推断，该台高“五至八米”，（上面应有建筑，其形式为四面开敞的坡屋顶，用来放置神像祭物。）台前有斜坡台阶及巫师的领祭台[①]，古代祭祀为燔祭，领祭台前应有燃起的大火，将牛羊扔进火堆焚烧。行傩之时，由族长兼作巫师的首领领队指挥，这种祭祀的场面我们不得而知，但从三星堆出土的大量祭祀物和青铜面具及巫傩形象，就可猜测出当时场面的宏大。也可以看出距今3000 ~ 4800年的蜀族先民崇尚祭祀，其祭祀时由“神人相通”的巫师主持，与少数民族地区傩戏中释比、法师的地位与职能极为相似。

从三星堆遗址我们可以看出，古代傩仪的祭场，不仅讲求风水，又由于其表演和观看都是动态的，又有燔祭等行为，参与人数多，而三星台供奉神像，就如后代庙宇供奉佛像一样，成为祭祀和演出的对象，唯一不同的是古蜀人以城墙为界，以山河日月为景，大地为台，翩翩起舞，在原始图腾崇拜的傩仪中，古蜀人

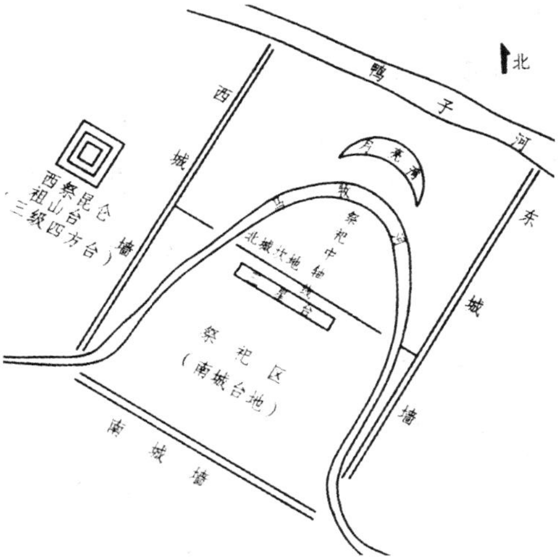

图2–8　三星堆城墙遗址图

白剑，《华夏神都——全方位揭秘三星堆文明》，西南交通大学出版社，2005年9月第一版，第78页

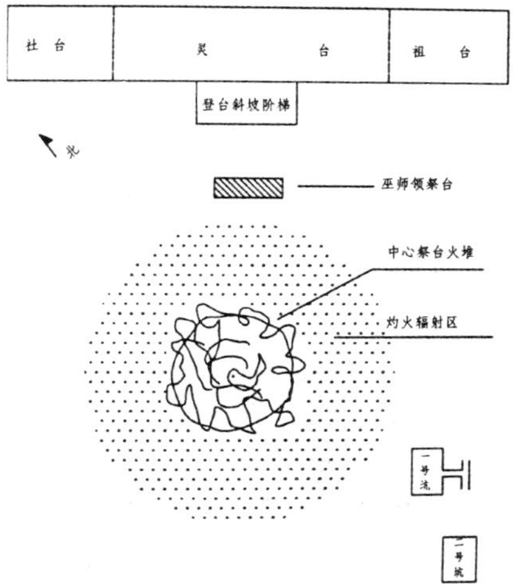

图2–9　三星堆祭台平面推测图

白剑.《华夏神都——全方位揭秘三星堆文明》.西南交通大学出版社，2005年，第121页

---

① 白剑. 华夏神都——全方位揭秘三星堆文明［M］. 成都：西南交通大学出版社，2005：123.

对其充满的是信仰，参与方式就是切身的傩仪舞蹈和虔诚的祭拜，与神灵的距离很近。

早期的傩仪除有祭神功能外，还有驱鬼的功能。民间的许多画像砖上都记载着驱傩的场景，在四川各地多次出土的汉代画像砖上的方相氏，都是巨头、突眼、獠牙、长舌的狰狞形象，如四川郫县新胜一号石棺画像砖上就有记载的驱傩图（图2–10），石棺右侧板上方刻上身裸露、面目狰狞的赤足神怪，中间龙虎云气车上有只熊头怪神，这当是汉代的傩神。《周礼 · 夏官司马》提到修墓时要请方相氏驱疫："方相氏，黄金四目，蒙熊皮，玄衣朱裳，执戈扬盾，帅百隶，而时难，以索室，驱疫"，所以汉代的墓室、祠堂石棺上的驱傩图，是为了驱除邪魔，保护墓主。也说明傩文化产生的根源就是驱除邪魔，祭祀神灵，保佑人们生前死后的平安。

直至今天，我国古代的傩祭仪式在西南地区、长江流域、黄河流域、嫩江流域仍有流行。特别是在偏僻的少数民族地区，长期以来交通闭塞、科学技术落后、生产力水平低下形成的封闭性社会环境和少数民族特有的文化个性，为傩祭的生存和发展提供了肥沃的土壤。至今保留的还有众多少数民族的傩祭如土家族阳戏、汶川羌族释比戏、平武白马藏戏等（表2–5）。大都来自于原始的傩祭，都可以看出对这种傩仪文化的传承，如汶川地区羌人的"锅庄舞"，就是众人戴面具围成一圈，不断将足踢向中心象征傩鬼的火堆，并不时手舞足蹈向火堆作威吓状，仍保留了远古时代自然崇拜和图腾崇拜的民间信仰习俗。

笔者在对我国巴蜀地区的部分少数民族的傩祭研究后，发现其有以下的共同特点：①傩戏大多都处于偏僻的少数民族地区，如汶川羌族释比戏、平武—四川

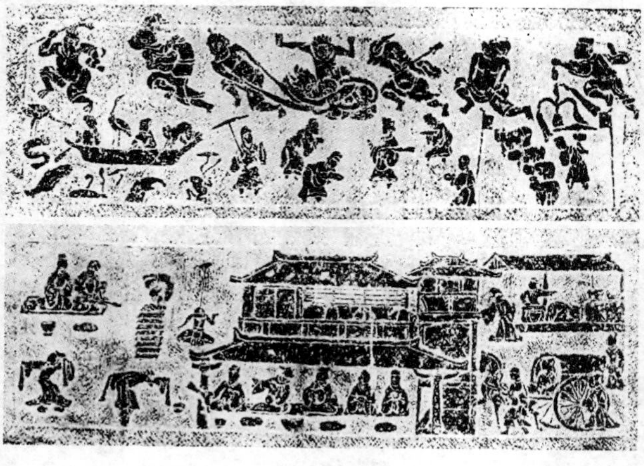

图2–10 郫县新胜一号石棺右侧板（上），（下）
引自：高文编.四川汉代画像砖[M]. 上海：上海人民美术出版社，1987：18.

巴蜀地区现存的部分原始祭祀演出及其特点　　表2-5

傩祭名称	祭拜神祀	演出剧目	主持者	傩祭目的	表演特点
平武白马藏戏	山神，黑熊神	兽面舞	祭师	祭神驱鬼	集体舞蹈，戴黑熊面具驱鬼，祭师率领
川南秧苗戏	八蜡神	《请长年》	巫觋	祭神驱鬼	有巫觋或伶人装扮“猫虎之尸”拟兽表演
汶川羌族释比戏	神仙鬼怪	《斗旱魃》	释比	驱邪驱魔	集体祭祀礼仪，敲锣打鼓，追击旱魃，释比主持

省平武白马藏戏等。②傩戏的主持者为当地的部落的首领祭师、释比等，体现出部落首领兼政教于一身的特点。③傩祭的目的是祭神驱鬼。④在常年的演出中，傩戏形成了固定的剧目和活动方式，并对这一文化和表演方式代代传承。⑤傩祭是对古代方相氏率百隶逐室驱疫驱傩活动的继承与发展，如汶川羌族释比戏。从上可以看出，许多少数民族地区的傩仪都还保留了远古时代自然崇拜和图腾崇拜的民间信仰习俗，体现出傩文化的原始性。

2.2.1.2　汉代以前的娱乐行为与观演场所

早期的娱乐观演行为，主要是指宫廷的优戏演出，而且各朝都有供统治者声色之娱的优伶。早在我国周代，宫廷的仪式性歌舞，其已有模仿性的戏剧因素。作为戏曲中演员艺术的前身，则包括上古时期祈神降福的巫觋以及后来的优伶。《诗经》里的“颂”，《楚辞》里的“九歌”，就是祭神时歌舞的唱词。在春秋战国，由于宫廷出于观赏的需要，娱神的歌舞中逐渐演变出娱人的歌舞，并出现最早的优人。根据文献记载，先秦时期的优人有楚国的优孟、晋国的优施、齐景公时期的优施、战国赵襄子时期的优莫、秦始皇秦二世时期的优旃等，同时，在先秦的优戏中，演出的故事已具有戏剧因素。如春秋时的《史记·滑稽列传》中记载的“优孟衣冠”的故事，就是描写楚国一位叫“孟”的优人，穿戴着已死去的相国孙叔敖的衣冠（衣服帽子），模仿孙叔敖的举动，使孙的遗族得到封赠的故事。

汉代早期，我国出现了最早的“优戏”和“百戏”的形式。优戏是宫廷中的艺人以滑稽表演为主，随意性的表演。百戏是许多杂要的统称，包括以竞技为主的“角抵”等。这个时期，随着“丝绸之路”的开通和与西域频繁的交往，东来的乐舞、幻术、杂技源源不断地传入中原，百戏的演出场景频繁地出现，如四川地区保留了众多百戏图画像砖，画面包含百戏的表演场面，如飞剑掷丸、顶撞悬竿、鱼龙蔓衍、在绳架上表演舞撞和倒立等（图2-11）。而百戏杂要与歌舞等

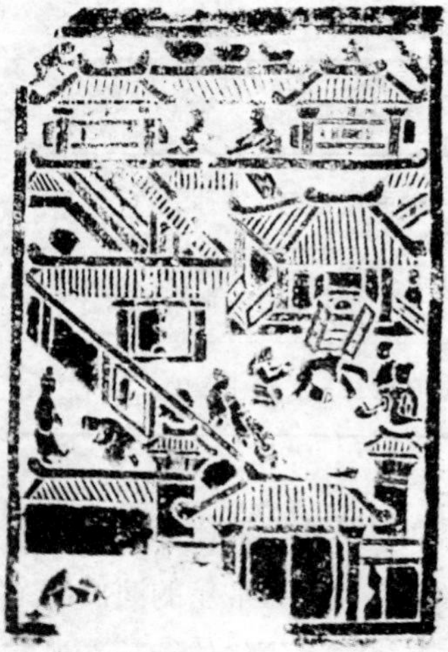

图2-11　汉代连续后仰翻筋斗图（山东曲阜东凤乡出土）
崔乐泉，《图说中国古代百戏杂技》.世界图书出版西安公司，2007年，第30页

演艺形式混杂在一起，最后都融入宋以后地方戏中，在音乐体制、故事题材等方面对戏曲产生较大的影响，这也奠定了以后成熟期戏曲综合唱念做打各门技艺的基调。

汉代的演艺处于百戏之“鱼龙混杂”的状态，由于演出形式的多样和未定型，故演出场所也呈现出多样性等特征，厅堂、广场、街道，都可以成为演出的场所，但也出现了专供私人演出的“百戏楼”，百戏楼有各种形态，有的是望楼，有的是宅院，在河南、山西、安徽等地都有陪葬的陶制百戏楼模型发现①，其反映墓主的生活状态和生活理想。之所以称为“百戏楼”或“舞台模型”是因为楼阁内的厅堂里有乐舞百戏艺伎的造型，有的倒立、有的起舞、有的吹奏或弹拨乐器，但由于百戏楼中的演出缺少故事和扮演的角色，所以很难分辨其观演的性质，而只能视作一种自娱自乐的享受生活的方式。汉代百戏杂技与百戏楼的出现，说明此时的娱乐性演出已完全地独立于祭祀演出，不再依附于祭祀仪式而存在。

2.2.2　演艺与传统观演场所的发展期

汉代以后，傩戏祭祀的形式从原始祭祀向宗教祭祀演变，祭祀神祇也从原始的自然神向宗教神转变，祭祀演出的场所通常是寺庙前的广场或庭院。而娱乐性的演出也从汉初的百戏，逐渐发展成为唐代的“参军戏”，娱乐型观演场所主要为梨园、乐坊等。

2.2.2.1　汉代到宋代的祭祀行为与观演场所

汉代到宋代是傩戏的产生和发展时期，其观演场所还未定型，一直处于随处做场的阶段。东汉时期，佛教东来，道教随即兴起，在由张鲁所创的“五斗米”

① 周华斌，柴泽俊，车文明，等. 中国古戏剧台研究与保护［M］. 北京：中国戏剧出版社，2009：30.

道教影响下，早期的傩仪与道教文化结合，产生了傩戏，并与道教相结合从事驱鬼逐疫、消灾免难的端公戏，端公做法事成为庆坛，庆坛活动中均有请来天兵天将帮助，这样就形成了简单的故事情节，给上古时期流传的傩仪注入了神鬼的故事原型，代表着傩戏的形成。傩戏在不断的发展中，形成了许多的演戏的剧目。晋代时出现了我国已知的最早的剧目《斗牛》，这是一部有人物、有情节、有打斗表演的戏。战国时期的李冰治水而深受后世爱戴，由于他能降妖杀魔，被奉为天神，所以在傩戏表演时被请来捉妖。这出戏的剧目在以后的历朝历代都有，如唐代有《灌口神》，宋代官本杂剧《二郎神变二郎神》，孤本元明杂剧中有《灌口二郎斩健蚊》，近代川剧有《拿孽龙》等。

至唐代时，由于帝王信奉道教，“民俗崇巫”“信道者众”，傩戏更加盛行，同时出现了提线木偶戏。如《北梦琐言》记载：“僖宗乾符间（874年）唐崔侍郎安潜……镇西川，而频于使宅前弄傀儡子，军人百姓穿宅观看。”这里记载的“弄傀儡子”，正是当代仍在上演的广元射箭提阳戏、梓潼阳戏等木偶戏的鼻祖，可见在唐代提线木偶等傩坛表演方式也已经出现。

为了进一步研究傩戏和木偶戏的演出方式和场所（图2–12），笔者对巴蜀地区保留的广元射箭提阳戏、雅安芦山庆坛等进行深入研究后发现，其傩戏可以分为三个部分：一是祈神祛鬼的“做法”，即原始的傩仪部分；二是演出傩戏部

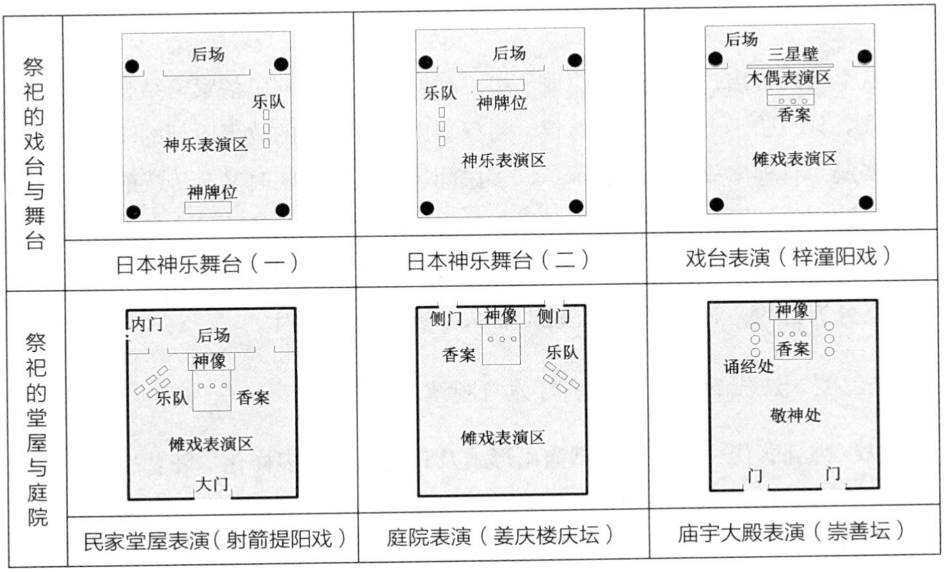

图2–12　巴蜀地区的祭祀型观演场所

笔者绘制，参考：于一,《巴蜀傩戏》.大众文艺出版社，1996年，第243～250页，（日）清水裕之.论演出空间形态的生成.（姚振中译），译自《剧场构图》第一章，日本鹿岛出版社，1988年第一版。

分，戴面具驱鬼跳舞；三是演戏部分，如演出灯戏、川剧和歌舞杂耍等。

傩戏的表演有以下几个特点：①由于傩戏长期流传于偏远乡村，其表现显示出原始、古朴的特征；②表演时以面具或涂面化妆来扮演人物，以提线木偶扮演天神；③演出者多为道士，演出目的是为传扬宗教。如：巴蜀地区傩戏表演多由道人主持，剧本中也有许多道教的神话传说，可以看出道教对于傩戏的形成的至关重要性；④它有一套完整的演出程序、祭祀仪式和演出剧目；⑤其已经有戏剧表演的成分，如灯戏、川剧的表演，以增加娱乐性，但只是作为法事和傩戏的辅助表演（表2-6）。

巴蜀地区现存的部分傩戏演出及其特点（根据《巴蜀傩戏》整理） 表2-6

傩戏名称	祭拜神祇	演出剧目	演员	傩戏目的	表演特点
广元射箭提阳戏	三十二天神	二郎降孽龙、皮金滚灯	道士	酬神还愿、驱邪纳吉	人神同台，提线木偶、面具和涂面化装，法事与戏剧表演共存一台，掌坛师由道士担任
梓潼阳戏	文昌、川主等	出钟馗、二郎扫荡	道士	除妖驱邪	提线木偶为主导，伴以面具和涂面表演角色，还采用川剧、灯戏声腔、钻火圈、上刀梯等巫术特技
雅安芦山庆坛	姜维、李冰	二郎降孽龙	道士	祈神、娱人	先法事仪式，后有人物、情节，歌舞说唱并重的折子戏，插演民间灯戏，一般庆坛一至七天
苍溪庆坛	天神、地神	皮金滚灯	道士	还愿祈福	三至五天，插演灯戏，面具扮演，道士主持

从上可以看出，傩戏是将驱傩法事、戏剧故事、驱邪民俗紧密结合一起的演剧形式。其脱胎于上古时期的傩仪，自汉晋就有了神鬼的故事原型的注入，至唐宋发展成为有神鬼故事剧，传承了许多民间风俗习惯，同时又有传统的儒家文化的注入和完善，尤其是汉代佛教及道教的影响，使得傩戏从某种意义上升到宗教的层面。所以对于傩戏的演出来说，其内容形式以及所营造的空间，都是以对神灵的祭拜为目的，对神的信仰是傩戏长久不衰的根本原因。

2.2.2.2 汉代到宋代的娱乐行为与观演场所

从汉魏到晋代，我国娱乐型演出形式及观演场所呈多样化。随着故事扮演剧的成熟，南北朝时期，出现了广为流传的面具舞《兰陵王》。唐代时候，优戏发展成明确代言体的“参军戏”和扮演生活小故事的歌舞“踏摇娘”等。如：《太平广记》卷二五七引《王氏见闻录》描写了封舜卿在四川观看设的场景，“及封至蜀，设置，弄参军后，长吹《麦秀两歧》，于殿前施役麦之具，引数十辈贫儿，褴褛衣裳，携男抱女，挈篓筐而拾麦，乃合歌唱，其词凄楚。”文中所说的“设”，就是指参军戏和后来的《麦秀两歧》戏，专门为“设”建造的厅，其作用等同于戏场，只是改在室内而已。

唐代，出现了我国最早的有关杂剧和戏班的记载。如“唐文宗大和三年，成都音乐伎巧入内，有‘子女锦锦’及‘杂剧丈夫二人’”，是我国历史上最早的关于杂剧的记载。“晚唐时，成都帖衙优伶，有五人为火，生旦净丑诸色当已具备。”也是我国历史上最早的关于戏班的记载。学者任半塘先生在《唐戏弄》列举了巴蜀地区唐代戏曲表演的许多情况：“唐代四大讽刺剧之一《刘辟责卖》，在蜀；猴戏讽刺之最具体者《侯侍中来》，在蜀；武技为主之歌舞戏《灌口神队》，在蜀。”此外又有：“梁太祖开平初（约907年）蜀中演赛‘口秀两歧’；梁末帝前后，蜀高祖王建时，俳优弄参军戏；梁末帝龙德间，后蜀主王衍时颇有宫戏。”①以上都可见唐代演戏之盛况。

唐朝宫廷演剧比较繁荣，出现了专门用于表演的“舞台”和“砌台”②。演出时有了辅助表演的机械设备。如：后唐庄宗同光元年（923年）记载：“后蜀主王衍于蓬莱采莲舞内，设水纹地衣”③，以机械表现波浪形象，说明蜀戏布景效果之设备，已至机械化，同时也说明表演是在宫内厅堂内。

此外，皇家演剧多在殿前的庭院中进行。《晋书·乐志》载：“后汉正月旦，天子临德阳殿受朝贺，舍利从西方来，戏于殿前。”《魏书·乐志》载：“大飨设之殿庭，如汉晋之旧也。”《五代史·伶官传》也说：“（后唐）庄宗尝与群优戏于庭。”提及的“殿前”“殿庭”“庭”，都是指建筑中的庭院。这些庭院只是临时作为演出场所，并不具有舞台的建筑特征④。比较有代表性的实例是唐代长安大明宫的麟德殿⑤前广场（图2-13），它具有演出、宴会、接见使臣等多重功能，内能容下三千人同时观看演出。此外，麟德殿前庭院也常用作演出场所，正

① 任半塘．唐戏弄［M］．上海：上海古籍出版社，2006：190.

② 周华斌，柴泽俊，车文明，等．中国古戏剧台研究与保护［M］．北京：中国戏剧出版社，2009：35.

③ 任半塘．唐戏弄［M］．上海：上海古籍出版社，2006：190.

④ 薛林平．中国传统剧场建筑［M］．北京：中国建筑工业出版社，2009：429.

⑤ 薛林平．中国传统剧场建筑［M］．北京：中国建筑工业出版社，2009：430．麟德殿位于大明宫太液池西侧的高地上，由前中后三殿组成，故俗称“三殿”，三殿共用二层的台基，面阔均九间，前殿进深四间，中殿和后殿进深五间。前、后殿均为单层建筑，中殿则为二层楼阁。总面阔58.2米，总进深86米。关于殿前庭院中演出的记载颇多：旧唐书卷十八文宗纪曰：“太和六年（832年）二月，己丑寒食节，上宴群臣于麟德殿。是日杂戏弄孔子，帝曰：孔子，古今之师，安得侮渎，亟命驱去。”旧唐书卷一百九十六吐蕃记载：“长安二年．（702年），赞普率众万余人寇悉州，都督陈大慈与贼凡四战，皆破之，斩首千余级。于是吐蕃遣使论弥萨等入朝请求和，则天宴之于麟德殿，奏百戏于殿庭。”旧唐书卷十三德宗纪记载，“（贞元四年．788年．）宴群臣于麟德殿，设九部乐，内出舞马，上赋诗一章，群臣属和。”

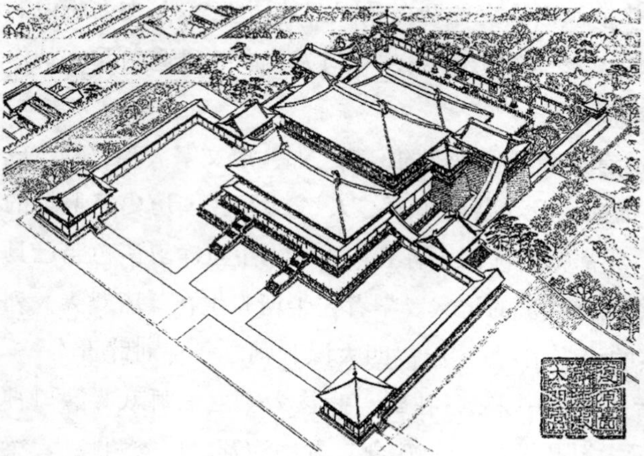

图2-13　唐代长安大明宫的麟德殿前广场
薛林平.中国传统剧场建筑.中国建筑工业出版社，2009年，第430页

面和两侧的围廊均可以适宜安置观众，但其职能尚未专门化。由于娱乐演出形式的多样化，演出场所也呈现出多样化，使宫廷演剧可以一直停留在厅堂庭院式的状态。

总之，从汉角抵和周代的宫廷歌舞发展而来的演艺形式到了唐代变为带有故事情节的参军和队舞的形式，并出现了最早的舞台和演出的机械设备，也从侧面说明观演行为和场所在不断地发展和演化，为最终演化为成熟的戏曲形式打下坚实的基础。

2.2.3　传统演艺与观演场所的成熟期

宋代后期，由于宋理学的发展以及宗教的改革，在儒释道三教合一的背景下，许多“世俗神”也成为祭祀的一部分。“世俗神”是指古代的圣贤以及当世的楷模，如关云长、张飞等，由于其忠义被列为神的行列而加以祭祀，用以传扬孔孟之道。“世俗神”的建构是对传统神的模仿和取代，鲜明地反映了中国世俗信仰的多元性和功利性。由于宗教的世俗化和信仰的功利性，祭祀行为与观演场所也呈现出多元化倾向。

2.2.3.1　宋以后的祭祀行为与观演场所

宋代到民国期间，演出方式主要是戏曲，其作用主要是观赏娱乐，加之礼仪教化，观演逐渐有了固定的场所，演出主要是在神庙、祠堂、会馆戏台进行。这一时期傩戏在民间各地仍然盛行，而佛教和儒学的伎乐表演也出现在庙堂之前，在戏曲形成后，也被吸纳成为庙会演出的一部分，用于活跃气氛和吸引人群。如宋代杂剧“目连戏”，常常在庙会前后表演，如《大日本佛教全书》卷九五《大觉禅师语录》中记载了南宋蜀僧大觉禅兰溪道隆的“杂剧诗”曰：“戏出一棚川杂剧，神头鬼面几多般。”写的是他晚年回忆昔日在四川观看杂剧的情景。从诗中描写的“神头鬼面几多般”，说的就是南宋时期四川涪陵一带流行着戴假面表演的川杂剧，很可能尚存傩戏或目连戏的痕迹，而看戏的地点为“棚”，也就是说明已经出现了固定戏台“草棚戏台”，说明傩戏中的戏曲表演已经逐渐成熟，但表演的戏曲故事大多还仅限于神仙鬼怪，演戏的主要目的仍然是祭祀驱鬼，戏曲的表演仍然是依附于傩戏存在。此外，笔者在对我国庙会演出研究后发现，其演出必定分为两个部分：一是仪式部分，由专人做法，祈福酬神；二是演戏部分，请各地的戏班演出当地戏曲。这也说明在祭祀表演时，其仪式性表演是不可缺少的，而戏曲的演出是仪式表演后的助兴节目。

随着戏曲的不断发展，演出场所也不断演化。宋金时期，我国北方寺庙里也出现了固定的“露台”[①]，并且出现了亭榭式的“舞亭”[②]，可为演员遮风避雨，并成为寺庙的重要组成部分，建于大殿庭院中，不和其他建筑相连，“舞亭”的独立设置使得对其添置和去除可灵活处理。由于戏曲尚未完全定型，使得戏台也没有定型。但是北宋出现了“亭榭式”戏台，可用来对演出区域遮风避雨，这使得戏曲表演不仅在空间上得到普及，在时间上也得到了“普及”。宋金时期戏台的基本特征为平面四边基本相等的方形，面阔进深5～7米，四角立柱，屋顶多为歇山或十字歇山（图2-14、图2-15）。

图2-14　山西金代侯马董氏墓戏台模型

图片源自：车文明，《中国神庙剧场》. 文化艺术出版社，2005年，第33页

元朝庙宇戏台和勾栏戏台都更加普及，由于戏曲的表演性完善，演员需要主要向一个方向来表演而不用顾及背面，另外台前的表现空间丰富要求有更多面积的后台辅助，这样戏台从四面观发展到一面观或者三面观。

① 周华斌，柴泽俊，车文明，等. 中国古戏剧台研究与保护［M］. 北京：中国戏剧出版社，2009：90.

② 周华斌，柴泽俊，车文明，等. 中国古戏剧台研究与保护［M］. 北京：中国戏剧出版社，2009：92.

图2–15　山西阳城县驾岭乡封头村汤帝庙金代舞亭

图2–16　成都金华寺戏台

此时戏台在观演场所中位置相对固定，一般为单开间，单进深，四边相等的方形，四角立柱，台面约50平方米，已开始用悬布来分隔前后台①。

明代神庙戏台已成为一种固定体制，利用庭院空间、厢房、戏台和大殿构成一个适于观演的场所，人们在庙里的活动主要是看戏，其宗教性质也逐渐褪色。而这种神庙戏场模式被其他不同类型的戏场吸收，成为中国戏场的典型形式。此外，明代的戏台也发生了一些变化，由近方形的亭榭式变成平面长方形殿堂式，加宽了台口，而缩小了进深，并由单栋的戏亭发展出双栋竖连，双栋式加台口前凸，三栋并联两侧等形式，这是戏曲剧本情节丰富而表演空间丰满的结果。

清代，戏曲演出也趋于兴盛。随着庙会演出的需要，庙宇内纷纷建造戏台（图2–16），演戏以酬神娱人。同时，各地的会馆戏台、祠堂戏台和私家戏台上也经常演戏祭祀或娱乐。

2.2.3.2　宋以后的娱乐行为与观演场所

宋元时期，戏曲的演化发生了质的飞跃，出现了成熟的戏曲形式——杂剧和南戏。杂剧在北宋时期就已形成，其表演分化为两段结构，以逗笑为主，五类行当扮演结合歌舞，吸收多种表演艺术而且有的有音乐伴奏。南宋时期，杂剧分化为南宋杂剧和北曲杂剧两部分：南宋杂剧的戏剧空间复杂，表演为三段结构且各自独立，以演故事，逗笑为主②，并以大曲作为音乐结构，表现不同的戏剧空间和情节的转换；北曲杂剧规整，其字数、韵脚都能纳入宫调体制，且以少数民族音乐元素为音乐结构。

① 翟文明. 图说中国戏剧［M］. 北京：华文出版社，2009：25.

② 廖奔. 中国古代剧场史［M］. 郑州：中州古籍出版社，1997.
刘彦君，东西方戏剧进程［M］. 北京：文化艺术出版社，2005.

南戏是在我国东南地区以温州为主发展起来的地方戏，其出现的时间早于杂剧，以演出完整线性结构的爱情故事为主题，且已经出现了行当的划分。行当分为七类，出现丑角，服饰性格化，主角只充当一个角色。不同于北杂剧的是，南戏以唱为主而无严格音乐规范，不完全遵守宫调，表演以假定性、自由时空、程式化的方式为主。这些特点是符合当时南方的审美习惯，而南戏中这种假定性、自由时空、程式化则是整个中华民族的文化特点，并被借鉴到其他地方戏中，奠定了后世戏曲美学的样式[①]。

同时期，勾栏作为正式的观演场所开始出现。勾栏是“瓦舍”中的演出场所，而瓦舍是宋元时期城镇中商业性的游艺场所。瓦舍源自隋唐时期城市中的戏场，由于城坊制的约束，隋唐时期的戏场建在庙里，而宋代城市制度的改革，瓦舍则自由地建在了商业区中。明代后勾栏在城市中被禁止，因而没有留下建筑遗迹。由于文献记载等资料的缺乏，使得人们对勾栏建筑的面貌只能依靠不多的文字资料进行分析推测，故在学术界的认识也不尽统一。

元代，原有的北曲杂剧发展为元北曲。它吸收“北曲”套数，组成固定的四宫调套数，表演结构分为四大块且穿插过场戏，有严格框架体制但无固定形式的开散场，由单一角色歌唱，整体篇幅较小，有固定的曲牌作为程式化音乐结构，演出时已有了固定的角色扮演和分工（图2–17）。

明朝时，元代的北曲杂剧演变为北杂剧，南戏也在其演化的过程中，不断和北曲杂戏交流融合，表演更加规范化，角色分工精细合理，曲牌增多，联套趋于精细，发展成为灵活的音乐结构，曲牌宫调归属完成。于是南戏作为一个大的体系，在各地纳入各自方言发声特点，诸声腔兴起。由于南戏剧本反映一个完整的人生故事，结构也较松散，剧情进展缓慢，于是就将整本戏简化，从不同剧目里选出一些精彩剧目组成一场演出，这就产生了折子戏。由折子戏开始，人们审美焦点从故事情节转移到舞台技艺，由此促进戏曲舞台技艺大幅提高。折子戏促进了角色行当分化与独立，为各地方剧种提供了创造更多特色内

图2–17　洪洞明应王殿元杂剧壁画，1324年
图片源自：翟文明.图说中国戏剧.华文出版社，2005年版，第25页

① 李修生. 元杂剧史［M］. 南京：江苏古籍出版社. 2000.

容和舞台技巧的机会，这样更是推广了戏曲和戏台的普及。

明清时期，南戏在各地逐渐演化为地方戏曲，并互相影响，将其他声腔特点融入进来，然后又发展分化，再进行互相杂交。如此往复，最终形成了全国丰富的地方戏曲资源。与此同时，为了整肃民间演戏的“不良”风气，朝廷开始禁止民间勾栏演出，在宫廷内设立教思坊，减少官优数量，因此戏曲艺人身份降低，戏班只能依附于其他场所进行非固定性演出，限制了专门观演场所的发展。堂会和庭院演出从汉代以来一直延续，特别是明朝时的园林中设立戏台，因其随意性和文人性特别适应昆曲发展。城市中兴建的会馆为联结同乡，必有戏台。酒楼成为城市中勾栏衰退后市民观演的主要场所，其接近正式剧场形制，是为滥觞。城市中戏园子也是明朝开始发源，在清朝时期达到繁荣，是此时最能体现平民娱乐文化品格的。戏园子在功能上可以看作是勾栏的延续，其在戏台周围三面建楼，形成一个院落空间，中间的天井也是露天的。但是这种建筑受到气候和天气变化的约束，不能适合城市全天候的娱乐要求。于是，将戏场改造成为有顶的建筑，这样，原来中间的院子就成了池座。世界戏剧史上，从露天广场流动卖艺，到市场周围的营业性演出，再到专门的室内剧场的建立是带有规律性的进程，它表现了戏剧由一般的娱乐表演到更高层次艺术形式的演变过程[①]。

清末，对旧戏园子进行了一定的改革，由此来吸引观众：在舞台上设立大幕、布景来净化演出环境，增设舞台设备和机关来创造奇异效果，增加配套功能设施和附属空间，集中布置座位改善观赏环境等。除了剧场形制方面，还有管理机制方面：实行买票制度，不允许看戏时的其他活动，成立股份有限公司的运作模式。此时，商业化成了剧场发展的最大特点，观众厅相对豪华，而其他设备虽有所改进但仍显得比较落后。舞台机关设计开始风行起来。最早的改良剧场是1908年上海的“新舞台”，比旧戏园子有了很大的改变：有台仓、吊桥、台口，将旧时的台柱子去掉，设置可以换布景的大幕。观众席围绕舞台成半月形，而且有起坡。这个舞台有伸出的台唇，部分保留着“三面观”的方式。以后许多改良剧场都以此作为借鉴，出于营业目的，布景逐渐成了一种风尚，观众区也逐渐加大。

从上可见，宋代以后，南戏和杂剧产生，并演化为成熟的戏曲形式，伴随着它的发展，戏曲的观演场所从宋元时期的勾栏转移到明清时期的庙宇，最后走向戏园，形成了观演场所的最终形态。

---

① 王季卿. 中国传统戏场建筑考略之——历史沿革[J]. 同济大学学报(自然科学版), 2002(1).

2.3 传统演艺与观演场所的传播与演变

日本的传统演艺与中国的传统演艺有着很深的渊源，其在产生初期，受到中国传统戏剧及其观演建筑很大的影响，但在后期的发展中，中日两国传统演艺与观演场所走上了不同的道路，其类型和特色各有不同，本节先论述日本传统演艺与观演场所的产生和发展，紧接着论述其在日本的传承演化过程，并对比研究中日戏剧的差异性和同源。

2.3.1 日本传统演艺文化的发展演变

日本传统的演艺文化主要有“能”“狂言”“木偶净琉璃”“歌舞伎”等剧种。其中歌舞伎与能、人形净琉璃（“文乐”）并称日本三大国剧，为了便于和中国的传统演艺与观演建筑做对比研究，本节将日本传统戏剧及其舞台的发展分为相应的三个时期：产生期（飞鸟时期前），发展期（飞鸟时期—镰仓时期），成熟期（镰仓时期后）。下面就三个时期演艺的特点作分别阐述。

2.3.1.1 日本传统演艺文化的产生期

日本传统演艺文化的产生期主要是指飞鸟时期以前（相当于中国南北朝时期）的发展，其源头可以追溯到日本远古时代。日本学者河竹繁俊在《日本演剧史概论》中认为：“日本的演剧源于咒术仪式，是一种咒术行为。”①也就是说演剧产生于宗教和生产劳动的咒能。在《古事记》和《日本书纪》这两部最早的历史著作中就已经记载了日本先民以歌舞祈祷天照大神驱散黑暗的细节表演。据《古事记》记载，“天宇受卖命以天香山的日影蔓束袖，以葛藤为发髻，手持天香山竹叶的束，覆空桶于岩户之外，脚踏作响，状如神凭，胸乳皆露，裳纽下垂及于阴部”②，这里描述了女巫在镇魂招魂的祭祀仪式上手舞足蹈，即兴起舞的动作（图2–18）。

在劳动咒能发展的过程中产生了田舞这种表演形式，在民间广为流传，后逐渐发展为田乐。早期的田舞模仿播种和收割的动作歌舞，或庆祝农业丰收，伴着

① ［日］河竹繁俊．日本演剧史概论［M］．北京：北京文化艺术出版社，2002：6.

② ［日］佐藤隆信．古事记 · 日本书记［M］．东京：大日本印刷株式会社，1991：32.

鼓点，口念咒术，边歌边舞，或做出男女欢喜而拥抱的动作，以谢田神，它主要以杂技表演为主，但也有合唱队。

这时期除了田野间的咒能，田舞外，还产生了宫廷异能。天武四年（公元675年），天皇还敕令大和、播磨、伊势、美浓等一些地方将“能歌的男女百姓”或“侏儒、伎人”上贡，反映了宫廷也喜爱田舞的表演，形成了一种新的宫廷异能。而咒能和宫廷异能成为娱乐性和祭祀性演艺的起源，在其产生初期，都带有祭祀的色彩。

图2-18　天窟神乐图（户隐神社藏）
佐藤隆信.古事记·日本书记.大日本印刷株式会社，1991年版，第32页

2.3.1.2　日本传统演艺文化的发展期

日本飞鸟到镰仓时期是传统演艺文化的发展期，相当于中国南北朝到唐代之间的时期。这一时期，日本娱乐性演出从宫廷异能向宫廷舞乐发展，而祭祀性演出从田野间的咒能向神社的神乐发展。

公元6世纪末的飞鸟时期，日本吸收传入的三韩乐、中国吴乐、隋乐和印度天竺乐，古代的宫廷异能进一步演化为宫廷舞乐。如日本流传至今的著名曲目《兰陵王》在唐以前属于古乐，《甘州乐》传说为唐玄宗所作，《太平乐》是唐代代表曲目，《打毬乐》又名“散吟打毬乐”，此曲仿照唐代武德殿前踢毬作乐改编成舞蹈，还有许多曲目传自印度①。公元7世纪，中国的踏歌等歌舞正式传入日本，据《三国志》记载，其形式是“群聚而舞”，表演者“举起相随，踏地高低，手足相应”，《日本书纪》《六国史》等中都有记载多次举行汉人的踏歌比赛。这个时期，各种技能的舞台和中国汉唐时期的“百戏”一样，没有固定的演出场地，摞地为场。

公元8世纪的奈良时期，中国唐朝的正乐、伎乐、散乐（杂技，在日本被称为猿乐）传入日本。这一时期，中日交流逐渐频繁，随着遣唐使和留唐学生交流的扩大，中国的舞乐文化受到普通大众的喜爱，其本土祭祀活动也发展为舞

① ［日］河竹繁俊. 日本演剧史概论［M］. 北京：文化艺术出版社，2002：35.

乐、伎乐、散乐三种。这时期的表演形式带有扮演性质，舞乐以舞蹈为主；伎乐使用乐器伴奏，以调笑为主；日本乐书《教训抄》中说，推古天皇时代（公元612年），百济人味摩之乘船归化日本，带来了伎乐，据说正是中国南方的吴乐[①]；散乐的故乡是西域，在中国隋朝以前称为百戏，其内容有模仿技艺、歌舞、杂技、幻术、傀儡子等，《续日本书纪》卷天平胜宝四年（公元735年）四月，东大寺大佛开眼法会上记载了各种弄丸、踏肩等散乐戏（图2-19）。从上可见，日本在奈良时期，已经有很大范围的玩赏散乐，散乐应该是与伎乐舞乐同时进入日本的。舞乐是继伎乐后传来的大陆歌舞和固有歌舞的糅合，《续日本纪》中有文武天皇大宝二年（公元702年）正月与群臣在西阁饮宴，席间奏中国的“五常太平乐”，是首次关于传入日本的舞乐的记载，可见舞乐在此之前就已经传入日本，至少在伎乐传入日本五十年后传入日本。中国本来正乐（雅乐）是为孔庙祭祀之乐，传到日本后用于宫廷宴会，称为燕（宴）乐，这在中国称为俗乐，所以唐朝正统的雅乐传到日本后发生很大变化[②]。

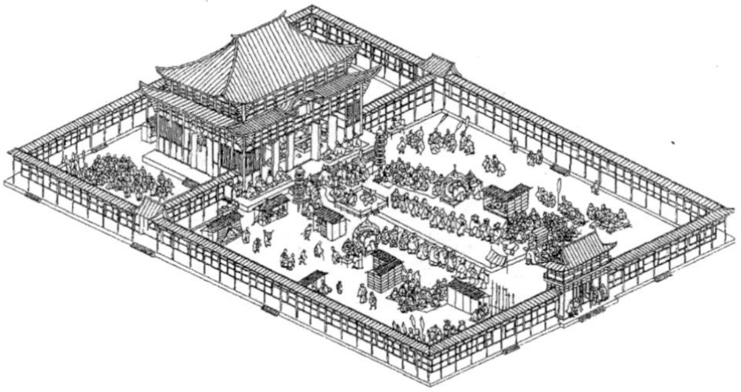

图2-19　日本东大寺舞乐舞台
西和夫，《祝祭的临时舞台》. 彰国社株式会社出版，1997年版，第116页

此外，在奈良时期末至平安时期初，日本同时出现了古木偶净琉璃。傀儡剧源于中国东汉，文粹中记有平安时期初期藤原丑人习得傀儡戏，在宫中承香殿表演之事，傀儡剧大约也是在这一时期与散乐一起传入日本的。[③]在当时的《华严经·音义私记》等佛教文献上对其注解是：“御灵会上，摇动着幡，操作木偶。”从这些文献记载可以推测，当时的操作木偶是与宗教的祭祀仪式结合，并且由巫

① 王爱民，崔亚南. 日本戏剧概要［M］. 北京：中国戏剧出版社，1982：5.

② ［日］河竹繁俊. 日本演剧史概论［M］. 北京：北京文化艺术出版社，2002：24.

③ 有些日本学者认为，日本的木偶戏是从中国经过朝鲜传入的。日本人说“傀儡子”一词是朝鲜语。其实朝鲜语中“傀儡子”一词也是直接用汉字书写的。而朝鲜的木偶戏是从中国传入的。据朝鲜史书文献通考中说：“傀儡并越调夷宾曲，李勣破高丽所进也”李勣是唐朝的大将。据范文澜编中国通史所载，李勣破高丽是在公元668年。常任侠先生也说，中国的木偶戏从唐朝就传到日本。

师操作，所以称为神木偶。平安时期，傀儡剧已经相当的流行，日本也进入逐渐消化外来文化，使之走向日本化的时期。

2.3.1.3 日本传统演艺文化的成熟期

日本传统戏剧及其舞台的成熟期主要是指日本镰仓时期后，各种戏剧形式逐渐成熟，能乐、净琉璃都从祭祀性向娱乐性演化并产生成熟的形式，最终出现完全娱乐性的歌舞伎的出现。

首先，是猿乐从祭祀性向娱乐性演化。公元13到14世纪初的镰仓时期，田乐和猿乐受到广泛的热爱，常常在庙宇的庭院和门口空地演出。公元14世纪末的日本南北朝时期（1336～1392年），在中国宋元杂剧的影响下，戏剧作家兼演员观阿弥及其子世阿弥（1363～1443年）对猿乐进行改革，将大众娱乐“救世舞”的音乐和舞蹈元素引入猿乐，产生了最早成熟的戏剧形式——能乐，由于其演出常常在夜间点燃薪火演出，又被称为薪能（图2-20），他们创设的表演形式基本上被沿袭至今。

其次，净琉璃从祭祀性向娱乐性演化。初期木偶净琉璃演出是与宗教的祭祀仪式结合，由巫师操作，至15世纪中叶，逐渐成为一种独立的娱乐形式，在市井中兴盛起来。16世纪后半叶净琉璃使用新乐器三弦伴奏，使它赢得了更多的观众。在“元禄时期”前后，大阪与京都一带的木偶净琉璃剧在唱腔及操纵木偶技巧方面都出现了长足的进步，逐渐成为一种成熟的剧种。

再次，娱乐性的歌舞伎出现。公元16世纪末l7世纪初的江户时期，日本出现了歌舞伎。歌舞伎的始祖是日本妇孺皆知的美女阿国，为修缮神社四处募捐，她在京都闹市区搭戏棚来表演《念佛舞》，最初是在能乐的舞台上演出舞蹈，后又

图2-20　奈良興福寺南大门薪能演出
福地义彦，《能的入门》. 凸版印刷株式会社，1994年版，第101页

不断充实、完善，从民间传入宫廷，渐渐成为独具风格的表演艺术。歌舞伎早期的特点是女扮男装，但由于这种女歌舞伎常引起流血冲突，官方于1629年明令禁止，1659年又明令禁止少年演歌舞伎。直到出现了成年男性演出的“野郎歌舞伎”，也就是现在日本歌舞伎的原型，才使得歌舞伎向正剧过渡。元禄时期，是歌舞伎发展跃进的时期，许多表演的形式是在这个时期确立的，后人称这个时期的歌舞伎为元禄歌舞伎。18世纪，由于坪内逍遥等剧作家涉足歌舞伎的艺术改造和剧本创作，使得其迅速走向成熟，逐渐在剧坛上取代了木偶净琉璃的主导地位，使其成为日本古典戏剧的代表剧种。

其后，至公元19世纪的明治时期，日本戏剧受到欧美戏剧的影响，传统的歌舞伎又发生了一次重大的变化，出现了新歌舞伎和“新派剧”，它们在剧本创作和舞台表演方面，都表现出了许多新的特色，其至尝试搬演外国剧作。第二次世界大战后，随着日本经济的发展，新剧已成为经常在大剧场上演、为广大观众所接受的重要剧种。

2.3.2 日本传统观演建筑的发展演变及特点

日本的传统演艺活动有净琉璃、能乐、歌舞伎等。本节就日本三大国剧的传统观演场所的发展和特点进行论述，以此阐释当代日本剧场与传统演艺活动及观演场所的渊源及历史演化过程。

2.3.2.1 能乐舞台的发展与特点

能乐是日本最古老的戏剧，其舞台形式源自于早期的延年与猿乐能场，数个世纪中，从中国朝鲜等国传来的散乐团巡回在寺庙、神社和节庆场合演出，作为之前传来的各种乐舞，也进行了消化和整合，成为具有民族特色的乐舞，后来又发展为猿乐。至日本室町时期，寺院和神社在宗教仪式结束后开始演出延年舞曲，其中的“连事”与“风流”已经有对话、情节及若干角色，可以说延年和风流是猿乐向能的过渡形态。延年的演出，多是在庭院地上（图2-21），或是在地上搭建的二三间方的舞台，舞台的后方建一个后台（乐屋），留一个V字形的出入口供演员出入，观众围在面对庭院的书院或庭院的草地上坐立居留，所以后世将观演场所称之为“芝居”。

能乐舞台自诞生以来一直在进行着改革，直到安土桃山时期后才定型，四百多年来一直固定遵循着这个传统式样。其舞台是一个正方形，四角立柱，上面支

图2-21　室町时期興福寺延年舞台

图2-22　京都东本愿寺南能舞台

撑单檐歇山式屋顶的台子（图2-22），与中国元代的神庙形状很相似，长宽最大约6米，台高约 1 米，用磨光的日本柏树建成。舞台建筑上的障碍物只有四根柱子，柱子除支撑戏亭单檐歇山屋顶，还作为舞台调度定位的参考。从观众席的角度来看，正面右前方的柱子称“配角柱”，这里是配角演员的场地。由于配角多饰大臣，所以这柱子亦称“大臣柱”。左前方的柱子称“目标柱”。这根柱子经常成为演员们的目标。后面右方的柱子称“笛柱”。这里是笛伴奏者的场地。后面左方接近悬桥的柱子称“主角柱”。登场的主角必须站在这根柱子下开始自己的演出。主角柱后面那根立在与舞台和悬桥相接处的柱子称“检场柱”。这里是能乐检场人的场所，后座右方有一处很小的出入口，称切户口，它是伴唱人、检场人的出入处。

能的舞台可分为三个部分：舞台、谣座、后座。四根柱子围成的最大的部分是用来演出的舞台部分，约19平方米。这一部分的地板构造很特别，板下有空瓮，加强跺脚时的声响及韵律的效果，这是能剧舞台所独有的。舞台西面扩出称为“谣座”，为8～10人合唱队的位置，用于叙述故事。南面扩出部分称为“后座”，为伴奏人员的区域，通常由2～3名鼓手及1名笛师组成的乐团的席位。后座后方则为上漆的竹子和松树，可能用来代表最早的能剧演出时的自然布景。后座西侧有门，高仅约3尺，称为切户口，通向乐屋，供伴奏人员上下场；后座处另外一个门称为贵人户，位于舞台的旁边，但是至今已失用。东南方有一座通往舞台的廊桥（“悬桥”），是一条长约33～52尺，宽约6尺，两旁有栏栅的走道。桥挂衔接舞台及化妆间，所有重要的过场皆由此处出入。镜间后是乐屋，相当于后台。悬桥和镜房区使用幕帘分开来，演员从悬桥出场的时候，必须打开舞台出

图2-23 观能屏风图，神户市立博物馆，（长庆十二年能乐演出场景，观者为当时日本统治者丰臣秀吉及其武将）

入口的帘子。按照规定，伴奏者、主角、之角的配角、普通配角、滑稽演员均从镜房上台，而伴唱者、检场人则不能逾越镜房。能乐堂内的镜板、镜房、三棵松的宗教色彩很浓厚。根据日本室町时期的历史记载，须将松叶铺在能乐台的屋顶上，并用黑木营造舞台。这说明舞台成了神灵依附之物。观众则坐在主要舞台的正面，沿主要舞台的右方以及桥挂的前方，自两个方向观看舞台（图2–23）[①]。

2.3.2.2 人形净琉璃舞台的发展与特点

关于木偶戏的最早的记载，始见于平安时期末期的大江匡房的《傀儡子记》中谈到当时“傀儡子”（木偶戏的表演者）的一些情况：“傀儡子者，无定居，无当家，穹庐毡帐，逐水草而移涉，颇类北狄之俗。男则皆使弓马，以狩猎为事，或跳双剑弄七丸，或舞木人斗桃梗，能生人之态，殆近鱼龙漫衍之戏，变沙石为金钱，化草木为鸟兽。”这里说明，当时木偶戏的表演者“傀儡子”的艺人，并不单纯是表演木偶戏，他们善歌舞、变魔术、耍木偶、祭百神、做祈祷、表演各种杂艺，说明当时的木偶戏与百戏一起演出，没有固定的舞台，仍然是随处做场的状态（图2–24）。

室町时期，这种被称作“操”或“操人形”的木偶戏得到广泛发展，同时出现了表演木偶的“手摺舞台”。日本学者角田一郎在其《关于人形剧形成之研究》一书中对最早的“操净琉璃”时期的舞台样式进行了推测：“最初，该时期的‘手傀儡’受了中国的

图2-24 早期的傀儡师

① [美]布罗凯特. 世界戏剧艺术欣赏——世界戏剧史[M]. 北京：中国戏剧出版社，1987：298.

图2–25　日本净琉璃表演——《寿式三番叟》

‘傀儡棚’的影响，是在设有一道挡幕的戏台（日语叫‘手摺舞台’）上进行木偶戏演出，挡幕用以遮掩操纵演员，木偶操演者如同能剧的演员一样上下场，甚至可以在台上走圆场。”从上面的描述可以看出，室町时期的木偶戏舞台是一种用幕布作挡幕的简单舞台，相比较早期的木偶戏演出，已经形成了固定的舞台和固定的演出方式（图2–25）。

到庆长时期（1596～1614年），净琉璃的正式剧场方才出现，其舞台为长窄形，前方稍低的部分代表傀儡们立足地。操作师在后面的部分搬演整个故事。所有的地点都借布景表明，随着故事的需要而作更换，道具也广为利用。

17世纪下半叶，在演出形式和舞台构造方面，净琉璃有了很大发展。天和二年（1681年）的《雍州府志》中说：“人形芝居（即木偶戏），或谓操，其式中夫正面设舞台，横长五间构矮栏，其上下设幕，操偶人者，居幕内，出人形于上下幕间，上殿幕称颜隐，操偶人者以此幕隐颜面之谓也。”这里所说的木偶戏的舞台的台口为九米，舞台分上下两层，底下的一层是木偶人表演用的正式舞台，上面的一层是木偶师工作用的舞台，由于上层舞台用幕布挡住观众视线，隐于幕后，所以称作隐颜。

1727年，净琉璃的舞台表演开始用升降装置，将一布景由下升上舞台面，1758年，净琉璃首次用上了旋转舞台，其比西方的旋转舞台的利用时间还要早[①]。和能剧不同的是，傀儡剧场利用布景，而为求换许多舞台机关的发明，这种机巧装置一直到1900年方为西方人所知，日本的傀儡剧场可能是举世最为复杂的傀儡剧场。当代的净琉璃舞台，其舞台上空悬挂幕布的绳索，舞台下方用于表

① ［美］布罗凯特．世界戏剧艺术欣赏——世界戏剧史［M］．北京：中国戏剧出版社，1987：300.

演人站立的“舟底乐屋”，一侧有大夫座（如图2–25），已经形成了自己比较独特的固定形式。

2.3.2.3 歌舞伎舞台的发展与特点

歌舞伎舞台是借用能乐和净琉璃的舞台而来的，在早期没有自己的舞台形式，常常是随处搭台或借用能乐和净琉璃的舞台演出，后来，逐步有了固定的演出场所，并从能乐和净琉璃的舞台变为自己的舞台。

首先，对能乐舞台进行改造，歌舞伎舞台将借用能乐舞台的桥廊变短加宽，最终演化为舞台的一部分，后来又在剧场上加盖整体屋顶，同时又将挂桥从舞台后方移到舞台前方，伸入观众厅之中，称之为“花道”，用以扩展舞台空间，使演员可以从花道走入观众席。同时，还在花道上方设置了悬吊设备，用来使亡灵或动物角色的演员腾空飞行。这个空间也被经常赋予不同的环境意义，更加拉近了与观众的距离，就演出而言，花道和舞台一样属于表演空间（表2–7）。这种改革极受欢迎，在19世纪早期，歌舞伎已经达成了它的特殊形式，借用能剧的屋顶已经抛弃，舞台面扩大直到它与观众厅的全宽相等。观众厅本身也被区分为许多四方的隔间（或称地面座厢），观众坐在里面的草席之上。

日本元禄时期天明八年（1788年）歌舞伎场[①] 表2–7

① 田口章子. 元禄上方歌舞伎——初代坂田藤十郎的舞台［M］. 东京：勉诚株式会社出版，2009：6.

紧接着，借用净琉璃舞台的设备。1826年，其引入净琉璃的旋转舞台，并将其分隔为内外两部分，都可以独立旋转。1827年以后，出现了换景之用的小型的升降平台，让演员出其不意的登场或退场。1868年以后，因为西方影响的增加，又发生了许多的变化。1878年引进了煤气灯光，晚间演出于是开始。

最后，接受西方的影响并形成自己的风格。在20世纪后，其经历了一系列的改变，在1906年又引进了舞台拱门，1920年以后，舞台画柜及西方式的座位已变成标准形状[①]。同时第二座桥道被撤废，只在剧本有所需要时才临时安置。

从上可以看出，日本当代三大国剧的舞台，是在继承传统文化的基础上，不断地演化发展而来的，在其演化过程中，虽然也受到西方舞台的影响，但其并未改变舞台的基本特性，在逐步的发展中吸收其他舞台的优点，并加以利用，寻找适合自己演出方式的舞台空间，形成了当代成熟的剧场形式，其做法是值得我们肯定和学习的。

2.3.3 中日传统戏剧的同源性与差异性

2.3.3.1 中日传统戏剧的同源性

日本戏剧在东方戏剧文化史上别具一格，与中国戏剧是有着共同“母胎”的东方戏剧，在很多地方都有不少相似之处，如日本的歌舞伎与中国的京剧，素有“东方艺术传统的姊妹花”之称。晚清诗人黄遵宪在《日本杂事诗》中赞美道：“玉萧声里锦屏舒，铁板停敲上舞初，多少痴情儿女泪，一齐弹与看芝居。”他把歌舞伎看作“异乡境里遇故知”了。从中日戏曲交流史上可以看出，在历史上有着很深的渊源，其同源性主要体现在以下几点：

1. 从戏剧的起源来看，中日戏剧是“同源异流”的文化

在演艺历史上，中日演艺文化有着长期的交流，其交流可以分为三个时期。第一个时期是中国文化的输入期，时间大约是秦汉到宋元时期。其又可以分为三次大的舞乐文化输入：第一次舞乐文化输入是在公元6世纪左右中国南北朝时期歌舞文化的传入，此时正值日本飞鸟时期，中国吴乐、隋乐和印度天竺乐等外来先进文化先后已经传入日本，逐渐形成日本古代戏曲；第二次舞乐文化输入是在公元8世纪中国唐代的舞乐文化的传入（图2–26），当时正值日本的平安时期，

---

① ［美］布罗凯特. 世界戏剧艺术欣赏——世界戏剧史［M］. 北京：中国戏剧出版社，1987：304.

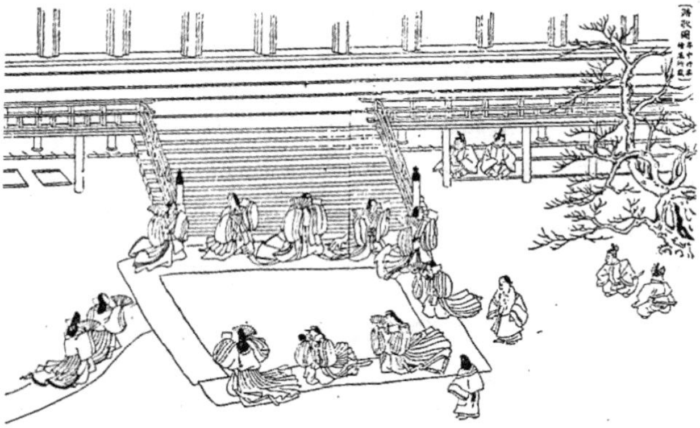

图2-26　平安末期日本京都紫宸殿前庭院演出的唐代舞乐——踏歌

图片源自：须田敦夫，日本剧场史的研究.相模书房，1957年版，第29页

中国唐朝的正乐、伎乐、散乐（杂技，在日本被称为猿乐）传入日本，后猿乐演化成为日本能乐[①]；第三次舞乐文化输入是在公元14世纪中国宋元时期，戏曲文化的传入，宋元杂剧对日本戏剧的形成有很大的影响。

第二个时期是日本本土文化的成熟期，时间大约是宋元时期到明清时期，这一时期日本本土文化逐渐成熟和定型，演艺文化有着突飞猛进的发展。这一时期中国文化对日本文化的影响相比元代以前较少，日本演艺文化和建筑建造程度已与中国相当，戏剧作家兼演员观阿弥（1333～1384年）及其子世阿弥（1363～1443年）将大众娱乐“救世舞”的音乐和舞蹈元素引入猿乐，他们对戏剧的改革、创作促进了猿乐的成熟，大约在日本南北朝时期（1336～1392年），产生了日本最早成熟的戏剧形式——能乐，从而走上了自我成熟和发展的道路。

第三个时期是西方文化输入和日本文化输出期，时间大约是清朝末期到民国时期，这一时期，西方演艺文化传入日本和中国。17世纪江户初期，日本出现了歌舞伎。明治时期，日本戏剧受到欧美戏剧的影响，传统的歌舞伎又发生了一次重大的变化，出现了新歌舞伎和“新派剧”，甚至尝试搬演外国剧作。而新的形式中习套与写实的融合，使得歌舞伎在世界范围内广为人知。

2. 从剧本上来说，中日戏剧剧本的结构和语言很相似

日本最早的戏剧能乐，其形成受到中国宋元杂剧和南戏的影响，经过日本艺术家长期的改造和消化发展而来，其程式化的演出和我国戏曲中的程式很相似。

我国戏曲分为“唱”“念”“打”三个部分，而能由三个基本部分组成，有严格的演出程序。能的剧本的基本结构是“序”“破”“急”三个部分，形成了

① ［日］河竹繁俊. 日本演剧史概论［M］. 北京：文化艺术出版社，2002：35.

"唱""念""做""舞"（唱词、念白、做工、舞蹈）的程式化表演。

在戏剧的语言上，能剧多用日本和中国的古语。其流传至今的文学剧本现存1700多种，至今能供上演的有250余种，多以佛教思想为背景，还有很多属于中国历史题材的剧目有《白乐天》《东方朔》《杨贵妃》《项羽》等。在语言上"能"使用的是出自日本及中国古典的语言。日本的能乐就是在中国的杂剧和傩戏的影响下产生的，能乐的前身为延年、猿乐，源于中国佛教寺庙祭祀文化。延年中的风流和连事中有很多是中国故事，如大风流中的《周武王船入白鱼事》《蚩尤事》《苏武事》等，故能剧保留了较多的中世纪的古老形式，其原真性较强。

3. 在戏剧表演上，中日戏剧具有综合性、程式性、虚拟性的共同特点

高度的综合性是中国戏曲的主要特点，其同样适用于日本的戏剧。由于西方传统戏剧分成了以歌唱为主的歌剧、以对白为主的话剧、以舞蹈为主的舞剧，而中日戏剧是将歌唱、对白、舞蹈等融合在一起，形成了唱、念、做、舞（打）熔为一炉的有机整体，相对西方戏剧的特色形成鲜明的对比。

中日戏剧的表演艺术具有强烈的程式性。所谓程式，就是一定规范化的表现形式，如中国戏曲中唱有唱的程式、做有做的程式、念有念的程式、打有打的程式，口眼身法步有规范、锣鼓有锣鼓经、唱腔有曲牌和板式、化妆有脸谱、打本子（剧本创作）有章法等。日本能乐的演出，同中国戏曲相似，能乐演员在舞台上的一举手一投足，几乎都有一定的程式可循。能乐的表演细腻优美，对生活中的各种动作进行了高度的概括，将其浓缩为各种程式动作，使观众易于理解和接受。例如能的演出中，如以手作揩泪状就是表示悲哀；将假面向上移，通过角度变化，显出快乐的情绪；一只脚向后退，则是表现惊讶和欢快等等。甚至能乐的舞台布置，也随着表演的程式而具有了程式性。

此外，中日戏剧都对"虚拟性"的表演艺术手法表现得特别突出。中国戏曲表演是"骑马不必有马，行船不必有船，打水不必有井"，与此相似，日本能乐的舞台时空也同样具有虚拟性。能乐演出没有布景，也不用幕布，剧中的很多内容，包括时间、地点、气氛、节奏等，几乎全都依靠演员的程式化表演来表达，同样具有同中国戏曲一样的"带戏上场""景随人移"的舞台虚拟时空特点。

综上所述，中日戏剧不管是从历史渊源，还是戏剧剧本的结构和戏剧表演的特点，都有很大的相似性，可以说，日本的戏剧从其诞生初期到成长过程，很大程度上都有赖于中国戏曲文化的滋养，尤其是在唐代舞蹈和宋元杂剧的影响下，迅速地成熟，这也是中日戏剧文化同源性的主要原因。

2.3.3.2 中日传统戏剧的差异性

中日戏剧是有着共同“母胎”的东方戏剧，其初始的形态和体制都有着惊人的相似性。但在后期的发展中，由于中日两国生存环境和发展道路的不相同，戏剧也产生了很大的差异。下文将中国戏曲和日本戏剧做一对比，以说明其特点。

1. 从戏剧的演出属性看，日本戏剧重在舞蹈，而中国戏曲重在声腔

日本戏剧是世界上剧场条件最精细控制的表演方式之一，而产生一种繁缛典礼或仪式效果。如日本能剧，其主旨不在戏剧行动的呈现，而在于稀有的美学氛围里面的仪式和暗示，以捕捉意境或情感的精髓为目标，演出时的举手投足、吐气语调等都遵照既定的规则，演员则通过面部表情和形体动作暗示故事的本质，而不是把它表现出来。一段情节往往费时长久，精彩的部分则出以极端特定风格化的静止姿势与体态，乐团土司配乐，并且控制每个姿态持续的时间，如日本能乐《郭盛》的演出（图2–27）。

中国戏曲的定义是：“特有的以唱为主，并综合多种艺术元素的戏剧种类。”之所以称之为“曲”，说明其形成的界定是以唱腔的形成为准的，戏曲的发声常被说成是“余音绕梁三日不绝于耳”，这从侧面说明了音的重要性，这是其他国家的戏剧不能比拟的。中国的各种戏曲腔调形成于明代传奇中的四大腔调，对后世戏曲影响最大的是弋阳腔和昆山腔，也就是昆曲等古老戏曲的源头，如昆曲，其音乐呈曲牌体结构形式，有一千多个曲牌，是糅合了唱念做表、舞蹈及武术的表演艺术。中国戏曲仍是以有头有尾、曲折感人的戏剧故事与戏剧情节为主，歌舞表演在戏曲中只是塑造人物形象，展现戏剧情节的艺术手段而已。日本的能却与此截然不同，前面说到，能乐的剧目几乎都没有复杂的情节，更没有曲折的故事，因此，歌舞表演并不是为展现戏剧情节，它本身就是观众欣赏的主要对象。从某种意义上讲，能的歌舞本身就是构成了能乐艺术的审美价值。

图2–27　能乐《郭盛》
福地义彦，能的入门．凸版印刷株式会社，1994年版，第35页

图2–28　日本歌舞伎《忠良藏》
服部幸雄，《图绘歌舞伎的历史》.株式会社平凡社，2008年，第79页

2. 从戏剧的价值观上对比，日本戏剧和中国的戏曲表现出了相当大的差异

首先，在日本的戏剧中，对君主的“忠”是价值观的核心；而中国的戏曲则是以对祖先的“孝”为价值观的核心。例如，日本歌舞伎的男主人公，都是忠义之士，为主君而死的场面较多，如歌舞伎《忠良藏》①，就是讲述日本战国时期的47位义士，为报杀主之仇，杀了仇人高帅后集体剖腹自尽的关于武士的历史题材剧（图2–28）。与此相对，中国戏曲中的男主人公，均为使家族兴盛，对父母、祖先尽孝的人物，例如《荆钗记》中的王十朋、《琵琶记》中的蔡伯楷。再次，在中日戏剧中对“生与死”的价值观不同。如元杂剧《赵氏孤儿》和歌舞伎《营原传授手习鉴》分别是中日两国传统戏剧的经典之作，它们在历史原型的选择、人物角色的设置以及情节的戏剧化改造方面都很相似，可以说是同一戏剧原型的“借鉴”，且两剧的精神主旨颇为相似，都彰显崇高悲壮之精神。然而它们在道德理想与价值取向方面存在差异，前者弘扬仁义，后者强调忠孝。

3. 从剧本的结构上看，中日戏剧的剧本结构不同

中国戏曲大多都是折子戏，剧目分本、分折或分出而不分幕。而日本的戏剧多是多幕戏，分为连续的多幕演出。如中国昆曲剧本采用了明代“传奇”的结构方式，每出大戏分很多折子，每折戏自成单元，都有一个贯串在总的情节上相对完整的小段情节，它的许多单折戏可以独立演出。

日本的能乐和歌舞伎都是多幕剧（舞台口的大幕启闭一次为一幕，在全剧演出过程中，大幕启闭两次以上者，即称多幕剧）。歌舞伎常按照一定的情节，展现故事的原因、经过和结果。单看一幕的话，有可能难以理解剧情。它是以连续

① 忠良藏是一部享有盛名的描写贵族和武士的历史题材剧。讲述的是为辨认出敌方将领的头盔充当战利品，盐冶让当过女官的妻子颜世出面确定，结果受到哀府高帅的调戏，其后盐冶又被逼自杀，其下属良之助回家召集了47位义士，杀了高帅后集体投案，自判剖腹自尽。

剧的形式，表达在一段相当长的时间内，人们之间错综复杂的关系。而日本能乐的剧目一般没有复杂的故事情节，剧本大多短小精炼。如果从戏剧结构的总体上看，能乐的程式性更加鲜明和突出，日本能乐的演出，包括剧目的选择和剧目顺序的安排，都是按照严格的程式或规则来进行的，不能随意改变。传统上，每次演出都是将“能”和“狂言”交替演出，一般都是五出“能”，中间加演四出“狂言”。这五出“能”，又必须是由五类不同题材和不同主角的戏构成。

总之，中国戏曲和日本戏剧是同源异流的文化，是产生于同一母体但生长在不同环境中的演出艺术，但两种戏剧从演出的性质，剧本的结构及价值观的体现上都有很大的差异，演出方式的不同这也决定了日本传统舞台与中国传统戏台在很多方面的差异性。

2.4 本章小结

本章对两大古老剧种（日本戏剧、中国戏曲）及观演空间进行简单的介绍，以此从大体上把握中日戏剧的发展脉络，找出中日观演建筑的关系。

首先，在本章第一节中，通过对中日戏剧和观演建筑环境的分析，笔者认为中日两国地理环境及宗教信仰的不同导致了人行为方式和建筑空间布局方式的不同，而神像的存在方式与祭拜的属性的不同，是影响观演空间形成和演变的最重要原因，也是影响中日传统观演空间布局不同的最主要的原因。紧接着在第一节第二部分，笔者论述了中日两国留存的戏剧及其舞台的地理分布，从中可以看出，中国戏曲和舞台主要集中在东南沿海一带，而日本的南部和中部地区尤其是与中国唐代交往甚密的京都、奈良等地的传统舞台和戏剧种类较多，以此论证中日戏剧及舞台的同源性。然后，第一节第三部分，笔者就演艺及其观演空间的起源及影响因素进行探究，针对学术界讨论的观赏性戏剧与仪式性戏剧起源的问题，笔者持两者是“同源异流”的态度，即原始的巫傩仪式是戏剧的本源，其发展为傩戏与优戏（歌舞）两种类型，其中优戏是娱乐性表演，在演化中不断地成熟成为观赏性戏剧，而傩戏发展为仪式性戏剧，其两者是相互影响、共同促进的。

其次，在本章第二节，为了研究观演行为方式与场所之间的联系，笔者根据传统演艺属性的不同以及观演场所的特点将其分为祭祀型观演场所和娱乐型观演场所两大类。且将戏剧与观演场所分为以下三个时期：①上古至汉代——产生期；②汉代到宋代——发展期；③宋代到民国——成熟期。并对三个时期的建筑分别详细陈述，提出娱乐性戏曲的观演场所从宋元时期的勾栏转移到明清时期的酒楼、茶园，最后走向戏园，形成了观演场所的最终形态。而对于祭祀性的傩戏的演出来说，它一直以神庙为依托，内容形式以及所营造的空间，都是以对神灵的祭拜为目的，对神的信仰是傩戏长久不衰的根本原因。

最后，在本章第三节，为了便于和中国的传统演艺与观演建筑做对比研究，本节将日本传统戏剧及其舞台的发展分为相应的三个时期：产生期（飞鸟时期前）、发展期（飞鸟时期—镰仓时期）、成熟期（镰仓时期后）。同时，对日本传统的能剧、歌舞伎、净琉璃及其舞台进行阐述，认为它们是在继承传统文化的基础上，不断演化发展而来的，是值得我们学习的。笔者通过中日的传统演艺及其观演建筑对比研究后，认为中日戏剧是有着共同“母胎”的东方戏剧，是“同源异流”的文化。但在后期的发展中，由于中日两国生存环境和发展道路的不相同，戏剧也产生了很大的差异。两种戏剧从演出的性质、剧本的结构及价值观的体现上都有很大的差异，演出方式的不同也决定了日本传统舞台与中国传统戏台在很多方面的差异性。

第3章

祭祀与神庙、祠堂、会馆观演空间

3.1 祭祀型观演场所案例及空间营造

所有的戏剧表演活动都源于祭祀活动。作为祭祀型观演场所，它的起点不像其他的建筑类型，源于人最本质的生理行为需要，它首先是为了满足人祭神的精神需要。所以，如何创造一种祭祀性的表演空间，是祭祀型观演场所面对的最重要问题。下面，通过对各种祭祀表演场所的实例的研究，阐述表演行为与场所的关系以及相对应的场所精神塑造。

3.1.1 神庙、祠堂、会馆观演空间

中国历史上出现的祭祀型观演场所主要是神庙观演场所，清代以后，祠堂、会馆也开始模仿神庙观演空间的形式修建戏台，其主要目的都是为了祭祀，由于传统祭祀型观演建筑主要存在于神庙、祠堂和会馆中，所以本节主要从这三类观演空间论述祭祀与观演的关系。

3.1.1.1 神庙观演空间

在神庙举行祭祀性的演出活动自始至终贯穿了中国戏曲史，形成了特殊的民俗戏剧形象。可以说，是戏曲演出活动的祭祀性功能，引导了戏曲和寺庙的结合。按照戏台在神庙中的位置以及戏台与山门的关系，神庙观演空间可分为广场型、山门型、庭院型三种。广场型，主要指戏台位于山门外，与神庙遥相呼应，场地为四周空旷的广场，人群聚散都比较方便；山门型，是指戏台与山门合为一体的做法，这种做法最为常见，如有名的都江堰二王庙观演空间；另外一种是庭院型，是指戏台位于山门内的院落中，如太原市晋祠水镜台（图3–1、图3–2）。下面就以这三类空间形式进行实例分析。

案例一：庭院型戏场——韩城市城隍庙戏场①

韩城城隍庙位于韩城市东街内，在广荐殿和威明门之间的庭院中，原来东西

① 薛林平．中国传统剧场建筑［M］．北京：中国建筑工业出版社，2009：257.

图3-1　山西太原晋祠水镜台

萧默. 山西古代建筑营造之道. 北京三联书店, 2008年版，第35页

图3-2　山西太原晋祠水镜台

两侧分别建有戏台，建于明隆庆五年到六年（1571～1572年），戏台两侧各有耳房一间，面宽4.15米，进深4.37米，单檐歇山顶。耳房的体量和高度小于中间的戏台，突出了戏台的主体地位，屋顶采用十字重檐歇山顶，上而覆有筒瓦。东戏台仅存遗址。据梁思成先生在20世纪30年代拍的照片，东戏台为重檐歇山顶，明间很宽，前檐大额枋。每年农历八月二十，是城隍庙庙会始日，当地民众必请两戏班于此对台演出。两戏台同时演出，声音的干扰自然严重，如此布局使听戏条件非常的糟糕。可民众似乎更注重的是场面的热闹，为了渲染气氛，也就不再苛求听闻条件。遗憾的是，东台已毁，现仅存西台（图3–3）。

案例二：山门型——都江堰二王庙戏场①

四川都江堰二王庙，依山势而建，建筑群主要轴线转折多次，空间富有变化。全庙为木穿斗结构建筑。在整个总平面布局中，戏台位于主殿对面，从江边沿长韵石台阶登高而上，就是二王庙雄伟的入口。这个入口与戏台结合，舞台面在二层，人们穿过戏台下方的通道进入二王庙以后，正前方是主殿，身后就是戏台（图3–4）。戏台与两侧的回廊、主殿一起构成一个四合院，庭院横向展开。演戏时，庙前的台阶还可坐人作为观众席。

案例三：广场型——太原市晋祠水镜台②

太原市晋祠水镜台，重修于清道光二十四年（1844年），该戏台采用前后勾连式，后台正脊题记有“万历元年六月吉”等字样，应为明代所建。前台则为清人补建，前台为卷棚歇山顶，后台为重檐歇山顶且略高于前台。所以，从正面观

① 四川省建设委员会. 四川古建筑［M］. 成都：四川科学技术出版社，1992.

② 薛林平. 中国传统剧场建筑［M］. 北京：中国建筑工业出版社，2009：89.

图3-3　陕西韩城城隍庙戏台

图3-4　四川都江堰二王庙戏台

看，高低错落，水镜台台基高1.3米，宽18.1米，深17.2米，平面接近方形。前沿排列0.6米高的石望柱，并用石条连接。前台通面阔三间9.6米，其中明间面阔5.4米，进深6.2米，后台进深4.8米。

3.1.1.2　祠堂观演空间

在我国历史上，祖先祭祀的宗祠出现得很早，同族之人为加强自身的力量，更加重视亲情、乡情的特殊作用，以亲缘关系把同姓的人组织在一起，作为同一个始祖的后裔，修建祠堂、供奉先祖、联络感情。但祠堂观演空间却出现得比较晚，直到清代前期才出现，而其出现时，神庙戏场已经演变为成熟的山门形式，故其空间形式完全模仿神庙观演空间的形式。祠堂的规模一般系四合院的庭院式建筑，前为大门，中为享堂（祖堂），后为寝堂，戏楼与大门结合。祠堂戏场中较为有名的有四川云阳县彭家祠堂戏场、资中县铁佛镇王家祠戏台，还有建于清代的浙江宁波天一阁秦氏祠堂戏台（图3–5）。

3.1.1.3　会馆观演空间

会馆，即同乡和同行社交活动的公共场所，其之所以称之为会馆，而不同于庙宇、戏园与旅馆，是因为它具有祭祀、娱乐、居住多种功能。会馆的始建年代较晚，这时期庙宇和祠堂的形制已经相当的成熟了，而会馆的形制多仿建于两者，故性质上有其相似性，皆以祭祀为主，而功能上又增加了聚会、居住等功能。

我国地域辽阔，根据不同的地域特点和省份，会馆可分为：山陕会馆、江西会馆、广东会馆、湖广会馆等，但是由于其广阔的地域特定，本书很难逐省一一铺开阐述，故本节从各地声腔及相应的会馆的几个主要类型来介绍。

图3-5　浙江宁波天一阁秦氏祠堂戏台

图3-6　成都洛带镇广东会馆戏台

1. 山陕会馆及其观演场所

山陕会馆，即明清时代山西、陕西两省人士在全国各地所建会馆。会馆中演出以梆腔为主，如山西梆子、陕西秦腔，戏曲的形式源出于山西、陕西交界处的“山陕梆子”。其中较为有名的山陕会馆及其观演场所有：四川自贡的西秦会馆戏场，河南洛阳的山陕会馆戏台等。

2. 湖广会馆及其观演场所

湖广会馆是湖南、湖北两省人士在全国各地所建会馆，会馆中演出湘剧、汉剧等。较有名的湖广会馆有重庆湖广会馆，双江禹王宫戏场，北京湖广会馆等。

3. 广东、福建会馆及其观演场所

广东、福建会馆，即明清时广东人、福建人在全国各地所建的会馆。会馆中演出广东粤剧、福建的闽剧等。其中较有名的会馆及其观演场所有成都洛带镇广东会馆（图3-6）、江西会馆戏台等。

我国的神庙戏场、祠堂戏场和会馆戏场分布于大江南北，遗留众多，笔者经过长期的实地考察和资料的整理，对各地保留的100座戏台做出归类整理，其数据统计如表3-1所示：

中国元明清庙宇、祠堂①、会馆戏台总汇②　　表3-1

序号	名称	戏台面阔（米）	戏台进深（米）	序号	名称	戏台面阔（米）	戏台进深（米）
元代庙宇戏场							
1	山西临汾魏村牛王庙戏台	7.45	7.55	2	山西永济董村三郎庙戏台	8.20	6.50

① 卢奇. 戏场的前世今生——对传统戏曲观演空间的探析［D］. 东南大学硕士论文，2010：25-29.

② 崔陇鹏. 四川会馆建筑观演空间探析［D］. 东南大学硕士论文，2009：42-44.

续表

序号	名称	戏台面阔（米）	戏台进深（米）	序号	名称	戏台面阔（米）	戏台进深（米）
3	山西翼城武池乔泽庙泰定戏台	9.31	9.33	7	山西临汾王曲东岳庙戏台	6.60	6.60
4	山西洪洞景村牛王庙戏台	7.40	/	8	山西翼城曹公四圣宫戏台	7.80	7.67
5	山西临汾东羊东岳庙戏台	8.00	8.00	9	山西泽州冶底村东岳庙戏台	5.00	5.00
6	山西石楼张家河圣母庙戏台	5.21	5.27				
元代戏台面阔进深平均值		6.67	6.05				
明代庙宇戏场							
1	山西河津县樊村关帝庙戏台	11.7	8.5	11	山西闻喜县吴吕村稷王庙戏台	10.5	6.7
2	山西沁水县城关玉皇庙戏台	8.2	8.0	12	山西长治市城隍庙戏台	14.3	6.2
3	山西稷山县南阳村法王庙戏台	7.7	7.7	13	山西忻州市东张村大关帝庙戏台	6.3	8.0
4	山西翼城县梵店村关帝庙戏台	8.5	8.4	14	山西介休市洪山镇源神庙戏台	10.2	8.7
5	山西阳城县下交村汤王庙戏台	8.4	5.5	15	山西河津市贺家庄村关帝庙戏台	8.9	6.3
6	山西新绛县阳王镇稷益庙戏台	16.8	7.2	16	山西绛县董封村东岳庙戏台	9.4	7.6
7	山西运城市三路里村三官庙戏台	10.2	10.0	17	山西河津市小停村后土庙戏台	8.3	6.4
8	山西介休市后土庙戏台	12.9	9.2	18	山西夏县裴介镇关帝庙戏台	8.8	6.8
9	山西忻州市游邀村黄堂庙戏台	8.5	5.9	19	山西沁水县郭壁村崔府君庙戏台	6.1	6.2
10	山西翼城县武池乡西贺水村戏台	11.3	8.0	20	山西临县碛口天官庙戏台	8.1	4.2
明代戏台面阔进深平均值		9.8	7.3				
清代庙宇戏场							
1	山西太原上兰镇窦大夫祠戏场	8.5	约5	4	河北蔚县白河东村戏场	7.88	4.15
2	山西大同云冈石窟外戏场	8.65	6	5	江苏高淳刘家陇村祠山庙戏场	6.6	2.92
3	山西大同市佛子湾观音堂戏场	8.95	7.2	6	江苏无锡城隍庙戏场	4.67	3.7

续表

序号	名称	戏台面阔（米）	戏台进深（米）	序号	名称	戏台面阔（米）	戏台进深（米）
7	浙江嵊州市城隍庙戏场	5.16	5.16	19	湖北浠水县马垅镇福主庙戏场	6.1	4.95
8	浙江绍兴市火神庙戏场	4.90	4.90	20	湖南衡山县南岳庙奎星阁戏场	14.0	12.0
9	福建永定县西陂村天后宫戏场	5.39	4.8	21	广西昭平县黄姚镇宝珠观戏场	11	5
10	四川成都金牛区金华寺戏台	9.3	7.2	22	云南丽江市神龙祠戏场	6.0	4.5
11	四川铜梁民兴乡川主庙戏台	8.7	4.7	23	陕西西安市城隍庙戏场	11.2	13.2
12	四川自贡市夏洞寺戏台	8.1	7.2	24	陕西韩城市城隍庙戏场	8.47	8.22
13	四川自贡市桓侯宫戏台	9.1	4.9	25	四川罗泉镇盐神庙戏台	9.2	5.5
14	四川酉阳龚滩川主庙戏台	4.2	2.5	26	四川石柱县鱼池武庙	6	6
15	四川合江尧坝场东岳庙	10	9.5	27	重庆武隆县文庙	21.50	4.75
16	山东泰山碧霞祠戏场	9.79	4.95	28	四川都江堰二王庙戏场	9.5	4.25
17	河南禹州神垕镇伯灵翁庙戏场	9.7	8.9	29	四川自贡市王爷庙戏场	8.90	8.85
18	河南社旗县火神庙戏场	10.1	4.5	30	四川成都市天回镇金华寺戏场	9.2	10.1
清代祠堂戏场							
1	浙江嵊州市崇仁镇玉山公祠戏场	4.3	4.3	8	浙江宁海强蛟镇魏氏宗祠戏场	4.7	4.5
2	浙江衢州市车塘镇吴氏祠堂戏场	7.0	7.0	9	安徽泾县金溪村胡氏祠堂戏场	12.5	10
3	浙江衢州市北淤村兰氏宗祠戏场	7.7	8.0	10	安徽祁门县坑口村会源堂戏场	9.3	10
4	浙江龙游县御厅村雍睦堂戏场	5.0	5.6	11	安徽祁门县磻村嘉会堂戏场	10.3	7.6
5	浙江龙游后邵村东陵侯府戏场	4.9	6.0	12	江西婺源县春村方家宗祠戏场	12.5	8.0
6	浙江江山三卿口黄氏宗祠戏场	4.2	4.4	13	江西乐平车溪村敦本堂祠堂戏场	10.9	6.1
7	浙江宁波市天一阁秦氏支祠戏场	6.1	5.9	14	江西弋阳县西李村祠堂戏场	10.5	7.16
清代会馆戏台							
1	上海钱业会馆戏场	6.7	6.4	2	河南禹州市怀帮会馆戏场	10.9	4.6

续表

序号	名称	戏台面阔（米）	戏台进深（米）	序号	名称	戏台面阔（米）	戏台进深（米）
3	上海四明公所戏场	6.1	5	16	山东聊城市山陕会馆戏场	6.8	6.45
4	河南社旗县山陕会馆戏场	15.7	约6	17	广西贺州市黄田村湖南会馆戏场	11.2	9.1
5	河南周口市山陕会馆戏场	11.30	11.25	18	江苏苏州全晋会馆戏场	6.1	6.1
6	河南洛阳潞泽会馆戏场	16.8	6.9	19	浙江江山廿八都镇江西会馆戏场	6	5.4
7	河南辉县山西会馆戏场	10	6.7	20	安徽亳州市山陕会馆戏场	6.75	10
8	河南开封市山陕甘会馆戏场	6.80	4.50	21	上海山陕会馆戏场	7.3	6.0
9	河南淅川紫关镇山陕会馆戏场	11.9	8.8	22	四川金堂五凤镇南华宫戏台	8.95	4.4
10	四川成都市洛带镇江西会馆小戏台	5.1	4.5	23	四川自贡市广东会馆戏台	7.5	4.5
11	四川成都市洛带镇湖广会馆戏台	9.2	6	24	四川潼南双江禹王宫	8.1	4.8
12	四川成都市洛带镇广东会馆戏台	5.1	3.1	25	重庆齐安公所戏台	7.5	不详
13	四川成都市洛带镇川北会馆戏台	9.1	6.9	26	重庆湖广会馆大戏台	9.3	7.2
14	四川自贡市西秦会馆戏台	9.0	4.15	27	四川金堂五凤镇关圣宫戏台	9.1	4.8
15	四川遂宁天上宫戏台	9.0	13.0（通）				
清代戏台面阔进深平均值		8.1	6.6				

3.1.2　日本的神社观演空间

神社是崇奉与祭祀神道教中各神灵的社屋，是日本宗教建筑中最古老的类型。由于神道教与日本人民生活密切联系，神社十分普遍。神社中祭祀时的戏剧有神乐、能乐、净琉璃等类型，同时也有其相对应的特殊舞台空间形式，所以笔者就从这三类戏剧的舞台空间分别叙述。

3.1.2.1　神乐的观演空间

作为日本诸艺能的共同始祖，当首推“神乐”，它是为供奉八百万诸神而献祭的乐舞，最早演奏神乐的舞台被称为舞殿，其是由拜殿改造而来。神乐的舞台主要分布在农村地区，由于祭祀的需要，每年一到两次演出即可，且演出的人数以及观看的人数都较少，不像能乐以及净琉璃那样需要固定的舞台和大量的人群，更多的是仪式性演出而非观赏性，日本学者西和夫在《祝祭的临时舞台》中记载了大量新潟县富山县、大阪府等府县的神社神乐舞台，笔者对其中的38个舞台做出归类整理，其数据统计如表3-2、表3-3所示。

日本神社神乐舞台图表①　　表3-2

序号	所在地	神社名称	建造年代	神殿朝向 / 舞台朝向 / 舞台状况	艺能种类
1	山形县西村山郡砍柴崎村	熊野神社	不明	不明	神乐
2	山形县寒河江市本山	慈恩寺	1821年	正南 / 正北 / 舞台在拜殿前正对	神乐
3	新潟县上越市西山寺	白山神社	1945年	正南 / 正西 / 舞台在拜殿前左侧	神乐
4	新潟县三条市一的木户	神明社	1986年	东南 / 东南 / 舞台在拜殿左侧	神乐
5	新潟县三条市田岛	诹访神社	江户时期	西北 / 西南 / 在拜殿前右侧	三条神乐
6	新潟县鱼川市根知山寺	日吉神社	不明	不明	神乐
7	新潟县鱼川市一的宫	天津神社	1775年	东南 / 西北 / 石舞台在拜殿正前方	舞乐
8	新潟县鱼川市田伏	奴奈川神社	1857年	正南 / 正西 / 在拜殿前左侧	神乐
9	新潟县鱼川市浦本	三柱神社	不明	正南 / 西北 / 舞台斜向，在拜殿左侧	神乐
10	新潟县上越市有间川	诹访神社	1943年	正东 / 正东 / 舞台在拜殿前与其一体	神乐
11	新潟县上越市西吉尾	熊野神社	不明	东南 / 东南 / 舞台在拜殿前左侧	神乐
12	新潟县上越市长滨	阿比多神社	不明	东北 / 东北 / 舞台在拜殿左侧紧贴	神乐
13	新潟县上越市丹原	十二神社	1919年	东南 / 东南 / 舞台在拜殿左侧	神乐
14	新潟县上越市高住	日前神社	不明	东北 / 东北 / 舞台在拜殿右侧	神乐
15	新潟县上越市西户野	南方神社	1916年	正南 / 正南 / 舞台在拜殿前左侧	神乐
16	新潟县上越市正善寺	正善神社	1935年	正南 / 正西 / 舞台在拜殿前左侧	神乐

①（日）西和夫．祝祭的临时舞台——神乐与能的剧场［M］．东京：彰国社株式会社出版，1997：185.

续表

序号	所在地	神社名称	建造年代	神殿朝向 / 舞台朝向 / 舞台状况	艺能种类
17	新潟县上越市中正善寺	白山神社	1945 年	正南 / 正南 / 舞台在拜殿前左侧	神乐
18	新潟县上越市下正善寺	熊野神社	1945 年	西南 / 东南 / 舞台在拜殿前右侧	神乐
19	新潟县上越市西本町	八坂神社	不明	不明	神乐
20	新潟县上越市小池	诹访神社	不明	正南 / 正南 / 舞台在拜殿前左侧	神乐
21	新潟县上越市五智	居多神社	1957 年	东南 / 东南 / 舞台在拜殿右侧	神乐
22	新潟县西蒲原郡弥彦村	弥彦神社	1912 年	不明	稚儿舞、里神乐
23	新潟县西颈城郡名立町	日前神社	1897 年	不明	神乐
24	新潟县西颈城郡能生町	白山神社	不明	西南 / 正西 / 舞台朝海设置	稚儿舞、日招舞
25	新潟县西颈城郡能生町	上小见神社	不明	不明	神乐
26	新潟县西颈城郡能生町	金山神社	1877 年	不明	神乐
27	新潟县西颈城郡能生町	中尾神社	1869 年	不明	神乐
28	新潟县西颈城郡能生町鬼舞	五柱神社	1887 年	正东 / 正东 / 在拜殿正前方	神乐
29	新潟县西颈城郡能生町鬼伏	正八幡宫	1969 年	东北 / 东北 / 在拜殿正前方	神乐
30	新潟县西颈城郡能生町高仓	熊野大神宫	1843 年	东南 / 东南 / 舞台在拜殿前侧	神乐
31	新潟县西颈城郡熊生町岛道	十二神社	不明	正西 / 正西 / 舞台在拜殿前右侧	神乐
32	新潟县西颈城郡能生町上小见	大神社	1893 年	正西 / 正西 / 舞台在拜殿前正对	神乐
33	富山县下新川郡宇奈月町明日	法福寺	不明	正南 / 正北 / 舞台在本殿前左侧	神乐
34	富山县射水郡下村	加茂神社	1857 年	东南 / 西北 / 舞台在拜殿前正对	稚儿舞
35	岐阜县本巢郡根尾村	能乡白山神社	1807 年	东南 / 西北 / 舞台在拜殿前正对	神乐
36	大阪府大阪市住吉区住吉町	不明	1888 年	不明	神乐
37	枥木县太田原市南金丸	那须神社	1859 年	正南 / 正东 / 舞台在拜殿前右侧	神乐
38	神奈川县津久井郡津久井町	八幡社	1940 年前	正南 / 东南 / 舞台斜向，在拜殿前右侧	神乐

同一比例下的日本神社神乐舞台图表①　　表3-3

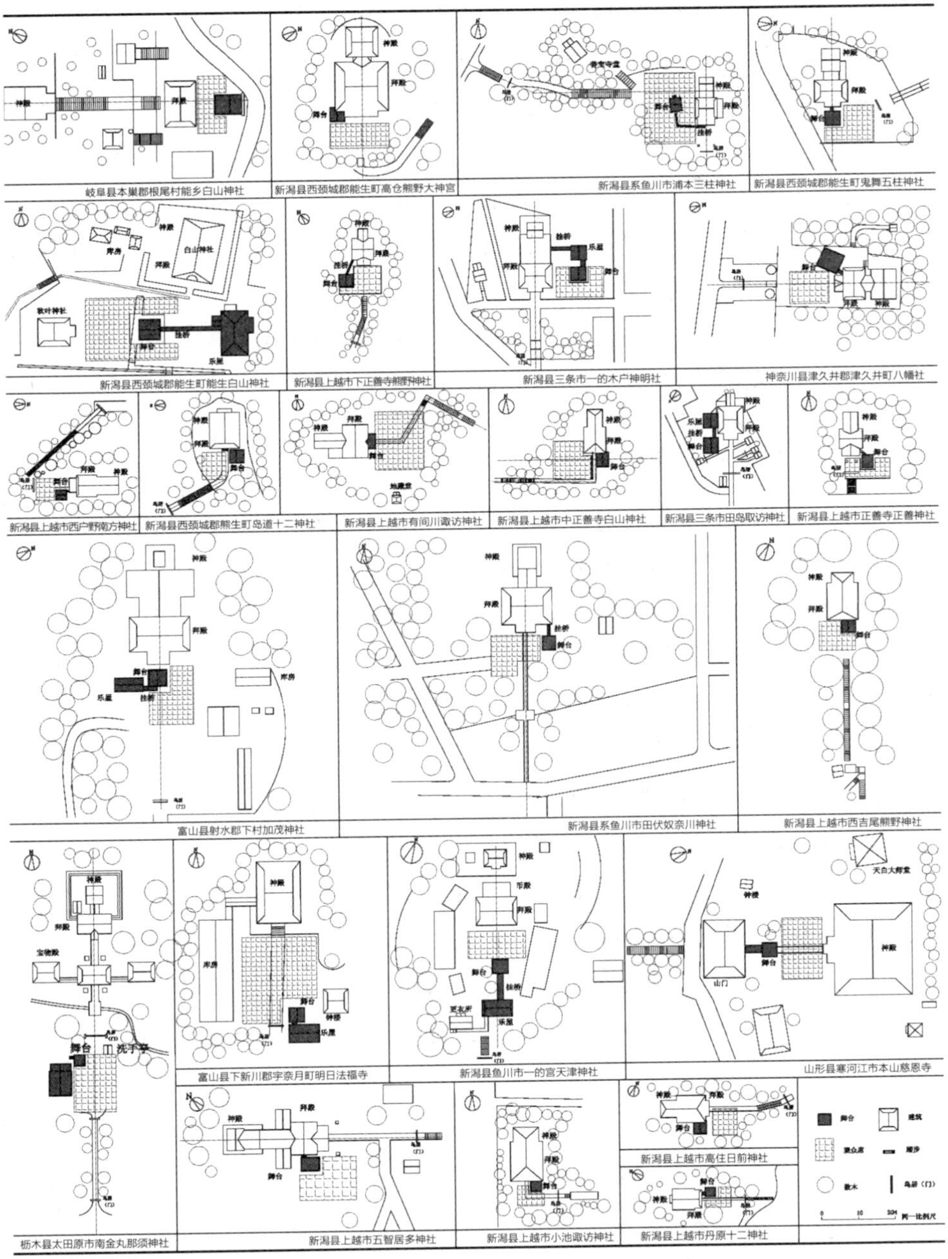

① （日）西和夫．祝祭的临时舞台——神乐与能的剧场［M］．东京：彰国社株式会社出版，1997：194-219．

通过图表可知以下几点：第一，在统计的38个神乐舞台中，正对拜殿的舞台数为7个，占总数的1/5，而位于拜殿左右两侧的大约占到总数的4/5。第二，大多数的神乐舞台屋顶的朝向与拜殿屋顶的朝向相同，且沿平行线布局，少数的舞台朝向与拜殿有一定的夹角。第三，绝大多数舞台都通过挂桥与后台或拜殿连接。第四，朝北向设置的舞台数量很少。从上可得出日本舞台具有非北向、平行轴线、非对称等特点，下面以实例论证。

神乐舞台案例：新潟县西颈城郡能生町白山神社舞台①，场地的北侧最醒目的是拜殿，其山面向前且坐北向南建造，再往北是放置神物的神殿，舞台建造在位于场地南侧的水池上，向西面向大海建造，这个方向也正好是日落的方向，舞台的东边是乐屋，通过长长的挂桥与舞台连接。

3.1.2.2 能乐的观演空间

日本流传的能乐类型有两百多种，大概可以分为娱乐型能乐和祭祀型能乐。流传于日本将军府邸和市井中观能场的能乐大多为观赏型能乐，而用于神社、寺庙祭祀的能乐为祭祀型能乐。日本的能舞台分布广泛，数量众多，本节就从日本学者若井三郎的著作《佐渡的能舞台》和西和夫的著作《祝祭的临时舞台》中记载的几个案例作为研究对象，以说明能舞台的空间形态。

能乐舞台案例一：佐渡岛真野町竹田的大膳神社能乐舞台②，建于弘化三年（1846年）。舞台面宽5.0米，进深5.0米；后座宽5.0米，进深0.7米；地谣座面宽0.79米，进深4.4米；挂桥5米长，宽1.65米（表3–4）。

能乐舞台案例二：佐渡岛新穗村潟上的牛尾神社能乐舞台③，其舞台面宽5.2米，进深5.2；地谣座面宽0.68米，进深5.2米；后座宽5.2米，进深2.5米；挂桥长9米，宽2.15米，舞台、乐屋、宝物库和拜殿围合成一个半开敞的空间。鸟居、拜殿、币殿、神殿位于空间中轴线上，舞台位于拜殿的右侧（表3–5）。

① （日）西和夫．祝祭的临时舞台——神乐与能的剧场［M］．东京：彰国社株式会社出版，1997：10-16.

② （日）西和夫．祝祭的临时舞台——神乐与能的剧场［M］．东京：彰国社株式会社出版，1997：160.

③ （日）西和夫．祝祭的临时舞台——神乐与能的剧场［M］．东京：彰国社株式会社出版，1997：159.

佐渡岛真野町竹田的大膳神社能乐舞台照片与平面图[①] 表3-4

大膳神社能乐舞台

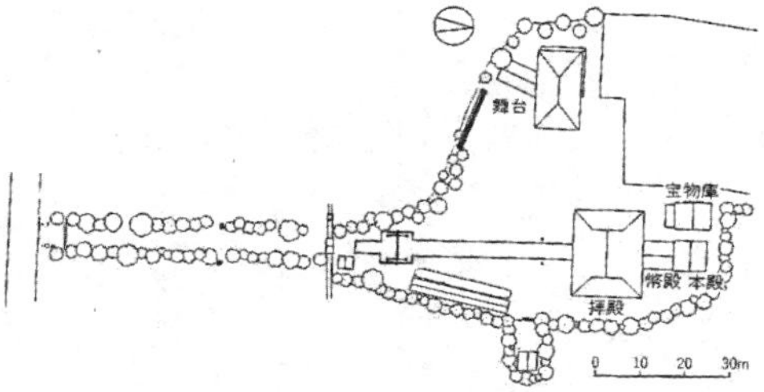

能乐舞台胁座

（上）
舞台总平面

（右）
舞台一层平面

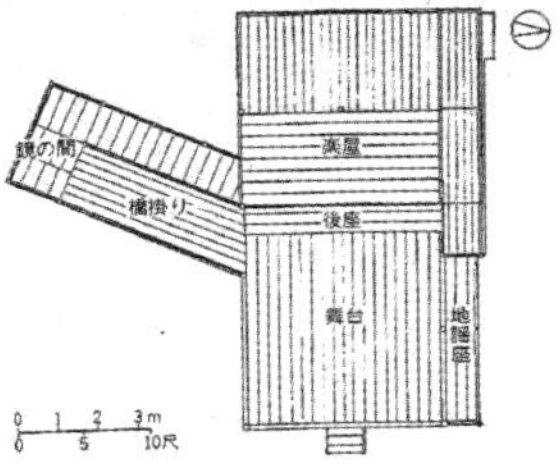

佐渡岛新穗村潟上的牛尾神社能乐舞台照片与平面图[②] 表3-5

牛尾神社能乐舞台

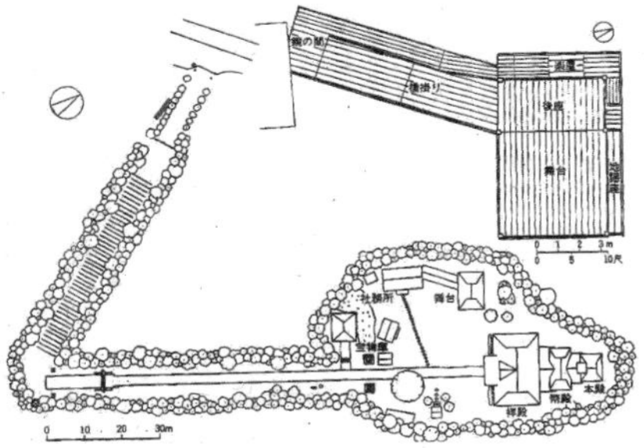

连接舞台与乐屋的挂桥

（上）
舞台总平面
与一层平面

（右）
舞台背景

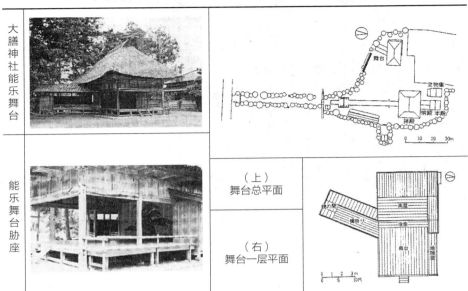

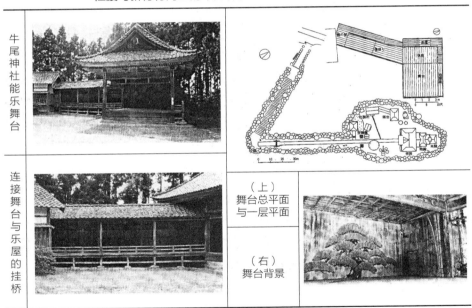

① （日）西和夫．祝祭的临时舞台——神乐与能的剧场［M］．东京：彰国社株式会社出版，1997：159.

② （日）西和夫．祝祭的临时舞台——神乐与能的剧场［M］．东京：彰国社株式会社出版，1997：159.

图3-7 德岛县的白人神社净琉璃舞台

3.1.2.3 净琉璃的观演空间

日本净琉璃源于日本古代傀儡戏，它是与宗教的祭祀仪式结合的一种表演形式。早期的木偶是由巫师操作表演，逐渐演化为专门的表演形式，并形成自己独特的舞台形式，现存的舞台大都存在于各地的神社中（图3-7）。笔者下文以德岛县的两个舞台为例，说明净琉璃舞台的空间特征（表3-6、表3-7）。

净琉璃舞台案例一：德岛市西南位置的八多町犬饲的五王神社舞台[①]，建于明治六年（1873年），神社境内能容纳500人左右观众，神社处于场地的东面，建筑的样式为茅草的农家样式，舞台位于场地西侧，宽10.84米，进深6.90米，底部高1.25米。当地瑞穗剧团在每年的10月2日演出人形净琉璃，向神供奉，1934至1935年间停止演出。1951年9月，在阿波的人形芝居被评为无形的文化财产后，老朽的舞台被重修，同年秋季人形芝居重新上演，之后15年间，一年两次的公演都如期进行。1989年后，由于后继者不足等多种原因，一年只进行一次公演。

净琉璃舞台案例二：德岛县南西部川俣的上那贺町的砾神社舞台[②]，它镇守在森林中，以自然为背景，现在的舞台是木造的平屋，为切妻造的建筑物，位于神殿的右侧。舞台宽9.68米，进深5.80米，1937年改建，舞台正面有蔀帐，一侧有大夫座（乐床），舞台不用时用隔板封存，歌舞伎与人形芝居上演时，打开台口正面蔀帐，取出舞台下的花道，太夫座宽2.37米，进深1.24米，大夫座比舞台面高1米。

① （日）森兼三郎. 德岛的农村舞台［J］. 住宅建筑，1992（2）：150.
② （日）森兼三郎. 德岛的农村舞台［J］. 住宅建筑，1992（2）：149.

徳岛市西南位置的八多町犬饲的五王神社与南西部川俣的

上那贺町的砾神社舞台 表3-6

德岛市西南位置的八多町犬饲的五王神社舞台[①]			
五王神社净琉璃舞台		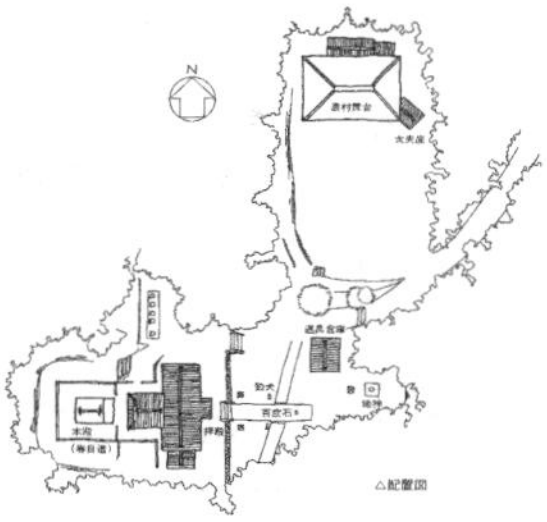	
		五王神社总平面图	
		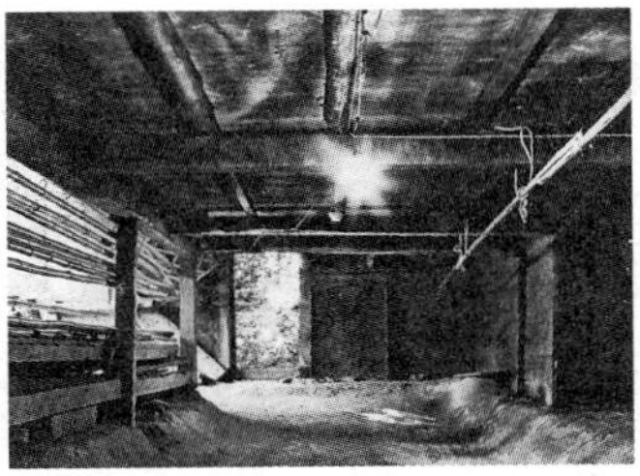	
	舞台上空悬挂幕布的绳索	舞台下方用于表演人站立的“舟底乐屋”	舞台布景
德岛县南西部川俣的上那贺町的砾神社舞台[②]			
砾神社净琉璃舞台		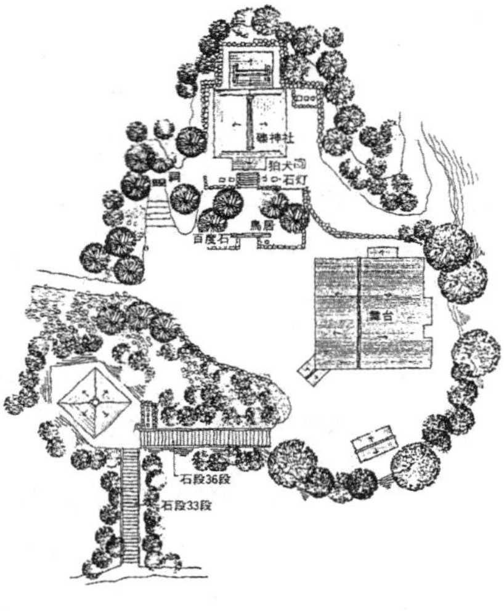	
砾神社舞台结构图			
		砾神社总平面图	

① （日）森兼三郎. 德岛的农村舞台［J］. 住宅建筑，1992（2）：146-148.

② （日）森兼三郎. 德岛的农村舞台［J］. 住宅建筑，1992（2）：149-153.

日本农村净琉璃舞台的类型（歌舞伎与净琉璃的舞台）[①] 表3-7

日本神殿舞台主要类型	A. 正面型（共20栋）	B. 并列型（共12栋，其中右侧7栋，左侧5栋）	C. 侧面型（共95栋，其中右侧59栋，左侧36栋）
	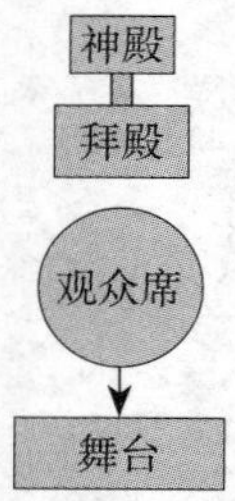	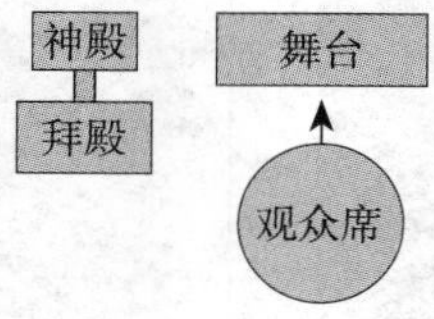	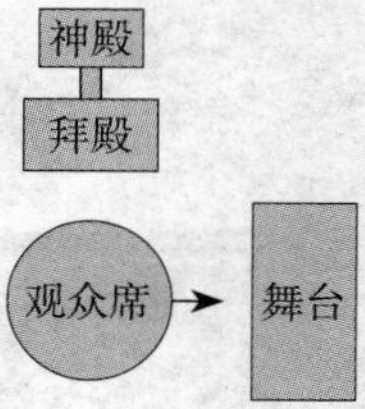
日本神殿舞台其他特殊类型	A1. 拜殿型 2栋	B1. 独立型 3栋	C1. 背面型（共2栋，其中正背面1栋，左侧背面1栋）
	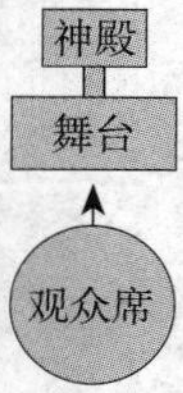	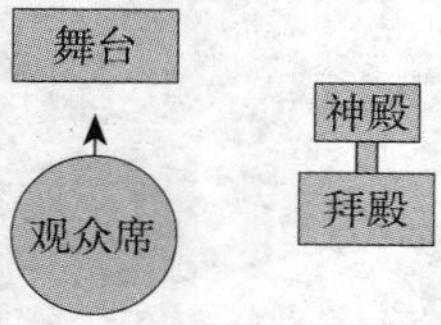	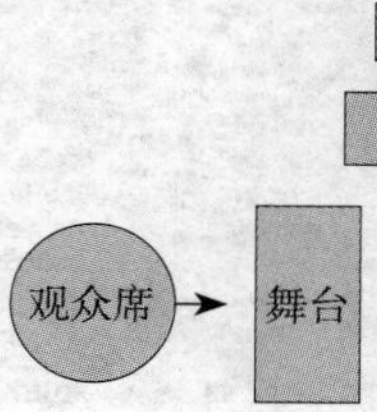

日本净琉璃舞台留存最多的地方是德岛县，一直以来该地区都存在演出净琉璃的传统习俗，所以有大量净琉璃舞台遗存。学者林茂樹在《德岛的农村舞台的分析》[②]文中对134座德岛的舞台做了统计和空间分类，他将舞台按照空间布局分为以下三种类型：A. 正面型（共20栋），舞台与神社相对；B. 并列型（共12栋，其中右侧7栋，左侧5栋）神殿与舞台并排；C. 侧面型（共95栋，其中右侧59栋，左侧36栋），舞台在神殿一侧。此外，林茂樹还对特殊的三类舞台分别做了归类：A1. 拜殿型（2栋），舞台与拜殿合用；B1. 独立型（3栋），没有神殿，舞台独立设置；C1. 背面型（共2栋，其中正背面1栋，左侧背面1栋），由于空间环境的特殊需求，舞台反向设置，观众位于舞台和神殿围合的空间之外。

从中可以看出，在134座舞台中，侧面型的95例，占总数的5/7，正对拜殿的20例，占总数的1/7，说明净琉璃的舞台的主要形式还是侧面型，即舞台在神殿一侧的类型为主。此外，和神乐舞台一样，大多数的净琉璃舞台屋顶的朝向与拜

① （日）森兼三郎. 德岛的农村舞台［J］. 住宅建筑，1992（2）：154.

② （日）森兼三郎. 德岛的农村舞台［J］. 住宅建筑，1992（2）：120-161.

殿屋顶的朝向为同一方向，且沿平行线布局，少数的舞台朝向与拜殿有一定的夹角，且朝北向设置的舞台数量很少。

3.1.3 祭祀型观演场所的空间营造

本节将中日两国的观演空间分为神的空间、观的空间、演的空间三部分，通过对中日祭祀性观演行为的对比，来说明中日两国祭祀型观演异同的原因。

3.1.3.1 中国祭祀型观演场所的空间营造

中国祭祀型观演场所主要由神的空间，观的空间，演的空间三部分组成。神的空间的构成要素为：大殿及其附属建筑；观的空间的构成要素为：看台、庭院、正厅及其附属建筑；演的空间的构成要素为：戏台，后台等，几乎绝大多数的此类观演空间都是由这三部分构成。从其空间关系上看，神的空间、观的空间、演的空间依次由北向南布置，形成明显的中轴关系（图3–8）。

1．神的空间

神殿，就是神庙中的大殿，放置佛像之所，是祭祀性观演空间存在的基础，整个建筑群中最高等级的建筑，它往往处于建筑群最北端，是祭祀性观演空间的最高潮部分及祭祀演出的目的所在。现今发现的中国最早的神殿建筑是位于辽宁牛河梁的女神庙，距今已有5000多年的历史，其布局和性质与北京的天坛、太庙相似，庙内供奉有多座女神塑像，由一主室和若干侧室、前后室组成；形成有中心、多单元、有变化的殿堂雏形。可以说，由于中国文化较早地从自然崇拜进入人物崇拜，所以神的空间也以人居住的空间为原型，并以泥塑为神立像。作为供奉神像的场所和神庙的核心所在，在所有建筑中，其必须是体量最大且等级最高的，又由于中国宗教是多神教的原因，主殿内神像颇多，所需要的空间也就越大，而祭祀时，所参拜的人只有通过仰视才能与神交流，人与神的沟通首先是通过感官的交流，其次才是心灵的交流。

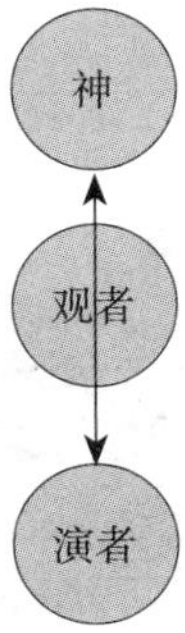

图3–8 中国祭祀空间中的观演关系

拜殿，是指在神庙建筑中神殿之前的建筑物，善男信女常于此处摆设祭品祀神，故称为“拜殿”，它是神与人交流的场所。拜殿或与正殿相连，或隔天井与正殿相对。早在宋以前，拜殿就在寺庙建筑中出现，宋元多为亭式建筑，如山西阳城水草庙拜殿（始建于公元1235年），经过元明两代的演化，逐渐变为殿堂，且处于从属地位，又如四川自贡西秦会馆正厅（图3–9），用于商人聚会和祭拜关圣之地，其后紧贴着供奉武圣关公的神殿。在主殿和拜殿演化过程中，主殿通常还吸纳了祭拜和供奉的功能空间，使得神庙中不设有拜殿建筑。

此外，中国的神庙只是在屋顶的形式和构件的等级及装饰上有明显的划分，如：重檐庑殿顶、重檐歇山顶级别最高，为皇家和孔庙所用，单檐庑殿、单檐歇山顶等可以为其他庙宇所用，而悬山顶和硬山顶为民居所用。其布局方式和传统的居住建筑相同，仅是建筑级别的不同而已。可以说，中国的神庙是以人的居住空间为原型而产生的空间，神像存在则神的空间存在，神像不存在神的空间也就不存在了，与其他类型的公共建筑差别不大，这也从侧面说明了中国传统建筑的功能通用性特点。

2．演的空间

演的空间要素主要有戏台、后台。戏台通常沿祭祀场所的中轴线布置，位于整个观演场所的最南边与山门合为一体（图3–10）。早期的观演活动，主要是在大殿前的庭院中进行，同时大殿之前设有拜殿或露台，作为人行礼、祭拜、演出之用。直至宋元时期，戏曲表演出现后，才在大殿对面的戏台上演出。

明清时期以后的戏台一般都在两层以上，第一层为进口通道和大门，第二层为戏台，面向庭院，与正殿遥遥相对。通常还有三层和四层，如：四川自贡的西秦会馆的四层戏楼，第三层为大观楼，贯穿前后，第四层则以高窗面对大街，这样将戏台和门楼合为一体的做法是神庙、会馆的普遍做法，既表现了入口的气势，又弥补了门的功能欠缺。

由于神庙早期建筑中，神的空间和观演的空间是合为一体的，后期才逐渐分离，可以说，演出空间脱胎于祭祀空间，是祭祀空间序列的向前延续。它经常以围

图3–9　自贡西秦会馆正厅

图3–10　自贡西秦会馆戏台

合庭院作为空间划分的手段，将祭祀空间与观演空间分开，如自贡西秦会馆布局在以正殿为中心布置祭祀庭院的同时，戏台作为会馆活动的又一个中心，布置观演空间于轴线序列的最前端。这两种不同的“中心”，一作为“娱人”场所，一作为“酬神”场所，一前一后，相得益彰，使建筑划分出了公共和私密空间。形成了以戏楼为中心的公共空间和后面供奉神的私密空间，前面一般乡亲都可以进入，而后半区仅供同行和同乡中的上层人物进入，相对比较封闭，使其不受外界的打扰。这种形制与祠堂、宗庙相近似，是由它的精神与功能上的相似性所决定的。

3．观的空间

中国祭祀型观演场所在以戏台作为中心布置演的空间的同时，还利用正厅、两侧看台、庭院空间作为观的场所，由于传统观演空间多采用三面观，场内的观众席一般分为两部分：庭院部分和看台部分。庭院部分以接近方形的完整空间出现，看台部分以回廊的形式出现。戏场的前期，由于祭祀性空间与观演空间没有完全分离，通常是在祭祀大殿前加雨棚、门廊或以主殿的廊子做看台，如成都洛带镇的川北会馆。戏场发展到成熟以后，祭祀空间与观演空间完全分离，作为分隔两空间的正厅成了最好的看座。如四川自贡西秦会馆，正对着戏台的是观看演出的横向敞厅，左右两端与东西走廊相连，将左右看台有机地连成一体，成为官绅阶层看戏的专座，戏场中还多借助开敞的回廊、敞厅和众多的小天井，将光线和空气引入，不但解决了采光和通风问题，还保证了忽来的下雨对于看戏的影响。

此外，庭院作为戏场的重要组成部分，主要是为大多数的平民阶层提供观看的场所。从功能上说，庭院的功能是多用的，可变的。在平时它是重要通道，在节庆时，也可做平民百姓的看戏场所。

从上可以看出，由于中国文化较为理性和早熟的人物崇拜等因素，神的空间以人居住的空间为原型，并以泥塑为神立像，为了塑造一种理性且神性的空间气氛，中国祭祀型场所采用内向的封闭四合院、仪式性的空间格局，通过对于中轴线序列感的不断强化而达到人对神的敬畏，体现出了人的意志下的神性空间的存在。

3.1.3.2　日本祭祀型观演场所的空间营造

日本祭祀型观演场所也主要由神的空间、观的空间、演的空间三部分组成。神的空间的构成要素为：主殿、拜殿；观的空间的构成要素为：鸟居、参道、庭院；演的空间的构成要素为：舞台与乐屋、挂桥。几乎绝大多数的此类观演空间都是由这三部分构成。从其空间关系上看，日本祭祀型观演场所中，神的空间、观的空间、演的空间没有明显的南北向的轴线关系，而是形成了三角轴线关系，

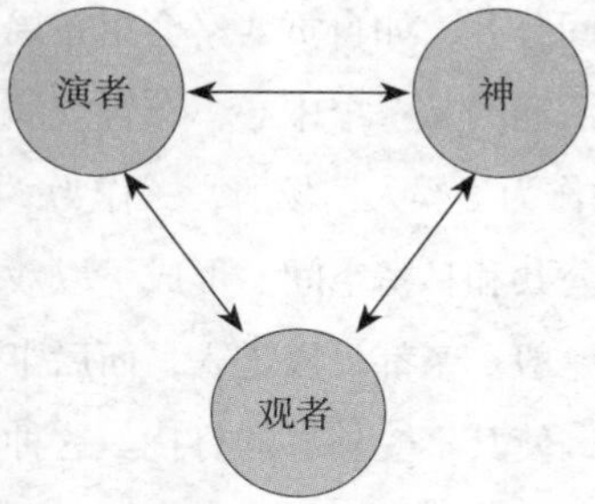

图3-11　日本祭祀空间中的观演关系

图3-12　奈良县三轮山御船磐座
图片来源：叶渭渠. 日本建筑. 上海三联书店，2006年版，第26页

神的空间和演的空间同时处于观者空间的对面（图3-11）。

1. 神的空间

日本的神道教源于自然崇拜。神社，即神的居住的场所，但是日本在古代飞鸟时期以前是没有神殿建筑的，平安时期的《奥义抄》也载明："自古以来，此神社不营造正殿、拜殿等，只以三轮山上的磐石座作为祭祀场所"[①]（图3-12）。它的构成基本要素是：左右立两根木柱，柱上方横架一根笠木，笠木由横梁栓连接着两根柱子，显得非常简单、朴素，由于祭祀的对象为自然神，所以一直以来不营造神殿，只在有了天皇制以后，人作为祭祀的对象，才产生最古老的三种建造样式[②]：住吉造、神明造、大社造[③]。据《古事记》记载，公元6世纪，古代首次拥有特定建筑为第一代天皇神武天皇（593年）建于茨城县的鹿岛神社，祭祀树木神，神社由正殿、拜殿、币殿、门楼、鸟居等组成。

在日本，拜殿是神庙中最主要的建筑。由于没有神像，神殿的实际用途变小，成为存放圣物的空间，所以就成为次要建筑，且常连接在拜殿的后面。此外，拜殿经常与币殿和神殿连为一体，强调功能的连续性（图3-13）。而在中国，很少有这样殿与殿连续的做法。

2. 演的空间

日本祭祀型观演空间中演的要素的构成为：主要由舞台与乐屋、挂桥组成。

---

① 叶渭渠，日本建筑［M］. 上海：上海三联书店，2006：26.

② ［日］宫元健次. 图说日本建筑［M］. 东京：株式会社学芸出版社，2001：27.

③ 我国著名古建筑学家杨鸿勋于1997年在日本权威学术杂志东方学报发表的论文：日本列岛的"黄帝时明堂"——日本神社源于中国说兼及"昆仑"即"干阑"即"京"说，引用日本考古材料对照中国文献得出日本神社源于中国的结论，"彻底反转了日本上古史"，"引起日本学术界的极大的震撼"。

早期，在舞台出现前，拜殿充当着演出空间这一角色，是祭祀仪式与演出的合体。我国著名学者车文明在著作《中国神庙剧场》中说道："日本镰仓室町时期形成的能和狂言，其舞台也是在神庙里产生，最初借用神庙里的拜殿，以后形成自己的固定格式。"也说明早期的神的空间、观的空间、演的空间是合为一体的，后来才逐步地分离。

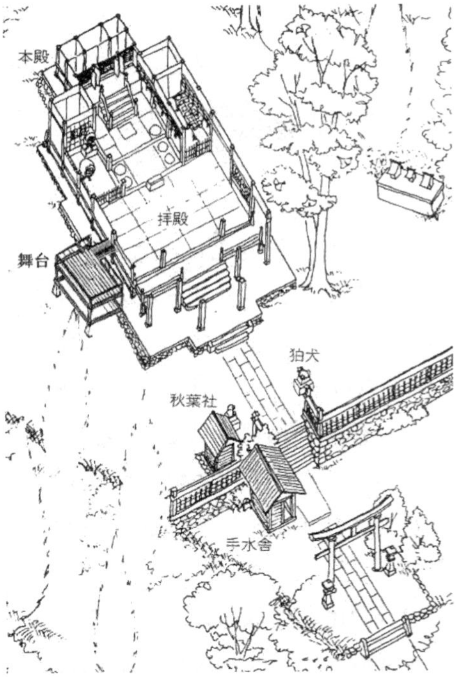

图3-13　中之俣气比神社轴测图
西和夫，《祝祭的临时舞台——神乐与能的剧场》，彰国社株式会社出版 1997年12月第一版，17页

神社的舞台一般为一层，离地大约一米高，通过挂桥与乐房连接，位于拜殿的一侧。据日本室町时期的历史记载，须将松叶铺在能乐台的屋顶上，并用黑木营造舞台，使舞台成了神灵依附之物，而能乐堂内的镜板、镜房、三棵松也都具有宗教色彩。此外，日本神社舞台都通过挂桥与神社的拜殿连接，挂桥被认为是连接此世与彼世、此岸与彼岸、极乐净土与现世的神物（图3-14）。不管是神乐还是能乐，都是演者供奉给神的舞蹈，同时演者又作为神的代言人，通过表演"变身"后被神附体，进而将神意传达给观众。所以挂桥在日本祭祀型观演空间中是非常重要的，它连接着乐屋这一现实的世界和舞台这一幻想的世界，表演者从现实的乐屋通过挂桥走入幻想的舞台世界，在挂桥的空间中完成了从现实到幻想世界的转换和变身后，才能以神的代言人的身份进行表演。

图3-14　山口县赤间神宫行列的挂桥
西和夫，《祝祭的临时舞台—神乐与能的剧场》彰国社株式会社出版。1997年。第一版，151页

挂桥的一端连接的是称作为"乐屋"的后台，是神圣不可侵犯之地。这一点，与中国戏曲闹哄哄的后台就很不一样。因为，在日本的戏剧观念里，这里不仅仅是演员们休息静心、集中精神、酝酿感情的地方，而且是主角戴上面具"否

定生身”的神圣地方。

此外，日本的祭祀是一个连续的过程，从法式到表演，而作为出场的挂桥，是神附体后唯一的通道，在拜殿附体后从挂桥走向人间，对人施以恩惠，所以大多的神乐的方位设置于拜殿一侧与其通过挂桥相连。

3．观的空间

观的空间的构成要素为：鸟居、参道[①]、空地。参道：是神出行的道路，通常道路曲折变化，如明治神宫的参道，将人引向神社，常设在神社的入口，进入鸟居就表示进入了神的地界。鸟居：一种类似于中国牌坊的日式建筑，常设于通向神社的大道上或神社周围的木栅栏处，主要用以区分神域与人类所居住的世俗界，算是一种结界，代表神域的入口，可以将它视为一种“门”。鸟居由一对粗大的木柱和柱上的横梁及梁下的枋组成，梁的两端有的向外挑，也有的插入柱身。鸟居其实是参照中国庙宇前的门楼而来的，所以形状像“门”这个字，鸟居有多重鸟居，位置一般位于神社前方，或是进入神社地界的出入口处方向。神和人的界限由鸟居界定以后，建造神社，并在周边种植树木，且由树木围合空地，形成观演空间，空地位置一般都处于神社的正前方，相当于一个集散型的广场，同时也将神社的正立面很好地展示给来人。也有多个神社共用空地，或在神社的一侧开出一片空地，用于搭建临时舞台，说明日本神社中，对于空间序列关系没有严格的规定，经常是因地制宜，随“遇”而“安”。

总之，日本祭祀观演空间与中国有很大的不同。从建筑的空间布局看，中国是以院落构成的围合式空间，而日本是以建筑为主体构成开放式空间。中国的建筑空间体现出强烈的秩序性和对称性，日本的空间序列是自由和多变的。中国的神庙与民居紧密结合为一体，以四合院为单位构成为一个有机的整体，神与人的场所合一且没有间隔。而日本的神社与民居是分开的，是一种比较开放和松散的结构。中国崇尚的是抽象的空间，如四川的古镇“喻形于龙”，暗示蜿蜒的道路与会馆、庙宇建筑的关系，可见传统建筑的实用主义精神和与自然和谐一体的理念。而日本崇尚的是原真的自然，随意的、非人工化的自然空间。究其根源，是因为在宋代以前，日本的建筑学习中国唐宋的寺庙的形式，保留了庭院的形式，以及庭院中露台的空间关系。唐宋以后，日本本土的神社在演化的过程中，由于地理环境的差异以及人的行为方式、审美方式的不同，逐渐放弃了这种空间格局，形成了具有自己独特风格的建筑。

---

① 参道：参拜神社、佛寺修筑的道路。

3.2 祭祀型观演行为与观演空间演化

3.2.1 中日祭祀型观演场所中的观演行为

祭祀型观演行为包括“演”的行为和“观”的行为两个方面，中日两国在这两方面各有所不同。本节就中日的这两种行为分别做阐述。

3.2.1.1 中国祭祀型观演场所中“观”与“演”的行为

在神庙和神社的祭祀演出，一般分为祭祀仪式和演戏两部分，在正式的演戏之前，都有仪式性的祭祀活动。如民国23年《乐山县志》[①]记载：“川俗多赛神拜忏，信巫祀神，曰‘盘香会’，亦有所谓祀坛神者。巫觋伐鼓歌舞，自暮达旦，大似优伶演戏。”说明巫师在演戏前做法事，又如清嘉庆《锦城竹枝词》记载“新修庙宇佛光开，钟楼焚香会首来，优扮灵官斋戒后，八台迎上万年台。”说明演出需要先给庙宇“开光”“会首”来钟楼烧香，然后斋戒的优人扮演灵官后被迎上万年台，等一切仪式性的活动结束后，才开始演戏。

此外，中国各地的习俗中都有举办城隍庙会，城隍菩萨坐桥出巡的习俗，这也是祭祀仪式的一部分。每年的城隍庙会，十里八乡的人都会赶来，跟着城隍出巡的队伍浩浩荡荡地穿街而过。队伍中大轿抬城隍菩萨，鸣锣开道、施牌执旗，跟着的是牛头、马面等凶神恶煞。善男信女打阴阳界招幡彩旗，紧随民间戏剧古装人物及龙灯、狮舞、秧歌队伍。最后游行的队伍再回到城隍庙会，演出才正式开始（图3–15）。如民国16年《雅安县志》记载：“三月一日，巧制花舆，由城隍祠舁二神像分出东西城，演戏于行台，士女聚观，道路阗塞。”都记载着是城隍出游的风俗习惯。而乾隆四十八年的《蒲江县志・卷二・风俗》[②]记载：“三月初一日为城隍会，扮演杂剧，人民聚观，但接禹帝东岳于庙中，不免请客压主之失焉。”记载了将东岳神禹帝接入城隍庙，有“请客压主之失”，说明神是可以“仙游”去其他的神庙看演出的。

从清代各地方志可以看出当时戏曲的演出有以下几个特点：①戏班一年的演出次数较多，演戏场面热闹（图3–16），在城乡各个庙宇轮流演出且延续时间

① 故宫博物院编. 四川府州县志［M］. 海口：海南出版社，2001.

② 同上.

图3-15　四川乡村抬城隍游街
赖武，喻磊.《四川古镇》. 四川出版集团，2010年，第105页

图3-16　1906年汉口庙会演出
周华斌. 中国古戏剧台研究与保护（上）. 中国戏剧出版社，2009年，第2页（我国现存最早的庙台演戏照片，王迦南藏）

长，如乾隆二十六年的《丹棱县志》就多次记载“演戏数日”“十数日中县城村市随庙衍剧”，且“极为烦嚣”。因此地方政府还贴出禁戏告示，如同治十二年《直隶绵州志》记载：“地方又示禁酬神庙戏不得过三日意亦云然”说的是官府禁戏而民间不遵行的事，都说明当时演戏盛行。②戏曲演出的目的多为祈愿或酬神庆祝，祭祀的神灵名目众多，有文昌帝、川主神、梓潼帝等，上演的剧目也与各自祭祀神灵有关。③民众普遍迷信和崇尚巫鬼，如乾隆五十一年《安岳县志·风俗》记载“家家祭巫鬼”“人有疾病，先请巫师祈祷谓跳端公”等，说明民间傩戏还很盛行，举行的行傩仪式也较为复杂。④各地还有斗戏的传统习俗，名曰“赛台会”，如咸丰元年《阆中县志》记载的情况：“赛台会者，城东之太清观……各台同时演戏，互相夸耀。”又如道光十七年《德阳县新志》记载：“六月六日为‘晒经会’。释子陈佛经晒于日中，礼佛者亦云集，惟县西高斗寺演戏最盛。”①

观众的行为可以分为祭祀行为，观剧行为两部分。在观剧前，首先民众需进行对神的祭祀活动，如民国33年《重修彭山县志》记载：“（四月）初十日城隍会，岁必演戏、供大烛拜香，迎神出巡，来观者云集。”又如嘉庆十八年《彭县志》记载：“每至各神诞，民间集钱致祭，亦有演剧者。”从中都可以看出，民众在进行了“供大烛”“拜香”“致祭”活动后才是演戏活动。

中国的观剧行为可以用场面热闹，人山人海来概括，如：康熙十一年的《蓬溪县志》记载：“每岁二三月神诞之期，朝山拜佛，男女云集，名曰香会，士农工贾贸易于此，百货错陈，其扮灯者谓之灯愿，演戏者谓之戏愿，举国若狂，经

① 故宫博物院编. 四川府州县志［M］. 海口：海南出版社，2001.

十余日始散，有司未能概禁俗使然。”[①]“季春初三日，为媒神圣母降诞，士人多为三婆会；演剧庆祝妇女求子者集沓。”[②]

此外，观演行为通常伴随商贸活动。在美国人明恩傅的著作中也可以找到中国20世纪30年代农村庙会的情况：“在戏班到达前，村庄上下一片繁忙，不但有大量的草席供应，而且村庄周边的荒芜的地方也在短时期内变为暂时的新拓居地。戏场旁边搭起了许多的草棚作为饭店、茶馆、赌场等，在赛社的日子，即使是一个小村庄，其场面也像很大的集市。”[③]可以看出，戏台的演出与外围的活动结合成为一个整体，且相互影响，用以吸引更多的人与财富的到来。

3.2.1.2 日本祭祀型观演场所中“观”与“演”的行为

日本的祭祀型观演场所中“演”的行为，也可以分为仪式和演出两部分，仪式性的部分主要有神舆出游和做法式等方式。日本的神舆出游活动和我国的神游活动类似，神舆出游是指抬着神坐的轿子沿街游行，轿子上面装有神的牌位或圣物。这种习俗由来已久，由于日本所信仰的神从来都带有“仙游”的色彩，所以，成为孕育表演艺术生长土壤的宗教祭祀活动，便通常是以招迎神降临作为其开场的。如日本直至今天还举行的“宫座祭”，是将神灵从氏神祠奉迎至“头屋”作为整个庆事活动的开端，在“头屋”预先奉供好被称为“御旅所”“御假宫”“神篱”等的神座，而后再由“头人”率领的奉迎队列招还神灵[④]。

虽然日本各不同地区有祭祀不同氏神的神社祭礼，但到了祭祀日，各个神社的族人都抬着各自引以为傲的神舆，由男女老少交错着肩担，到最大的神社“仙游”。如日本神奈川县镰仓市鹤冈八幡宫神舆出游，游行的队伍顺着全长1800米的若宫大路，到达第一鸟居，然后沿着参道（参拜神社修筑的道路）走向神社，走在最前面的是神奈川县鹤冈八幡宫警音乐队，后面跟着囃子（民族表演）等，游行队伍的最后面才是各地区的神舆，等游行的队伍通过第二鸟居和第三鸟居，让神舆入宫后演出才开始（图3–17、图3–18）。下面笔者以实际的案例说明日本祭祀演出的情况。

案例一：日本新潟县的俣神社的神乐演出[⑤]

西和夫在《祝祭的临时舞台》中记载了当代日本新潟县的俣神社的神乐演

① 故宫博物院编. 四川府州县志［M］. 海口：海南出版社，2001：430.

② 故宫博物院编. 四川府州县志［M］. 海口：海南出版社，2001：91.

③（美）明恩傅. 中国乡村生活［M］. 北京：中华书局，2006：42.

④ 清水裕之. 剧场构图［M］. 鹿岛：日本鹿岛出版社，1988：59.

⑤（日）西和夫. 祝祭的临时舞台——神乐与能的剧场［M］. 东京：彰国社株式会社出版，1997：18.

图3-17　神奈川县镰仓市鹤冈八幡宫神舆出游
（图片来源：http://hi.baidu.com/2011）

图3-18　神奈川县镰仓市鹤冈八幡宫神乐舞台
（图片来源：http://hi.baidu.com/2011）

出的情形："春祭日当天，村里的百姓从上越市高田的山里请来神，首先是作神事（做法），等神事结束后，神官从拜殿走出，参拜的人上前迎接，并将御神酒进献给神，等一切仪式性的表演结束后，神官在太鼓前坐下，太鼓响起，笛子吹起，神乐开始演出，舞手从拜殿中间走出，登上拜殿一侧的舞台，随后稚儿舞出场表演。"说明演出前的仪式性的表演行为在中日两国都存在。

案例二：日本能生白山的神乐演出[①]

西和夫在《祝祭的临时舞台》中记载了日本能生白山神乐的演出场景，能生白山的神乐舞台朝着日落的方向布置，舞台与乐舞通过长长的挂桥连接（表3-8）。在傍晚的时候，演出开始了，扮演兰陵王的人穿着大红色的衣服，戴着恐怖的面具从乐屋走出来，从挂桥做跳跃的动作一直走到舞台后，双手向上朝太阳祈祷直等到太阳落入大海，表演者才消失在乐舞中。紧接着，长长的挂桥被切断，承载着神的灵魂的神舆通过挂桥进入拜殿，随后人们欢呼拍手，稚儿舞出场表演。

从中日的观演活动中可以看出，两者有很多的相似之处，如神游活动，以及表演中分为仪式和演出两部分，但也有很多不一样，如中国神游的是神像，而日本祭神游的是神舆，上面放着牌位或神物。最重要的是，日本的神社演剧仪式性更强，更具有宗教色彩，而中国的神庙演戏娱乐性更强，更具"娱人"的色彩。此外，由于日本的神大都是自然神，神社多建于山林中以自然为环

① （日）西和夫．祝祭的临时舞台——神乐与能的剧场［M］．东京：彰国社株式会社出版，1997：10-12．日招舞中扮演兰陵王，源自中国南北朝时期的北齐时代，兰陵王的故事，楚国鲁阳的人物原型。

境，观演空间仅仅是祭祀和演剧的场所，观众除了参与游行活动外，很少有其他形式的活动，而中国神庙多以人物作为祭拜对象，故以人居住的场所为模式而将神请入，且神庙多建于居民区。庙会时，戏场旁边又搭起了许多草棚作为饭店、茶馆、赌场等作为商贸活动，可以看出中国神庙观演空间是功能结合型的场所。可以说，正是由于中日宗教信仰的不同，从而导致两国祭祀的行为和观演空间的不同。

日本能生白山神社舞台　　表3-8

白山神社舞台神乐演出		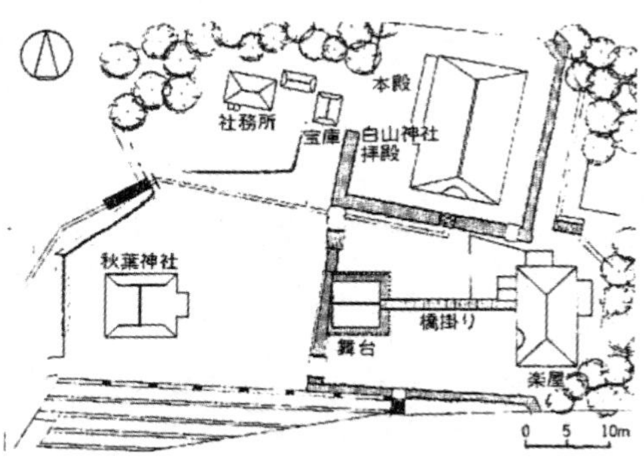
拜殿与神殿的组合形式		白山神社的舞台，其方位主要是日落的方向而设计的，上演日招舞（祭祀太阳的舞蹈），演出者扮演兰陵王，经过挂桥时向白山神社致敬

3.2.2　祭祀型观演场所空间原型演化

中日遗留的古代祭祀型观演建筑众多，遍布大江南北，其建筑形态与空间形态各不相同。本节主要以中日传统祭祀型观演建筑的空间原型演化做对比研究，讨论其演变过程中观演行为对它的推动作用，以及两者在演化过程中的异同。

3.2.2.1　中国祭祀型观演空间原型

中国传统观演建筑空间体现了以庭院为核心的强烈内向性以及完善的秩序化，其以“四合院”原型为基本特征，由于原型受到特殊的自然环境、文化环境以及人的行为、技术水平等多方面因素的影响，进而演化出丰富多样的空间形态。“原型”呈现的形态特征有着社会历史的必然性，而影响原型转化的“形态

图3-19　敦煌伎乐演奏图
崔乐泉.《图说中国古代百戏杂技》. 世界图书出版西安公司，2007年，第92页

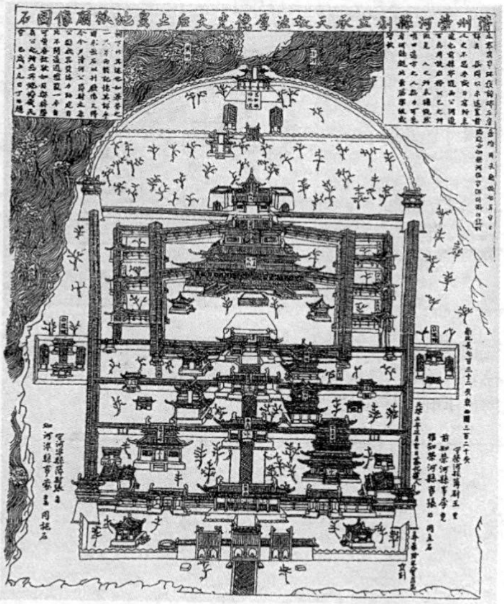

图3-20　山西金代蒲州荣县后土庙画像石中的露台
萧默.《古代建筑营造之道》北京三联书店. 2008年版，第36页

场”中最重要的因素就是人的行为方式和使用方式①。任何建筑空间形态的出现，必须经得起使用方式和行为习惯的考验，否则必遭淘汰，传统观演建筑的演变规律也是一样。

中国的戏台经历了先从露台到舞亭，再从舞亭到独立戏台，最后从独立戏台到山门戏台一系列的演变过程，其演变最主要动因，就是戏曲的出现和演化，也就是行为方式的变化促使了舞台空间的演化。本章节主要讨论戏台如何一步步从拜殿演变为戏台的过程以及演变的主要动因。

1. 从露台到舞亭的演变

唐代以前，祭祀演出都是在大殿和庭院进行的，场所一直不固定，直到唐代后，才在庭院中央的露台上演出，最早的露台在唐代敦煌壁画上就已经出现（图3-19），位于寺庙庭院中心，其用途除了佛教的歌舞伎乐演出，还有祭拜的作用。留在寺庙中央的露台（图3-20），随着演出中的故事成分的加强，更为避风雨寒暑，在上面加了临时性的棚式建筑物，用后拆除，后逐渐形成固定的瓦木结构顶棚，称戏亭，因其多用来表演乐舞，故又称舞亭、舞楼。此外，露台还常与主殿台基连接，如遗存至今的山西高平县二仙庙的露台。宋代后，露台上建起了四面舞亭，成为后世戏台的雏形。我国大

① 肖莉，刘克成. 乡镇形态结构演变的动力学原理［M］. 天津：天津科学技术出版社，1993：123-141. 肖莉、刘克成两位学者认为：原型在形成和发展过程中受到“形态场”的影响。“形态场”犹如物理场一样存在力的作用，这些“力”促使了对于形态的选择，从而形成“原型”，并控制原型的发展方向。形态场是社会、经济、文化等因素的相互叠加和相互作用的产物，自然选择正是形态场作用的内在机制。

多数学者都认为，后世的戏台就是由乐棚逐渐固定于露台发展而来的[①]。

2. 从舞亭到独立戏台的演变

元代，戏曲进一步改革和完善，演出的专业性增强，演出前的准备要求和步骤更多，促使了后台的出现。舞亭由四面观转向三面观的“独立戏台”，之所以称之为“独立戏台”，是因为它与其他建筑没有关联，功能相对独立，“独立戏台”可以更好地和后期产生的“山门戏台”相区分。元代开始把舞亭称为“厅”，其实是戏台建筑改进的表现，其后墙围合的意识已经很强烈，说明戏曲观演方式正从四面观向三面观演化，同时用帷幔划分形成后台。

对比宋元时期的舞台（表3–9），我们可以看出，宋代的舞台多为舞亭，处于庭院中间，十字歇山顶，四面均为正面，位于中轴线上，台基高度在一米左右。元代，舞亭的做法基本消失，但是十字歇山山面向前的做法在很多建筑上得以保留，少数舞台的两侧有了乐屋。这种做法虽然在空间上仍然强调了中轴对称，但是改变了人需从中轴线进入建筑庭院的形式，且戏台的后墙和山墙阻碍了从大门进入寺庙的人的视线，与传统的礼制不符，故在明清两代，这种做法少有传承。

宋元时期的庙宇戏场　　表3–9

宋代庙宇戏场实物图片	戏场数据	实物图片	戏场数据
	戏台位于山门西侧的倒座位置。单开间单进深，四角立柱，单檐歇山顶，举折十分平缓。面阔 5.00 米，进深 5.00 米，台基呈长方形，宽 7.50 米，深 5.9 米。		山西高平市神农镇下台村炎帝中庙舞亭，面阔进深都是 5.05 米。台基高 1.3 米，宽 6.3 米，侧宽 8.45 米，单檐歇山屋顶
山西省高平县王报村二郎庙舞亭（金大定二十三年，即 1183 年）		山西高平市神农镇下台村炎帝中庙舞亭（宋金时代，具体年代不详）	
	山西阳城县驾岭乡封头村汤帝庙金代舞亭建于金大安庚午（即 1210 年），舞亭有四根石柱，其中有两根刻有文字，东面的一条云：“大安岁次庚午六月中旬施石柱一条。李愿谨施。”		山西阳城县固隆乡泽城村汤帝庙舞亭距最南端的山门 8.40 米，距离东西厢房却为 9.20 米。

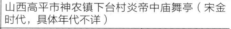

① 廖奔. 中国古代剧场史［M］. 郑州：中州古籍出版社，1997：21-24.

续表

宋代庙宇戏场实物图片	戏场数据	实物图片	戏场数据
山西阳城县驾岭乡封头村汤帝庙金代舞亭（金大安庚午，即1210年）		山西阳城县固隆乡泽城村汤帝庙舞亭（金泰和八年，即1208年）	
	泽州县南村镇冶底村东岳庙舞楼，建于金海陵王正隆二年（即1157年），平面为方形，屋顶为单檐十字歇山式，山花向前，金元时期的建筑		上木亭村在沁水县城东南约10公里处。村内大庙建筑保存完整。舞亭在庙院的中央位置，虽然没有具体的年代信息，但根据建筑特征，可以判断是宋金时代的建筑
山西泽州县南村镇冶底村东岳庙舞楼（金海陵王正隆二年，即1157年）		山西沁水县龙港镇上木亭村舞亭（宋金时期，年代不详）	
元代庙宇戏场实物图片	戏场数据	实物图片	戏场数据
	戏台前檐高11.05米，后檐高15.80米；四角立柱，前檐的两个角柱为方形石雕；台宽7.45米，进深7.55米，进深略大于台宽，平面近似正方形；两山墙后部设有铺柱，柱后山墙深2.7米		舞楼台基高出地面1.4米，宽14米，戏台进深11.5米，戏台面阔9.31米戏台进深9.33米；整体结构由四根角柱，两根辅柱，两根后檐柱，支撑起大额枋构成的框架，可四面围观
山西临汾魏村牛王庙戏台（元至元二十年，即1283年）		（元泰定元年，即1324年）	
	山西翼城曹公四圣宫戏台，屋顶为单檐歇山式，建于元代，具体年代不详，戏台面宽7.80米，进深7.67米，庙门位于戏台两侧		山西临汾东羊东岳庙戏台建于元至正五年，即1345年，戏台面阔8.00米，进深8.00米，院落2500平方米。
山西翼城曹公四圣宫戏台（元代，具体年代不详）		山西临汾东羊东岳庙戏台（元至正五年，即1345年）	

3．从独立戏台到山门戏台的演变

明代，戏台的空间形式呈现出多样性，可以说“独立戏台”的空间位置一直处于探索期，庭院中、广场中都曾出现过，由于演出中“娱人性”的进一步增强，观看的人数越来越多，对观看和声音质量的要求也越来越高，导致戏台的台基不断升高，由宋元时期的一米升到两米以上，并成功地升上二层空间，和山门结合在一起，成为最终的“山门戏台”。

清代，山门戏台的空间形式逐渐被认可，并作为一种范式。戏台作为祭祀文化中礼乐的一部分被放在了“礼”的对立面，即神庙的前方，一层作为出入口，二层作为戏台演出和后台使用。虽然这种布局方式中出入口空间被压得很低，但是将大门和戏台合为一体的做法使得大门高大气派，并减少了一座门楼建筑的费用，所以被广泛接受。

3.2.2.2　日本祭祀型观演空间原型

日本的舞台经历了先从拜殿到舞殿，再从舞殿到联体舞台，最后从联体舞台到独立舞台一系列的演变过程，本章节主要讨论其如何一步步从拜殿演变为独立舞台的过程以及其与中国戏台演化不同的原因。

1. 从拜殿到舞殿的演变

日本在平安时期以前，里神乐和宫廷神乐在神殿前的庭院进行，或是借用献殿演出，观演空间仍然未摆脱从中国传来的建筑物沿着中轴布局的空间格局，尤其是沿袭中国的神殿、拜殿依次布局的空间格局，但由于信仰的不同，演出行为与观演空间也略有不同。在日本的神社中，神殿作为神的象征，也作为圣物所在之处，是“精神场所”，而拜殿是人们进行祭祀的场所，是真正的“实用空间”，也是仪式性表演的空间，故在建筑的体量大小上，拜殿远远大于神殿，后由于演出行为中祭祀和娱乐表演行为的分离，演出的功能逐渐在舞殿进行，其拜殿仅作为仪式性的场所，可以说，舞殿是拜殿功能的延伸和分化。

平安后期，日本出现了最早的舞殿建筑——春日若宫神社舞殿，神社的神殿与拜殿建于1135年，在康治二年（1143年），神社的拜殿被改建为三间神乐所，此后，神乐有了固定的表演场所，许多神社也开始兴建舞殿和神乐殿（图3-21）。日本舞殿的建立，都是由于“神乐的本质逐渐的淡薄以及多样的民俗演出的需要”，才使得其与拜殿功能脱离，成为独立的亭式建筑。

2. 从舞殿到联体舞台

日本在镰仓后期，在日本观能场的影响下出现了与神社连接的联体舞台，联体舞台是指舞台与拜殿用挂桥相连接，主要是为神乐演出服务的，

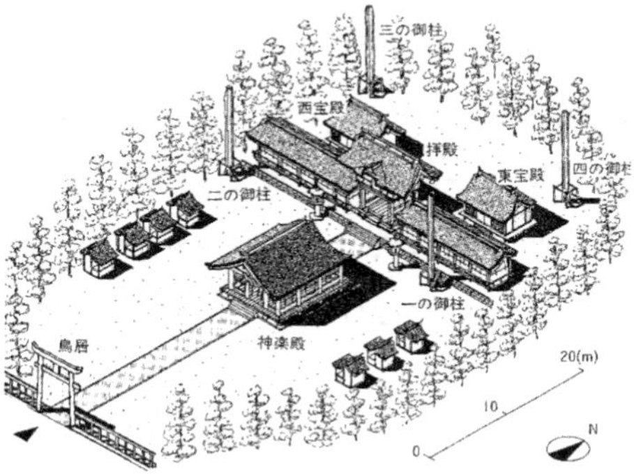

图3-21　长野县诹访郡下诹访町诹访大舍下舍春宫神乐殿

宫元健次. 图说日本建筑. 株式会社学芸出版社，2001年，第32页

使得随处做场的神乐有了自己较为简单的舞台形式。其特点是舞台建筑布局逐渐从中轴线偏离，并用斜向挂桥与其他建筑物连接。由于做法简单适用，被广泛应用，这种做法在今天日本很多地区仍然广泛存在。

由舞殿向联体舞台的转变并非有着直接的传承关系，主要是由于神乐在演出过程中产生了对封闭乐屋空间的需求，使得舞台需要通过挂桥与拜殿和乐屋连接，且传统的四面开敞的观演空间不能满足这种需求，而学习了田乐能场的舞台方式，产生斜向连接式舞台。所以，这种方式适合于日本传统的祭祀型戏剧的演出方式，但是由于表演没有成为固定性、经常性、娱乐性的方式，故舞台具有临时性，也就是只有祭祀时才进行装配。

3．从联体舞台到独立舞台

独立舞台是指舞台与乐屋在空间上与拜殿分离，其命名主要是为了与联体舞台相区别，它主要是为能乐和净琉璃的演出服务的。17世纪以后，由于净琉璃和能乐经常在市井、将军府邸等娱乐场所演出，影响到神社舞台上的能乐和净琉璃的表演，其性质从祭祀性向娱乐性转换，演出形式也逐渐固定下来，乐屋的空间需求逐渐增大。

当舞台从空间和形式上都逐渐成熟，且由于演出行为对空间的需求使得建筑空间体积逐渐变大，遮挡或是削弱拜殿的主体地位，所以，它从拜殿的群体中分离出来，位于神殿一侧，围合出一个半开敞的观演空间。又因为地形和环境的不同，舞台的位置也不同，也有处于神殿背后或背对神殿的，可以看出日本祭祀型演出中对于表演的朝向与方位感没有中国神庙中那样重要，很大程度上与祭祀空间中是否存在神像有关。

从中日的祭祀性观演场所的空间演化可以看出，祭祀演出行为的改变是影响观演建筑位置和空间关系的主要原因。可以说，从中国唐代到宋代，日本祭祀型观演建筑的空间关系和中国的都很相似，但宋代后，由于其演出形式发生了巨大的变化，观演空间也随之变化，日本的舞台与其他的建筑体脱离成为独立的形式，而中国的戏台则从独立的建筑体走向与山门的合并，其主要原因是宗教文化的不同以及地理环境的不同所造成的。

3.2.3 祭祀行为对观演空间演化的促进

从中日观演空间的同源性和差异性看，中日观演空间早期是很相似的，但是随着历史的发展最后产生截然不同的空间，究其根本原因和主要推动力量，就是祭祀行为对观演空间演化的推动。本节就从行为影响空间的角度说明其一步步的发展过程。

3.2.3.1 中国祭祀观演行为对观演空间的促进

从中国戏台的空间位置的演化看出，其空间格局自宋发展至明清，戏台的位置从最初的与主殿结合到最后的与山门结合，其位置呈现出由庭院正中逐渐向山门靠近并与其结合的趋势。[①]观看方式也由四面围观逐渐向三面或单面观看演化。其主要原因有两方面：一方面是演员的地位关系在变化，另一方面是观众对于观看的需求在不断地变化。

从演员的地位关系的变化对观演空间的促进上来说，早在汉代以前，演出是为神而表演的，而表演者巫师本身就是神的化身，只有部落的首领才能扮演的。汉到宋时期，宗教祭祀文化迅速发展，这时的表演者是道士等宗教人士，以传道教化为目的，其仍然扮演着神的代言人的角色。而宋以后，杂剧、南戏出现后，其宗教色彩逐渐褪去，戏曲演出更多地被视为一种娱乐活动，演出者也大都是社会地位比较低的人，其中通常不乏流放或者有罪的人。可以看出，在中国戏曲舞台发展的过程中，在社会中表演者自身的身份和地位逐渐下降，在建筑空间上，戏台离神殿越来越远，并不断地向后，最终与山门合体。但戏曲作为礼乐的一部分，其必然首先需要对神演出，让神有最良好的观看角度，否则是对神的大不敬。所以，戏台处于中轴线且正对神殿的观念，可以说是贯穿戏台发展始终的。

从祭祀演出本身对观演空间演化的影响来说，早期神庙中祭拜的演出仅为仪式性的法事，在逐渐的发展中，演化为仪式性和观赏性两种。仪式性的演出通常在神殿或拜殿演出，而观赏性的演出在庭院中的露台上演出，并逐渐形成固定的舞亭建筑。当观赏性的演出进一步成熟，发展成为戏剧后，舞亭空间不能满足其表演观看的要求，所以，舞亭后退至山门前与山门合为一体（图3-22）。由于神像的存在，神的视野的关注，不管是祭拜的行为还是观赏的行为，都没有离开过神的视野，一直处于神殿的前方。也有两个舞台左右对称布局的，如韩城，但是这样的例子很少见，大体来说，舞台都位于神庙中轴线的前端。

从观众的行为对观演空间的促进上来说，在宋代，祭祀性的演出经常在庭院露台或舞亭举行，庭院中表演时观众可以四面观看。元代，在成熟的戏曲出现后产生了对后台的需求，这使得四面观的舞亭演化为三面观和一面观看的戏台而有

① 罗德胤. 中国古戏台建筑［M］. 南京：东南大学出版社，2009：15.

图3-22　临汾元代牛王庙拜亭
图片来源：http://hi.baidu.com.2011

图3-23　西秦会馆山门戏台的背面大门

了后墙，但后墙和左右山墙的出现阻碍了视线和人流，人需要从两边的侧门进入庭院。从某种意义上，这种做法虽然在空间上仍然强调了中轴对称，但是改变了人需从中轴线进入建筑庭院的形式，与传统的礼制不符，故在明清两代，这种做法少有传承。山门舞台的产生是在明代，成熟和定型是在清代，由于中国大部分的观看者是站立的，所以它放在二层的做法不仅将观众与演员分开，同时满足两侧二层厢房坐着的达官显贵观看的需求，而且使得所有的观看者得以与神同一方向，各种不同地位和身份的人在戏场中都找到了适合自己的位置。

总之，中国传统的戏台本身一直在不断地进化和淘汰。继宋代舞台产生后的元明两代，各种形式的舞台如雨后春笋般地出现，它们出现的位置也都各不相同，有出现在庙宇前广场的，有出现在庙宇庭院中的，有出现在中轴线上的，还有与仪门合并的，甚至有占据山门的位置，从两侧开门的……最终的山门舞台扮演了适者生存的角色，使得大江南北百分之九十五以上的戏台都建成山门戏台的形式（图3-23）。可以看出，神庙戏曲舞台空间模式的定型并不是一蹴而就的，而是选择的过程，其选择始终围绕着人固有的空间秩序观念和行为方式。

3.2.3.2　日本祭祀观演行为对观演空间的促进

日本的神社舞台的空间模式，和中国戏台一样，也是一直在进行着选择和适者生存的演化过程。其过程分为三个时期：

第一个时期，神社观演空间受中国唐宋观演空间的影响，采用拜殿和露天舞台进行演出，在演出的仪式性逐渐淡化后，采用分离的舞殿作为观演空间，当演出的扮演功能的需求进一步的强化后，产生了挂桥这一空间要素，并将拜殿的侧殿作为准备空间。

第二个时期，神社舞台进行了一系列的演变。首先，由于舞台阻碍了拜殿的正面，故而学习能乐舞台的空间布局方式，挂桥斜向伸出，舞台也跟着侧移一旁，此时，仍然采用拜殿的两侧充当后台；其次，拜殿两侧发展为侧殿，并与拜殿逐渐分离；再次，侧殿完全分离，成为舞台的乐房，并与舞台一起形成独立于主殿和拜殿的“元素”。

第三个时期，神社舞台作为独立“元素”整体搬迁至神社广场的一侧，其演出方向与主殿正面轴线方向垂直。舞台与神殿对殿前广场形成半包围的形态，舞台与乐屋用长长的挂桥连接，并形成固定的角度，舞台大小也根据演出的形式要求得以固定。

从演员的地位和观众对于观看的需求对中日两国的舞台发展的影响可以看出两者的不同：首先，从观看者的角度看，中国百姓在观看演出时，绝大部分是站立（图3-24），而日本大多都席地而坐观看，这就决定了视线的高度，舞台有一个特点，人观看时视线不能低于表演者的脚，日本人的习惯是芝居，也就是坐在草地上（图3-25），坐时视线很低，所以舞台的高度只能在一米左右才能满足最好的观看点，而山门舞台高度在三米左右才能保证人的通行，这也注定山门舞台不适合日本观众的观演要求，如图3-25所示为日本德岛的净琉璃的演出场景。所以，宋元时期的低舞台在演化为明清时期的高舞台的过程中适应了这一需要，这就决定了山门舞台适合于中国而平舞台适合于日本。

从演出属性上看，日本神社的戏剧演出祭祀性强，而中国神庙中的演戏娱乐性强，日本神乐、能乐、净琉璃多表现神和人的灵魂，大胆使用假面具，带有很强的祭祀性，并且被看作精神的象征。能乐与神乐的演出时，演员是可以神灵上身的，例如日本有名的“备中神乐”，本田安次在其《日本的民俗艺能·神乐》

图3-24　民国时期山东农村庙宇中戏台的演出

周华斌，《中国古戏剧台研究与保护（上）》中国戏剧出版社，2009年，第1页（加拿大威廉·史密斯20世纪30年代摄）

图3-25　拜宫谷农村神社演出净琉璃

森兼三郎，《德岛的农村舞台》（照片，西田茂雄），出自《住宅建筑》，1992年8月，第122页

中对其有如下记述："神乐之夜，至天将破晓时分，人们将'荒神'之'蛇纲'[①]从神位上移下来，随后再将它斜挂在舞台上。接着，两个人一同钻到那'蛇纲'的下面。之后，只见那二人一边穿行，一边或正或反地相互转圈子。转着转着，其中的一人就变成为神灵附体的仙人。"从中可以看出，日本神乐舞台是神的现身处，演是为观众看的，与中国的傩戏一样，还带有浓重的原始宗教演出的色彩。中国自清末后，傩戏在大多神庙中的演出逐渐被传统戏曲取代，如今只出现于偏远地区。

从上可知，中日祭祀型观演场所不同的根本原因是"娱神"还是"娱人"之戏剧观演行为的不同造成的。中日戏剧观念形态上的差异是明显的。中国元明清以后的神庙演剧早已"人"化了的戏曲，表达的是人的思想感情，人的艺术追求，人的审美娱乐要求，娱神的色彩并不强烈，虽然民间仍然有很多以傩戏为代表的祭祀剧或谓仪式剧，出演于节日庙会的社戏等民间小戏，依然打有"娱神"的旗号，或者以"娱神"的名义达到娱人的目的。但是，作为走上主流戏剧途径的神庙戏台上的演艺已摆脱了"娱神"的原始形态，全然以娱人、表现人、给人以美感为己任。比较而言，日本能乐、神乐更为古老，离戏剧的最初出处——祭坛更近，它将"娱神"的核心目标保持了下来，观赏它们一如参与祭奠供奉的宗教仪式，观众们在审美的同时，更得到灵魂的洗涤或是安抚[②]。

3.3 中日祭祀型观演场所的同源性与差异性

上一节主要叙述了中日祭祀型观演行为的异同对观演场所的影响，本节就中日两国祭祀型观演建筑本身的同源性和差异性作详细的说明。

3.3.1 中日祭祀型观演场所的同源性

中日祭祀型观演场所和戏剧的发展一样，也是同源异流的文化，其同源性体现在前期的传播过程，而差异性体现在后期演化过程。从当代遗留下来的传统观

① "荒神"：特别灵验的神。"蛇纲"：像蟒蛇一样又粗又长的绳索。此绳索在祭祀活动中是被看作神灵附着的神物。

② 翁敏华. 中日古典戏剧形态比较——以昆曲与能乐为主要对象［J］. 文学评论，2010（6）：92.

演建筑看，能的舞台与中国的戏台具有极高的相似性。日本京都大学教授赤松纪彦曾说："现代中国的传统戏，其演出与旧时完全不相同，与剧本对比，能乐的舞台与中国早期的戏台相似度较高，更便于研究。"都说明能剧和其舞台保留了较多的原状，从而也更便于能的舞台和中国传统的舞台的对比研究。本节从中日祭祀型观演场所演化的相似性，舞台的相似性，名称的相似性说明其同源性。

3.3.1.1 中日祭祀型观演场所的同源性

中国祭祀场所中经常演出的除了傩戏、戏曲外，还常常伴有伎乐的表演，傩戏常常是在戏台、堂屋、庭院等地随处做场，而伎乐等经常在露台上表演，戏曲则在戏台表演。下文就从这三类分别说明中日观演空间的同源性。

首先，日本寺庙中的伎乐观演空间与我国寺庙的伎乐观演空间相似。中国唐代以前，寺庙中常借用露天庭院用于伎乐的表演场所，唐代以后，才开始在寺庙庭院中央的露台上演出，最早的露台在唐代敦煌壁画上就已经出现，位于寺庙庭院中心或以月台的形式与大殿相连，除了佛教的歌舞伎乐演出，还有祭拜的作用。露台的形式一直传到日本，它不仅影响了日本佛教的舞台形式，同时对神社舞台产生了深远的影响，如在唐宋几百年间，日本所建设严岛神社舞台、四大天王寺石舞台（图3-26），都存在中国露台的影子。可以看出，中日建筑文化的交流在唐宋时期相当的频繁，而中日的祭祀型的舞台空间很相似，得益于早期文化的同源性。

其次，除了伎乐观演空间的相似性外，日本神社中神乐表演空间与我国神庙中傩戏的表演空间也具有相似性。笔者对巴蜀的傩戏演出和日本的神乐演出状况

图3-26　日本四大天王寺石舞台
图片来源：http://hi.baidu.com

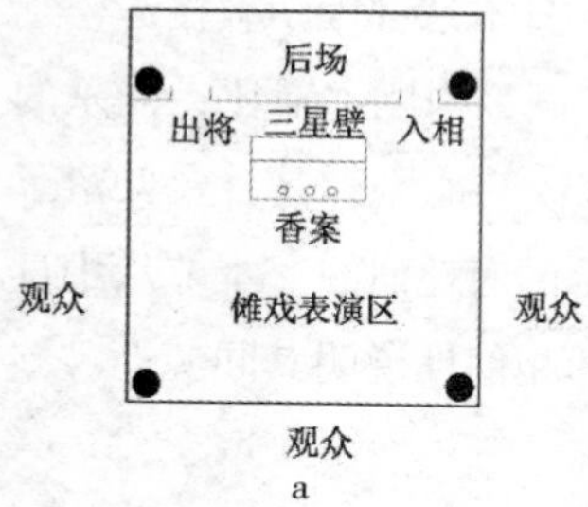

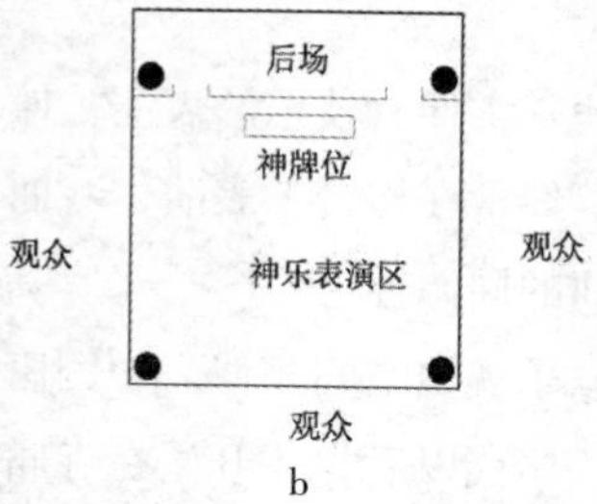

图3–27 神庙戏台与神乐舞台比较

进行比较，图示如下（图3–27）：中国傩戏的研究者于一在《巴蜀傩戏》记载了1990年4月在四川梓潼东石乡上清观万年台上表演的梓潼阳戏①，东石乡上清观，始建于明代万历年间，是一个典型的四合院道观，万年台正对道观的正殿，是离地两米的木质舞台，其舞台上的基本陈设是：台的五分之一处，有一道三星壁，隔开前场与后场，三星壁前设置香案，在香案后高搭一条桌，蒙以布围，作为提线木偶的表演区，乐队设置在舞台左手的副台上，如图3–27a所示。而日本学者清水裕之在《论演出空间形态的生成》一书中绘制了日本神乐舞台的布置②，如图3–27b所示，可以看出，中国傩戏的舞台空间布局与日本民间神乐舞台的形式很相似，中国傩戏和日本神乐都是较为原始的祭祀演出，如梓潼阳戏的木偶位于香案之后，而傩戏演出位于前方，说明木偶时神的化身，而傩戏是为神的演出。正如日本神乐将神的牌位放在舞台的后场一样，作为表演的对象。从舞台的平面布局上看，日本的神乐舞台和我国的傩戏舞台很相似。

再次，日本神社能剧舞台和中国神庙戏曲戏台也很相似。作为共同的东方戏剧，中国戏曲和日本能乐舞台都是伸出型、开敞式的，中国神庙戏台大都是三面观看，另一边则有一面帷幕或是一堵墙，背景图案相当简洁，而日本能乐舞台背景上面画有一棵苍松，除此之外台上无一饰物，比中国戏曲舞台的“一桌两椅”还要简洁。由于中日戏剧舞台空间比较相似，且中国戏曲舞台可大可小，比较自由，据京都大学赤松纪彦先生的论文介绍，昆曲剧曾经在能乐舞台表演亦全然无碍，从中都可以说明中日舞台空间的相似性。

3.3.1.2 中日祭祀型观演建筑形态的同源性

中日早期祭祀型观演建筑形态很相似，根据笔者研究，宋金时期的“舞亭”③，多

① 于一. 巴蜀傩戏［M］. 成都：大众文艺出版社，1996：242.

② 清水裕之. 剧场构图 [M]. 鹿岛：日本鹿岛出版社，1988. 论演出空间形态的生成（姚振中译），译自剧场构图第一章，日本鹿岛出版社，1988.

③ 廖奔. 中国古代剧场史［M］. 郑州：中州古籍出版社，1997：13～15.

图3-28　高平王报村二郎庙金代戏台

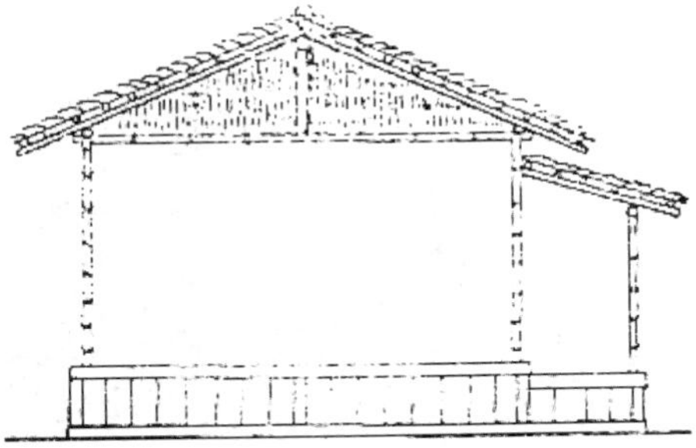

图3-29　日本文字记载最早的舞台——“歌人”藤原定家的舞台

采用十字脊或歇山顶山花朝前的形式[①]。在现存实例中，又以十字脊山花朝前为主，这方面现存最早的建筑实例是山西高平王报村二郎庙金代舞亭，另外，山西侯马金代董明墓舞亭模型也是山花向前的形式，从屋顶的形式上看，日本后期的观演建筑都延续了我国宋代舞亭建筑山面向前的做法，如日本流传下来的神乐和能乐的舞台。

从中日两国对于最早的舞台的记载上看，中国遗留的实物建筑——高平王报村二郎庙金代戏台（图3-28），建于金大定二十三年（1183年），早于日本文字记载最早的舞台——“歌人”藤原定家的临时舞台（图3-29）。据日本藤原定家1212年的日志《明月记》记载：“其家有能乐的舞台，朝向东面演出，舞台以挂桥和乐屋连接，挂桥旁边种植有神圣的松树，舞台以竹子为柱子，平面呈四方形，屋顶用松枝覆盖。”[②]可见当时就已经开始使用舞台的称谓了。

而中日在两宋时期，来往的僧侣众多，尤其是南宋时期。由于宋王朝建都临安（今杭州），与日本的距离很近，通过明州（今宁波）等港口和日本的海上交往甚为密切，许多的僧侣都通过明州将佛教文化东传，日本的舞台形式可能是由于南宋佛教的传播而随之带入。据此推测日本在南宋晚期的舞台形式——草台式悬山顶且山面向前的做法是宋代南方屋顶的一种做法，其延续了宋南方草台的格局，此外还未有史料证实我国北方的舞亭传入日本。

日本现存的最早的实物——西本愿寺的能舞台是保留最古老的能舞台（图3-30），建于1581年，比我国实物建筑晚了五百多年，其屋顶形式为歇山顶且山面向前的做法。可以看出这时期的舞台形式仍是模仿我国宋元时期的歇山顶的舞台，而同时期我国明代北方也有类似的仿照宋代单檐歇山顶，十字向前的舞

① 廖奔. 中国古代剧场史［M］. 郑州：中州古籍出版社，1997：16.

② （日）西和夫. 祝祭的临时舞台——神乐与能的剧场［M］. 东京：彰国社株式会社出版，1997：122.

图3-30　西本愿寺的能乐舞台

台的做法，但这种做法极为少见，更加证实日本能乐舞台的形式是源自宋代舞台的说法，而非明朝传入，也从侧面证明我国宋代与日本的文化交流甚密。此外，虽然元代到清代对这种舞台的形式都有延续，但是我国明代后就很少有单檐歇山顶，十字向前的舞台的做法，其方向都转为正面，而日本却将此种形式流传下来，和日本民族对建筑的“山面情结”有关。

3.3.1.3　中日祭祀型建筑名称的同源性

一直以来，中日对于观演空间的命名都很相似，这说明观演建筑与中国舞乐文化是一起传入日本的。如中国唐朝和日本奈良时期都把表演的木台称为舞台，宋代将神庙大殿前用于表演的亭子称为“舞亭”，而日本同时期将神社前供表演的亭子称为“舞殿”，都说明中日早期演艺与建筑文化的同源性。

日本的舞台这一名称来自于中国唐代[①]，它是与中国舞乐文化一起传入的，在《续日本纪》中记载，“平宝字三年（759年），帝临轩，授高丽大使杨承庆正三位……五位以上及番客主典上于朝堂，作女乐于舞台，奏教坊踏歌于庭。”讲述天皇在接见外国使臣时让女乐在舞台上表演踏歌的场景。[②]可见，早在唐代，用于演出歌舞的舞台及其名称就传入日本。

宋以后，中国对于观演建筑的名称一直在变化，而日本则沿用了唐宋时期对于舞台的称谓。关于中国观演建筑的名称的演变，薛林平在其著作《山西传统戏

① 须田敦夫. 日本剧场史的研究［M］. 东京：相模书房，1957：42.
② 须田敦夫.日本剧场史的研究[M].东京:相模书房，1957：44.

场建筑》中认为："中国古代观演建筑在宋元时期，多取舞字，明代称为乐楼，而清代趋于多样化。"[①]这种演变说明戏曲本身的演化过程是从舞蹈到声腔，再到故事演绎的过程。明代以前，基本以舞为主，而明代则以乐为主，清代则称为戏台或戏楼。乐舞的称呼说明戏台仍比较庄严，酬神祭祀是主要的目的，而清代走向通俗。

关于舞亭的来历，笔者研究了大量的宋元碑文和实际案例后发现，舞亭与拜殿有着密不可分的关系，其两者的功能和空间关系常常结合在一起使用，即舞亭既作为拜祭的场所，也作为表演的场所，拜殿也有同样的功能，这与日本的拜殿和舞殿的关系同样，正好印证了舞台源于拜殿的说法。

从中国宋元时期的碑文上看，庙宇中四面观的亭式建筑，或称为舞亭，或称为拜亭，或称为香亭（上香之意），都说明拜殿与舞亭的渊源。山西省万荣县桥上村后土圣母庙是目前知道的第一座舞亭。山西省东南地区保存了另外几处北宋神庙舞亭建筑的碑刻记载，碑中将这类建筑称作舞楼，金代文献中称"乐亭"。元代戏台碑刻里多处提及这类建筑的名称为舞厅、乐厅、舞楼等。从明代的碑文上看，庙宇中四面观的亭式建筑多称为献台。高平市神农镇下台村炎帝中庙舞亭建于宋金时代，村民称作香亭，用以祭拜上香，明万历十二年（1584年）重修碑记则称为献台，无独有偶，山西润城东岳庙献亭为明代建筑（图3-31），建于一方形台基上，台基四周围以石雕栏杆，十字歇山顶，空间形式与建筑的形态都与宋代的舞亭相同。可以看出，献台或献殿、拜殿、香亭等其实是实同名异，一般都建在贴近正殿的正前方，如在远处建造，其主要的功能就是演戏——是舞楼而

图3-31　山西润城东岳庙献亭

① 薛林平，王季卿.山西传统戏场建筑[M]. 北京:中国建筑工业出版社.2005：2.

不是献殿。拜殿、献殿、舞亭，仅仅是由于其不同的空间形态和位置，其称谓也不同。从建筑本质上，它们的原型都是献殿，只不过位置不同。

此外，舞亭不是为了演戏建造，而是为舞乐的演出服务。在学者段建宏的著作《戏台与社会——明清山西戏台研究》中，列举了山西地方志中明代的戏台的情况，在对观演建筑的命名中，乐楼18例、舞楼8例、乐亭或舞亭6例、香亭1例、露台2例、献亭1例，从中可以看出，明代戏曲和戏台已经很成熟，但是仍然修建乐亭、舞亭（表3-10）。此外，民国山西《乡宁县志》中记载明代修建城隍庙乐亭的状况："乐亭为奏伎乐所，以崇祈报，以娱神人……"①，这里以"伎乐"指代传统的舞乐、傀儡戏、绝技、杂要等②。从中都可以看出，舞亭和乐亭的修建与演戏无关，它是为伎乐歌舞表演服务的。

明清地方志中关于戏台不同名称各出现的数目　　表3-10

	文献数	乐楼	舞楼歌台	乐亭舞亭	香亭	露台	献亭、享亭	戏台戏楼	文献出处
山西明代	37	18	8	6	1	2	1	1	段建宏.戏台与社会一明清山西戏台研究③
山西清代	120	74	14	7	6	无	1	18	段建宏.戏台与社会一明清山西戏台研究④
湖北清代	30	无	无	无	无	无	无	30	段建宏.戏台与社会一明清山西戏台研究⑤
四川清代	40	30	6	无	无	无	无	4	巴蜀道教碑文集成，四川府州县志⑥

日本舞殿建筑的修建年代与中国的舞亭建筑几乎是同一时期，其修建也并非为戏剧演出服务，而是为神乐服务的，此外，其还担当着"御旅所"的功能，

① 段建宏．戏台与社会——明清山西戏台研究［M］．北京：中国社会科学出版社，2009：238.
② 其包含雅乐、散乐、伎乐中的祭祀乐部分，隋唐时期，伎乐就成为佛教的祭祀的主要舞乐，而明清时期，雅乐更成为祭祀神明、祖先，以及朝会时候使用的一种仪式性音乐。
③ 段建宏.戏台与社会——明清山西戏台研究[M].北京：中国社会科学出版社，2009：207.
④ 段建宏.戏台与社会——明清山西戏台研究[M].北京：中国社会科学出版社，2009：211.
⑤ 段建宏.戏台与社会——明清山西戏台研究[M].北京：中国社会科学出版社，2009：224.
⑥ 故宫博物院编.四川府州县志[M].海口：海南出版社，2001.

与拜殿相仿[①]（图3–32）。在平安时期以前，日本的里神乐和宫廷神乐在神殿前的庭院进行，或是借用献殿演出，平安后期，日本出现了最早的舞殿建筑——春日若宫神社舞殿，神社的神殿与拜殿建于1135年，在康治二年（1143年），神社的拜殿被改建为三间神乐所，该建筑为单层，切妻造，以桧木皮作为屋顶，它兼并拜殿的功能，成为其他后世的舞殿的范本[②]。此后，神乐有了固定的表演场所，如镰仓时期（1260年）的著作《清水临幸记》中记载："次里神乐，巫女三人，于舞殿翻彩袖。"江户时期，拜殿与舞殿都作为表演的场所，而此时的神乐的本质逐渐的淡薄，融入了多样的民俗演艺文化[③]。

图3–32　京都下鸭神社舞殿

从上可见，中国舞亭和日本舞殿的建立，都是由于娱神的本质逐渐的淡薄以及多样的民俗演出的需要，才使得它与拜殿功能脱离，成为独立的亭式建筑。总而言之，从中日两国文化起源、舞台空间及建筑名称的同源性上看，中日祭祀性观演场所和戏剧的发展一样，都是同源异流的文化，其同源性体现在前期的传播过程，而差异性体现在后期演化过程。

3.3.2　中日祭祀型观演场所的差异性

中国的神庙戏台与日本的神乐舞台在历史上有很深的渊源，在形态上也有很多相似之处，但是在空间布局和方式上有很大的不同。中国神庙戏台大多都与山门合建，而日本的神乐舞台大都处于拜殿左右，并用斜桥连接，本节从文化和祭祀行为上来解释它们的异同。

祭祀型观演建筑本身存在自身的空间秩序，空间院落的递进式即是其序列空间的特点。由于观演行为起初都源于祭祀行为，所以，祭祀型观演建筑的秩序体

① 舞殿的产生与神的"仙游"特性有关，在日本神本来就带有一种"仙游"的色彩。实际上神的"仙游"色彩是人赋予它的，在日本的寺庙和神社里，舞殿之中通常祭供着从别处恭请而来的神的牌位，其具体供奉点是在舞殿的最内侧。

② 须田敦夫．日本剧场史的研究［M］．东京：相模书房，1957：53.

③ 须田敦夫．日本剧场史的研究［M］．东京：相模书房，1957：54.

现的就是祭祀行为本身的逻辑顺序。下面就对比说明中国祭祀型观演空间秩序中的坐南向北、对称、垂直轴线与日本祭祀型观演空间秩序中的非北向、非对称、与自由轴线的特点。

3.3.2.1 中轴线与平行轴线

中轴线对称是中国建筑布局的最根本特征，主体建筑通常整体沿着南北中轴线布局，两侧建筑沿轴线对称布局，中国建筑空间中有强烈的"中心"观念，《管子》曰："天子中而处"，体现出"中"的概念。而传统的祭祀场所中的中轴线本身也就赋予了神圣的意义，中轴代表着神的视线的方向，和人的空间行进的方向，也就是祭祀的整个过程都是在神的注视下完成的，需要最虔诚最高规格的礼仪才行。在中国传统建筑空间中，一般都按照中轴对称布局，而空间序列就体现在院落空间沿着轴线一层一层的递进关系上，如四川自贡西秦会馆，遵循对称严谨的原则，主体建筑由戏楼、厢楼、正厅、前殿、正殿、后殿及厢户组成。会馆布局以正厅、前殿、正殿作为纵向轴线分隔出多个庭院空间，形成层层递进的空间格局（图3–33），造就开敞的前院戏场空间和后院私密居住空间。

日本的寺院、神社观演空间秩序与中国不同，日本的观演空间是开放式的，空间经常以平行轴线和垂直轴线作空间序列的构架（表3–11）。早期，日本的建筑学习中国唐宋的寺庙的形式，建筑空间采用庭院式的布局方式，后期，本土的

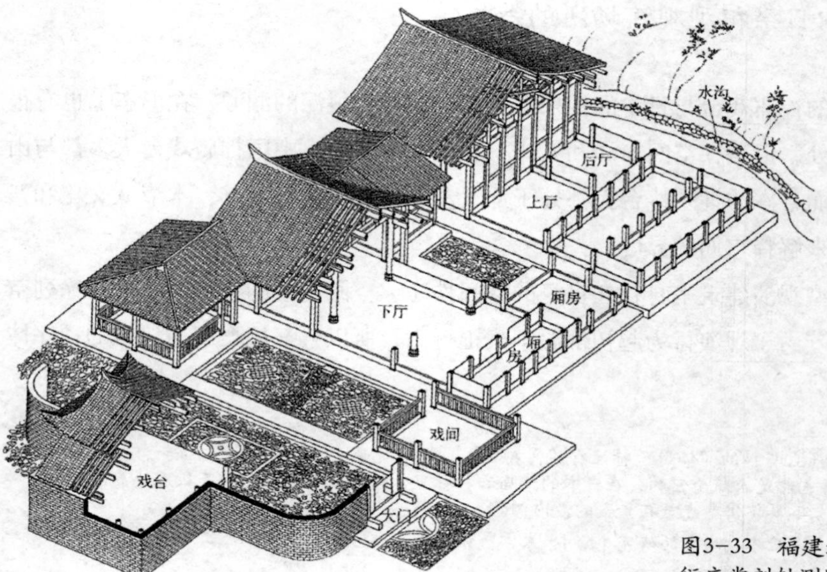

图3–33　福建连城培田村衍庆堂剖轴测图

日本神社观演场所中的平行轴线

表3-11①

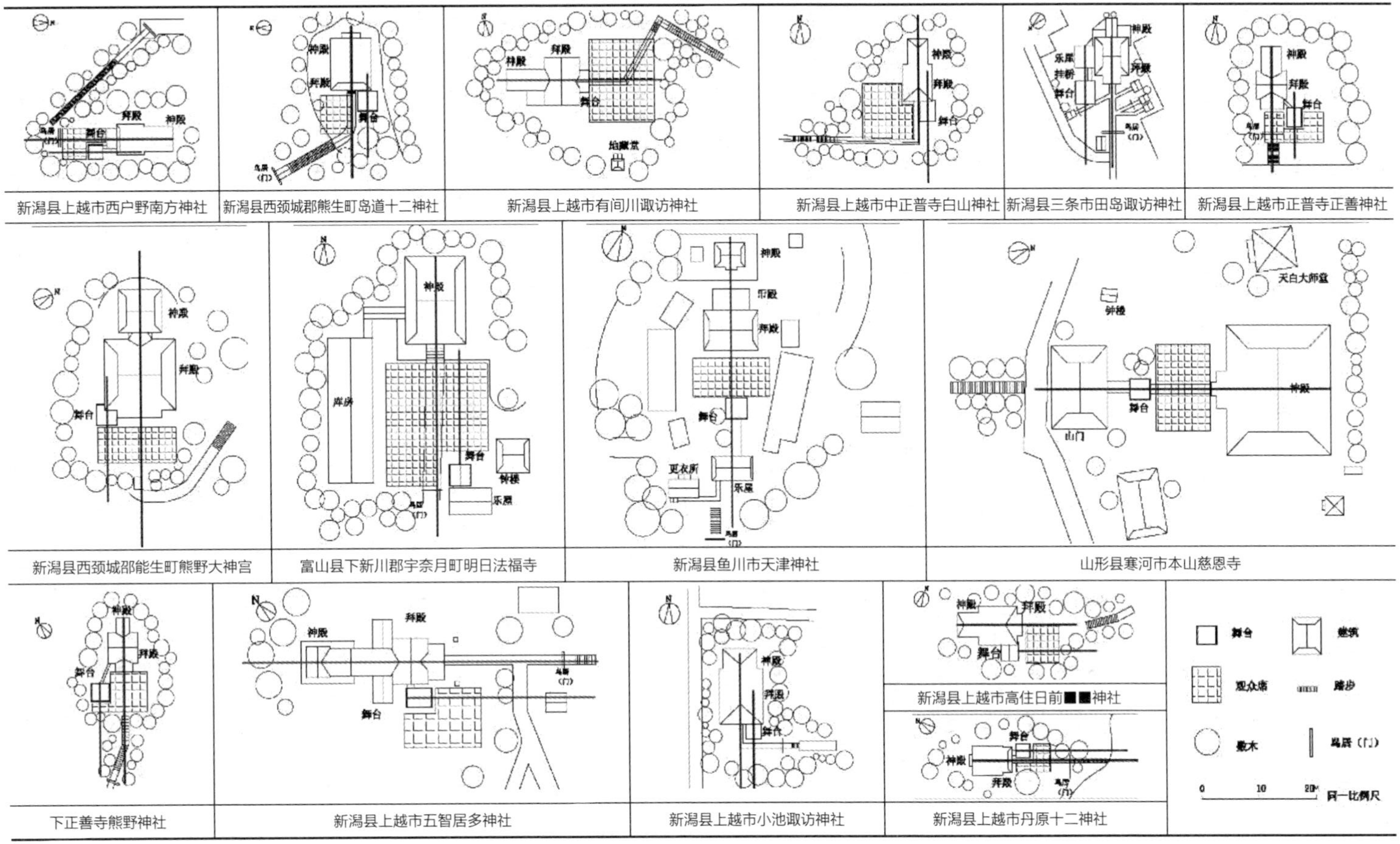

① （日）西和夫. 祝祭的临时舞台——神乐与能的剧场［M］. 东京：彰国社株式会社出版，1997：194-219.

神社在演化的过程中，放弃了这种庭院式的布局，而是选择了开放式的空间。从开放的格局来说，日本的神社的入口——鸟居，处在很远的地方，人需要走过很长的“参道”才能到达神社，这也就是加长了神的地界和领域。此外，从图中可以看出，舞台轴线的方向与拜殿的轴线方向平行，说明日本祭祀型空间中，舞台总是参照祭祀空间中最主要的建筑拜殿进行布局的，从而达到建筑整体的协调性和完整性。

3.3.2.2　对称与非对称

中国传统观演建筑在空间布局中讲究对称布局，源于中国早期文化对“居中”“对称”的审美意识，而日本传统观演建筑在空间布局中讲究非对称布局，也是源于日本自古崇尚的“非对称”之美。

中国传统建筑空间讲究对称，庭院组合形态往往以庭院为中心，以中轴对称的平面形制安排建筑。事实上，对称的形式在建筑艺术中是很常见的，因为赋予建筑师灵感的自然界的许多美丽形象都是对称的，对称使人产生均衡稳定的心理感觉，也易于体现庄严和崇高。在中国，崇尚“中正平和”的民族心理和儒家思想的礼仪教化使对称的特征在建筑艺术中体现得比较极端。而传统的观演建筑中按照中轴对称布局，更多是受到中国礼制的影响，建筑作为礼制的表征，因此而受到了等级的制约和规范。因此，也就形成了以建筑表现人间统治秩序为目的的建筑体系，作为“礼乐”文化代表的观演建筑，也就理所当然地位于正对神殿的中轴位置上（图3-34）。

日本祭祀型观演建筑的非对称布局不仅仅是为追求实用、顺应地形，它还是一种独特的民族审美意识。日本人认为不对称、不完整的形式才更接近真实，完美的形式反易使人因为形式本身而忽略了其背后隐藏的实质，因而在建筑中较少追求形式上的完美。而中国宋代禅宗传入，禅宗无中万般有的思想与日本古来的建筑思想结合，越发加强了其对原始的自然性的、非对称的空间格局的追求。此外，日本在镰仓时期受到中国左方为尊的观念，使得能乐的挂桥向右斜向伸出，为其倾斜和非对称找到遵循的原则，而神乐和净琉璃的舞台也效仿其空间非对称布局形式（图3-35），进而这种非对称的布局以及挂桥“右向斜伸”形成一种固定的形式流传下来。

此外，笔者统计了日本德岛地区的134座舞台中，侧面型的95例，占总数的5/7，正对拜殿的20例，占总数的1/7，说明净琉璃的舞台的主要形式还是侧面型，即舞台在神殿一侧的类型为主，而在日本佐渡地区统计的55个神乐舞台中，

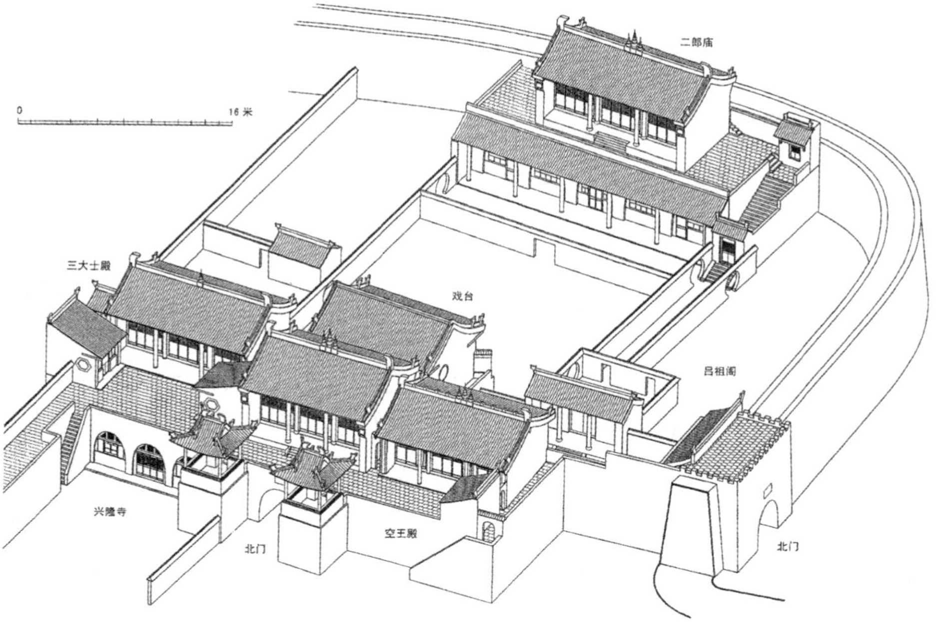

图3–34　山西介休市张壁村北门建筑群
周华斌.中国古戏剧台研究与保护（下）.中国戏剧出版社，2009年，第569页

图3–35　新潟县上越市西吉尾熊野神社舞台
西和夫，《祝祭的临时舞台—神乐与能的剧场》，彰国社株式会社出版1997年12月第一版，第104页

正对拜殿设置的舞台数为7个，占总数的1/8，而位于拜殿左右两侧的大约占到总数的3/4，都可以说明舞台位于拜殿的一侧，为非对称布局。由于日本的祭祀型观演空间中这种非对称的观念，使得舞台空间体现出多样性特点，体现出日本祭祀性表演的特点（图3–36）。

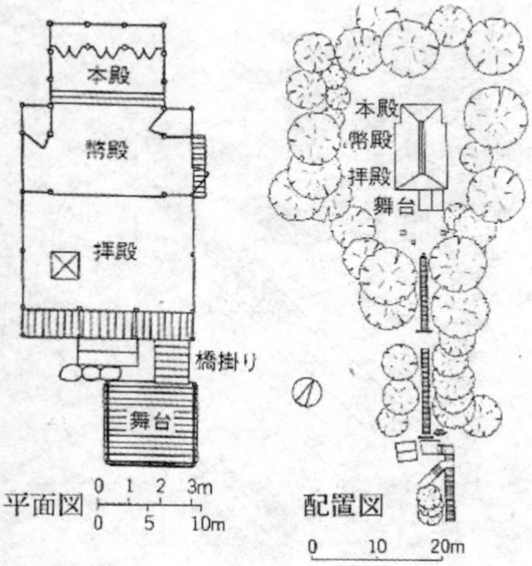

图3-36 新潟县上越市西吉尾熊野神社总平面图

西和夫，《祝祭的临时舞台—神乐与能的剧场》，彰国社株式会社出版1997年12月第一版，205页

3.3.2.3 北向与非北向

中国祭祀型观演场所中的戏台大都遵循中轴对称、坐南朝北的原则。这是因为中国神庙中的神是世俗的、物化的、抽象的神，都有自己的金身雕像，如各地的土地神，都以古代先贤做当地的土地神，且都有自己的故事或作为人的经历。既然作为虚拟化的“人形的神”，其观看必须是正面的，这就使得中国但凡神庙的祭祀，演出的方向必须是向着神演出的，否则就是大不敬。此外，由于在戏曲演出成熟之前，勾栏中百戏的演出混杂而特性各异，且多存在戏弄、娱乐的成分，历代统治者为恢复古代礼仪，建立礼乐统一的价值观，而不断地将戏曲演出行为“引向正途”，将戏曲中的教化精神发扬光大，使戏台位于庙堂之正前，作为“教化”和娱神之用。正是由于古代统治者赋予了戏台非同一般的意义，使得其千百年来一直处于中轴线上，方向向北，面向大殿，且具有中轴对称等基本特征。

此外，中国古代建筑朝向要求和等级制度是制约建筑空间布局的最主要的因素。而日本的舞台与神殿的关系，并不是由朝向及等级一方面因素决定的，其选择是由境内其他许多的因素共同决定的。中国传统观演场所中的戏台大都遵循中轴对称、坐南朝北的原则。而神庙大殿的设置，由于神像的存在，以及“北位”“南向”为尊的观念，大多选择坐北向南布置，并且极其强调向南布局，如四川自贡桓侯宫，在设计初期，建筑群顺应山势，正殿不是坐北向南，为了摆正神的位置，在兴建时将其大殿纠正为正南方向（图3-37、图3-38），可见中国古代建筑朝向要求和等级制度是制约建筑空间布局的最主要的因素。

与中国戏台不同，日本的舞台朝向不固定，如表3-12中，笔者整理统计的日本德岛和佐渡地区的145个舞台中，向北方向设置的舞台仅15个，占舞台总数的十分之一，向南、向西和向东的总数分别为59、44、34个，可见其舞台朝向是不定向的。

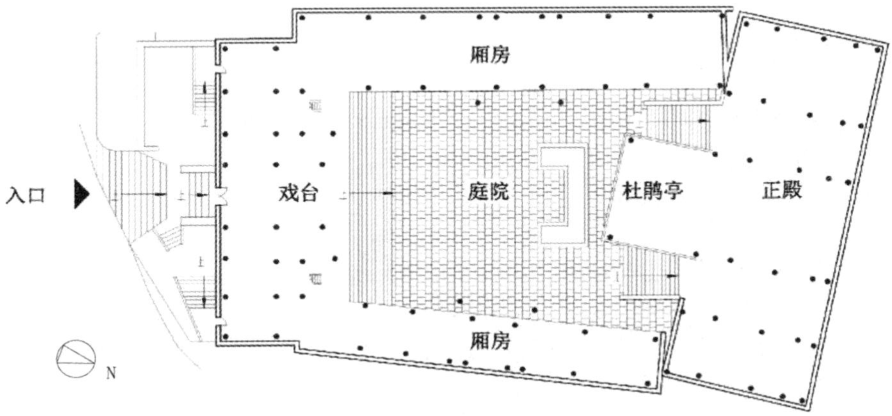

图3-37　四川自贡桓侯宫一层平面图

图3-38　四川自贡桓侯宫戏台背面入口

日本德岛和佐渡地区的神社舞台与神殿的朝向　　表3-12

建筑物名称	正南	正西	正东	正北	非正向	统计总数	文献出处
神殿朝向（神乐）	11	2	1	0	14	29	A①
舞台朝向（神乐）	3	6	3	2	2	16	A
舞台朝向（净琉璃）	54	36	30	13	0	134	B②
舞台朝向（能乐）	2	2	1	0	0	5	C③
神殿朝向（净琉璃）	54	22	56	9	0	131	B

① （日）西和夫. 祝祭的临时舞台——神乐与能的剧场［M］. 东京：彰国社株式会社出版，1997：195-219.

② （日）森兼三郎. 德岛的农村舞台［J］. 住宅建筑，1992（2）：139.

③ （日）西和夫. 祝祭的临时舞台——神乐与能的剧场［M］. 东京：彰国社株式会社出版，1997：160.

图3-39　日本富山县射水郡下村加茂神社舞台
西和夫,《祝祭的临时舞台——神乐与能的剧场》,彰国社株式会社出版 1997年12月第一版,69页

由于日本神道教中的神是无形的，所以舞台朝向也是不固定的，如新潟县西颈城郡能生町白山神社，神殿面向西南，舞台却面向西方的大海，而日本富山县射水郡下村加茂神社舞台与大殿为同一方向，中间通过挂桥连接（图3-39），说明舞台是依据所处的环境因素设置方向，可见日本舞台的朝向和与神殿的关系，其主要是由观众数量、外在环境、表演的方式等因素决定的。

3.3.3　影响中日祭祀型观演场所异同的原因

3.3.3.1　中日审美观念的差异性

中日祭祀型观演建筑的差异性，首先来自于不同的审美观念。影响中国观演场所的最重要的观念为“居中”。它代表了我国文化思想中最重要的“天地之道”，也和儒家的“伦理纲常”紧密地联系在一起。所谓庙堂布局，“坐北朝南、左祖右舍、前朝后市”等基本的“四合院”布局模式，由于中国早期文化对“居中”“中轴对称”的观念深深地渗透到观演场所的空间布局中，中国传统建筑常以中轴线为基准布置主要建筑，两侧偏殿设置成左右对称的布局，从单体建筑到整体，从宫殿到住宅也多是以对称形式为主的，因此而形成了强烈的中轴对称的审美意识，以至于中轴对称成为决定建筑空间布局的主要因素。

而传统观演建筑，则出现在建筑的中轴线上作为“献礼”之用。从中国传统的“礼乐文化”看，在建筑空间中，大殿前庭空间恰当地充当了“乐”这一角色。但是“礼”和“乐”两者首先是对立的，有不同的价值取向，礼要求“克己，节制”“夫乐者，乐也，人性所不能免也”①，显然与礼的要求不符，所谓“立于礼，成于乐”，统治者希望“礼”能主宰着“乐”的方向。这也就决定大殿前庭空间作为礼乐的“承载体”，因而也就决定了观演建筑空间“对称”“北向”这样的特性。

在日本建筑空间中，自古就追求自由和非对称的布局，这种非对称一方面源于对自然的崇尚和独特的审美观念，另一方面源于禅宗及道家思想的影响，非对称的特征在日本的诸多建筑，如神社、住宅、园林、茶室等建筑中都有所体现：神社建筑中如出云大社在建筑中央设中柱，入口偏于一侧而形成非对称的形式，其楼梯处理也是非对称的。在日本园林的传统手法中，非对称也是极为重要的构图原则，从总体到细部设计都尽量避免左右对称，景物通常集中于一侧，留出较大空间以发挥观者的想象，如桂离宫就是这种非对称布局的典型。正如日本著名文学家川端康成所说：“……不对称，比对称更能象征丰富、宽广的境界……这是日本人纤细微妙的感情保持均衡的一种形式。”

日本建筑的非对称已不仅仅是为追求实用、顺应地形，不仅仅是一种表面的构图，而是一种深刻的民族心理特征，在艺术上成了一种审美意识。此外，多变的自然条件以及频繁突发的自然灾害，从多方面影响到日本人的精神和物质领域，也是建筑空间布局中非对称意识产生的原因之一。日本人认为不对称、不完整的形式才更接近真实，完美的形式反易使人因为形式本身而忽略了其背后隐藏的实质，因而在建筑中较少追求形式上的完美。但其观念并非一成不变的，也曾一度效仿中国的对称式样布局，如从唐代中国的佛寺传入日本，其主要建筑就是中轴线布置，自飞鸟时期传入，奈良时期达到顶峰，佛寺完全模仿中国的寺庙建筑，沿中轴线左右对称分布，如建于596年的日本法兴寺。至日本宽平六年（894年），日本停止派出遣唐使，建筑文化从汉风化逐渐转向和风化。而宋代禅宗传入，禅宗无中万般有的思想与日本古来的建筑思想结合，开始追求原始的自然性，表现至简至素的美，以及非对称的空间格局，如建于7世纪的日本弘福寺，打破了这种沿中轴线分布的对称性，代之出现非对称性的架构，而且影响了其他类型的建筑布局，9世纪平安中期的平安京城宫殿建筑，也开始打破对称格局，采用非对称的寝殿模式。如平安（公元794～1192年）后期的寝殿建造中，常省去东西对屋中的一侧以打破对称。即使是对称布局，在使用上也要取一侧为上座，而非左右对等，尤其是书院的建造中完全摆脱了对称格律的束缚，呈现出极为自

① 荀子·乐论语·载诸子集成二册[M]. 北京：中华书局，1954：252.

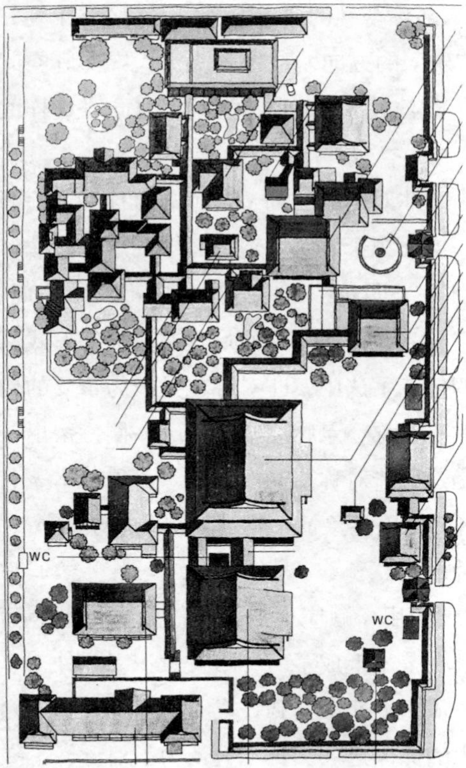

图3-40　非对称布局的京都东本愿寺能舞台
五木宽之，《百寺巡礼，第三卷，京都篇》大日本印刷株式会社，2003年12月第一版，94页

由灵活的布局形式，追求不规则、不定形的空间形态。平安后期的这种建造风格影响了后代的众多建筑类型，传统观演建筑就是其中的典型代表，如京都东本愿寺能舞台（图3–40）。

3.3.3.2　中日宗教观念的差异性

中日宗教观念的差异主要存在于道教和神道教之间。日本的神道教，不同于我国道教，是以万物有灵论为基础，拜的是神灵化的万物，有“八百万神”之说。由于祭祀的对象为自然神和宗教中较多的自然崇拜因素，所以日本的神社自古不立神像，有时甚至不造神殿，只造拜殿，而在神社的拜殿里，也看不见祭拜的对象。为了塑造一种神性的空间气氛，日本祭祀型场所以自然环境为主，采用开敞的空间，自由行进和不断变化的序列空间，体现出了自然的，非人的意志下的神性空间的存在，所以对于方位感，没有我国的坐北向南意识，舞台上的演出只要是对着抽象的祭拜对象即可。舞台也很少坐南向北，面向神社，其拜殿的规模和体积都大于神殿，如日本栃木县太田原市南金丸那须神社，神殿坐落于北方，舞台却背向神殿，面向南方观众场所。

我国的道教源于自然的崇拜、灵魂的崇拜，慢慢发展到祖先与天神合一，成为至上神的雏形。在其形成之初，就受到佛教为佛“塑金身”以及传统文化中“立牌位”观念的影响，将无形的神物化于有形的雕塑，而雕塑本身的朝向，成为戏台位置和朝向最重要的因素，一般意义上，佛像都是坐北向南的，但笔者在甘肃甘谷县大像山考察时发现，寺内建于唐代的石胎泥塑大佛①，朝向却是北

① 甘肃省甘谷县大像山位于甘肃省甘谷县城西2.5公里处，凿于北魏泥妆于盛唐的释迦牟尼大佛，高二十多米，面相庄严，静穆慈祥，是渭河流域唯一一尊唐代大佛造像。

向县城的方向，说明神只有正脸朝向县城的人，才能看到人的疾苦，施恩于民，保佑人们的富贵平安。同时我们可以看到中国朴素的民间信仰中，对于神像的朝向的关注，以及把神完全人性化的一种理想模式观念，所以中国的人的表演必须面对着佛像，以娱神祈福。而在中国文化“北向为尊”的思想，多数的神殿都坐北向南，并作为神庙中最主要的建筑存在。由于宗教观念以及对于空间秩序的强调，中国戏台就必须朝向神像设置，用于酬神祭祀。

而对于中日的佛教，由于是一脉相承的，在给佛立像的观念上具有很大的相似性，所以日本佛教寺院的祭祀性观演场所和中国很相似，一般都是舞台正对大殿设置，如日本有名的清水寺大殿内供奉有千手观音一座，舞台处于大殿的前方，常用于雅乐祭祀演出（图3-41、图3-42）[①]，又如山形县寒河江市本山慈恩寺

图3-41　京都清水寺舞台

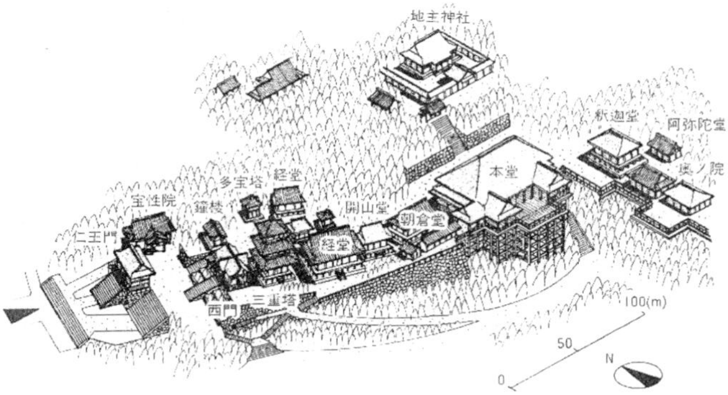

图3-42　日本京都清水寺舞台
宫元健次，《图说日本建筑》，株式会社学芸出版社，2001年第一版，第123页

① 日本清水寺舞台始建于唐代，重建于公元1633年，正殿供奉着十一面千手观音立像，每隔33年才开放参观，它依山而起，殿宽19米，进深16米，殿顶铺有数层珠形的桧树皮瓦，其前部是由139根高大圆木支撑的“舞台”，巍峨地耸立于陡峭的悬崖上，从“舞台”放眼望去，大半个京都的景色尽收眼底。

的舞台（表3-13），常用于佛教祭祀的舞乐表演，其位于本殿正前方，是个无顶的临时舞台①，后方用挂桥与山门二层的乐屋相连，和中国的山门舞台在空间属性上很相似。

日本山形县寒河江市本山慈恩寺舞台② 表3-13

日本山形县寒河江市本山慈恩寺舞台		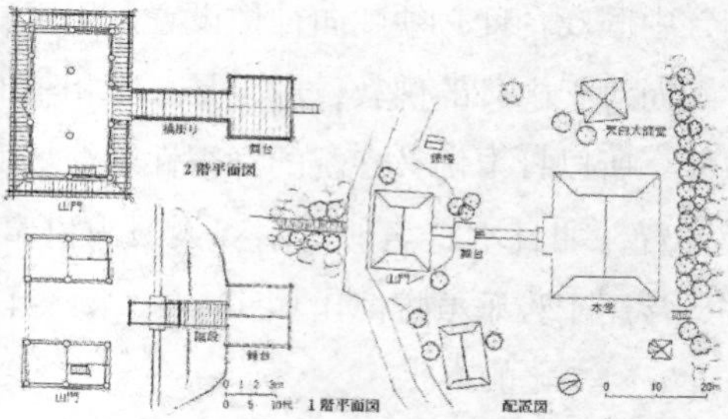	

	本山慈恩寺的神殿	舞台与山门的连桥	舞台演出

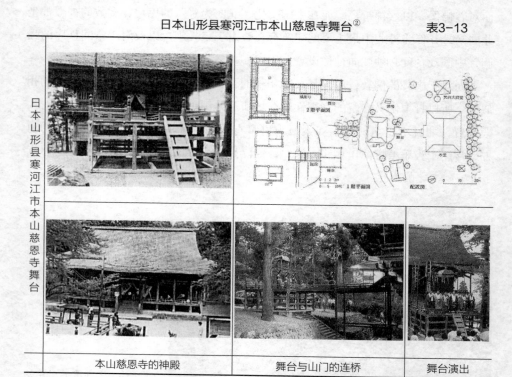

从上可以看出，中日本土宗教观念上有很大的差异性。中国的神是人形的化身，所以神也借用人的空间作为居住之所。而日本的神是自然的化身，所以人只有到神的境域才能和神进行交流，神社的建筑只是人与神交流的场所。中国的“神”的空间营造是模仿人的居住的形式，请神来到人的场所，而日本的“神”的空间是真实的自然，人需到有自然神存在的场所与神进行交流，所以中国的观演建筑布局有中轴线对称、坐南向北等要求，而日本神社的观演空间，采用更为自由的布局方式以接近自然和神灵。其主要原因是由于人的行为方式和宗教信仰的不同而导致的。

① （日）西和夫. 祝祭的临时舞台——神乐与能的剧场［M］. 东京：彰国社株式会社出版，1997：196.

② （日）西和夫. 祝祭的临时舞台——神乐与能的剧场［M］. 东京：彰国社株式会社出版，1997：70-80.

3.3.3.3 行为主导下的空间演化的差异性

中国观演建筑向日本传播的过程中产生了差异性，可从以下两点解释：

第一，从文化传入的时间角度理解，早熟的演艺文化先于成熟的舞台文化传入，体现出建筑文化本身发展的滞后性。能乐和神乐的产生受到中国宋元杂剧和祭祀文化的影响，而舞台的形成也受到宋元神庙舞台的影响。中国杂剧先于舞台成熟并定型，成熟的杂剧体系和祭祀文化在宋代就较早地传入日本，而此时舞台形式还未定型就逐渐地传入。日本南北朝后，本土戏曲文化的迅速发展使得它脱离了中国戏曲文化的影响而成为独立的艺术形式。当其成熟的音乐面对其舞台形式时，直接从宋元舞台形式上演化，创造出适合能剧演出的舞台形式，体现出不同于中国文化的本土文化的特征（表3-14）。

第二，从文化传播和接受的差异性上看，中国表演艺术传入日本后，日本保留了演艺中部分的祭祀性特征，而中国本土祭祀文化却逐渐地世俗化和娱乐化，故而产生了促使舞台发展的不同的力量，进而走上了不同的空间形式的道路。可以看出，中日两国的舞台在文化同源的背景下，因为不同的需求和发展道路形成了不同的历史导向和观演模式，最终形成了不同的戏曲文化和不同的舞台空间形式，体现出文化的统一性和多样性的特点。

日本与我国观演建筑的舞台发展轨迹　　表3-14

年代	宋元时期（日本室町时期）	明清（日本江户时期）	清末民国（日本明治以后）
中国观演建筑形式	寺庙拜殿、拜亭、舞亭、戏台	会馆戏台、祠堂戏台	室内戏台（戏曲）
日本观演建筑形式	日本寺庙拜殿、舞殿	能乐、神乐、净琉璃舞台	室内舞台（歌舞伎）
日本文化特征	文化模仿期	文化自生期	文化传播期

从上可以看出，中日两国祭祀型观演场所有很大差异，其主要是受到两国不同的宗教信仰、人的行为方式、审美观念等的影响，而人的行为方式和审美观念的不同又都是源于中日两国不同的宗教信仰和文化观念。这恰巧说明行为是由意识决定，而空间是由意识和行为方式决定的。

3.4 本章小结

本章主要通过对中日祭祀型观演场所案例以及祭祀行为与观演场所关系的研究，分析中日祭祀型观演建筑的同源性和差异性，进而从文化和祭祀行为的异同上来解释中国山门戏台和日本的斜向舞台产生的原因。

本章第一节，笔者分别对中国的神庙戏场、祠堂戏场、会馆戏场进行研究，中国的戏台经历了先从献殿到舞亭，再从舞亭到独立戏台，最后从独立戏台到山门戏台一系列的演变过程，日本神社观演空间有神乐、能乐、净琉璃的观演空间，而日本的舞台经历了先从拜殿到舞殿，再从舞殿到联体舞台，最后从联体舞台到独立舞台一系列的演变过程，其演变最主要的动因，就是戏剧的演化，也就是行为方式的变化促使了舞台空间的演化。

本章第二节，首先分别从中日祭祀型观演场所中不同的“观”与“演”的行为入手，对比中日观演行为，其最大的不同就是中日祭祀行为及祭祀对象的不同，进而造成祭祀场所空间布局的不同。此外，笔者将祭祀型观演场所的空间分为神的空间、观的空间、演的空间三部分，中国祭祀型观演场所中这三种空间从南向北沿中轴线依次分布，其观赏近似于一个中轴线的视轴。而日本祭祀型观演场所中，三种空间没有明显的南北向和轴线关系，而是形成了三角轴线关系，神的空间和演的空间同时处于观者空间的对面。从中日的祭祀型观演场所的空间演化可以看出，从中国唐代到宋代，日本祭祀型观演建筑的空间关系和中国的都很相似，都是以庭院露台为主，但宋代后，当露台进一步演化为有顶的固定舞台时，由于其演出形式发生了巨大的变化，观演空间也随之变化，日本的舞台与其他的建筑体脱离成为独立的形式，而中国的戏台则从独立的建筑体走向与山门的合并，可以说，宗教文化和祭祀观演行为的不同是影响中日观演建筑空间关系及空间演化最主要的原因。此外，中日两国祭祀型观演场所的空间秩序不同，中国传统戏台的布局方式遵循着中轴对称、北向等特点，而日本传统舞台遵循平行轴线、非对称、非北向等布局特点，其主要原因还是由于人的行为方式和宗教信仰的不同而导致的。

本章第三节，研究中日祭祀型观演空间的同源性和差异性的原因，并证明祭祀行为的演变是推动观演空间演化的主要因素。从行为影响上看，中国的表演者是造作的人，作为人的代言人向神献礼，日本的表演者是造作的神，作为神的代言人向人传达旨意，所以表演者的舞台，一个位于神庙的对面，而一个位于神社一侧。又由于观看者的习惯的不同，中国人大多站着观看而日本人席地坐着观看，导致舞台高度的不同，进而影响了中国的山门戏台与日本的斜向舞台的形成。此外，从文化传播上看，宋代的娱乐性的勾栏和祭祀型的神庙戏台在传入日本后，形成了娱乐型的观能场和祭祀型的神社舞台，其两者虽相互影响、相互借鉴，但始终没有合二为一，都有着各自的发展轨迹，故演化出了不同的形式，又由于当时宽松的政治管理体制和宗教观念，所以舞台呈现出多样化的形态。而宋代以后，中国娱乐型的戏曲表演形式，屡遭官府的禁止，最后导致勾栏的消失，演出必须借助神庙的祭祀活动存在，在严格的宗教观念和森严的政治体制的约束下，使得全国各地的戏场的布局得以同一化。

总之，从中日两国祭祀型观演建筑的文化起源、舞台空间及建筑名称上看，中日祭祀型观演场所和戏剧的发展一样，都是同源性的文化。而从中日两国观演空间演化过程，空间中的主体及空间布局上看，又存在很大的差异性，属于不同的地域的不同文化。可以说，两国传统观演建筑的同源性体现在前期的传播过程，而差异性体现在后期的演化过程。

第4章

娱乐与私宅、勾栏、戏园观演空间

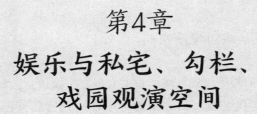

4.1 娱乐型观演场所案例及空间原型

娱乐型观演场所是由娱乐的需求而产生的观演场所，其与祭祀型观演空间的主要区别就是空间中没有“神性空间”的存在。中国历史上出现的娱乐型观演场所主要包括：私宅、勾栏、戏园三种。日本的娱乐型观演场所略有不同，主要包括府邸能乐场、田乐能场、歌舞伎场三种类型。本章主要通过对中日娱乐型观演场所案例以及娱乐行为与观演场所关系的研究，分析中日观演建筑的同源性和差异性，进而推断宋元勾栏的空间形态。

4.1.1 私宅、勾栏、戏园观演空间

中国历史上出现的娱乐型观演场所种类繁多，主要包括：私宅、勾栏、戏园三种。从出现的年代上看，私宅中的舞乐在周代宫廷就已经开始了；汉代，私家宅院中的观演活动就更为普遍了；唐代，梨园和乐坊开始兴盛（图4-1）；至宋代，市井中出现了勾栏，同时神庙戏场也开始兴盛，而勾栏中上演的是百戏，将唱念打等融合在一起，才形成了戏曲。可以说勾栏是戏曲的摇篮，勾栏与神庙戏场相辅相成作为主要演艺场所的局面一直持续到元末。明初，勾栏衰败以后，酒楼戏场开始兴盛，不过酒楼、茶肆并不具备真正意义的戏场的性质。直到清代中期之后，茶园戏场衔接了酒楼戏场，并演化出室内观演空间——戏园，才标志着观演场所最后形式的完成，这也是中国传统戏曲舞台发展的最鼎盛的时期。

图4-1　唐代歌舞表演的舞台（甘肃省敦煌莫高窟第220窟壁画）
崔乐泉,《图说中国古代百戏杂技》世界图书出版西安公司，2007年2月第一版，第93页

4.1.1.1 私宅观演空间

中国古代官僚、富商、文人名士盛行在住宅内营建观演空间及小型舞台，这既是为了炫耀主人的财力和实力，也是一种文化品位的象征。私宅观演场所又包括私家厅堂、宅院戏场、皇家戏场等，下文以实例说明其特征。

1. 私家厅堂观演空间

早在汉代，在戏台没有正式出现前，传统的厅堂观演空间已经出现了，私宅演出，多在厅堂中进行，房屋的中间作为演员演出的舞台，摆上地毯作为场地，周围有桌席，女眷看戏处用帘子分开，外一面则为乐队伴奏和演员化妆、候场之处。这些演出场所并非专门的戏场，而是择宽敞的厅堂临时用作演出场所。当厅堂用于宴乐的表演区时，屏风则用于区分前后台，净化表演场地。按传统观念，左为“上”，右为“下”区分。清代以后，随着建筑技术的进步，戏台被搬进室内，建成室内厅堂观演建筑，最有名的当属北京恭王府的大戏楼。

恭王府坐落于北京市中心的什刹海柳荫街，约建于1777年，曾为清乾隆时大学士和珅私宅（表4-1）。戏楼即在恭王府的花园内，采用室内厅堂式，建筑面积685平方米，为门厅、戏台（包括后台）、观众席、观戏阁等几部分。戏台位于厅堂南侧，坐南向北，以隔断对前后台进行空间分隔。戏台台基高0.5米，宽7.92米，台口二柱，四周有栏杆。观众席宽16.15米，深17.2米。[①]

2. 私家宅院观演空间

虽然私家厅堂观演空间出现较早，但早期的私家宅院观演空间中是没有戏台的，明代后，私家宅院逐渐效仿神庙戏台的方式，在庭院中修建戏台。其中较为有名的是山西太谷县孔祥熙宅院戏场。

山西太谷县孔祥熙宅院戏场，始建于清乾隆年间（1736年～1795年），宅主孔祥熙（1880～1967年），曾任民国时期南京国民政府行政院长兼财政部长。整个宅院由正院、书房院、厨房院、戏台院、墨庄院、西偏院和东花园等组成。戏台坐南向北，台基高0.35米，平面呈凸字形；前台单开间4.30米，单进深5.00米；后台三开间9.8米，单进深3.4米。前台单檐歇山顶，后台硬山顶，前后勾连。和戏台正对的是正房三间，庭院两侧各有厢房五间，是家人观戏之处，每逢庆寿、婚嫁等大事，就演戏庆祝[②]。

---

① 薛林平. 中国传统剧场建筑［M］. 北京：中国建筑工业出版社，2009：356.

② 薛林平. 中国传统剧场建筑［M］. 北京：中国建筑工业出版社，2009：351.

北京恭王府室内戏场① 表4-1

北京恭王府室内戏场总平面	北京恭王府室内戏场平面

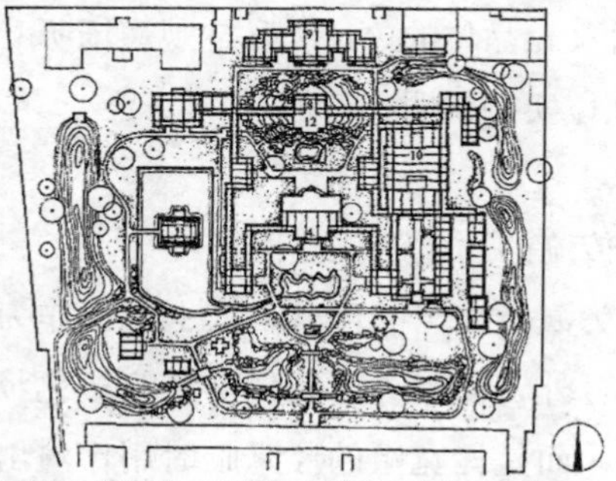

1. 园门 2. 曲径通幽 3. 飞来石 4. 安善堂 5. 蝠河 6. 榆关 7.沁秋亭 8. 绿天小隐 9. 蝠厅 10. 大戏楼 11.观鱼台 12. 邀月台

北京恭王府剧场内景

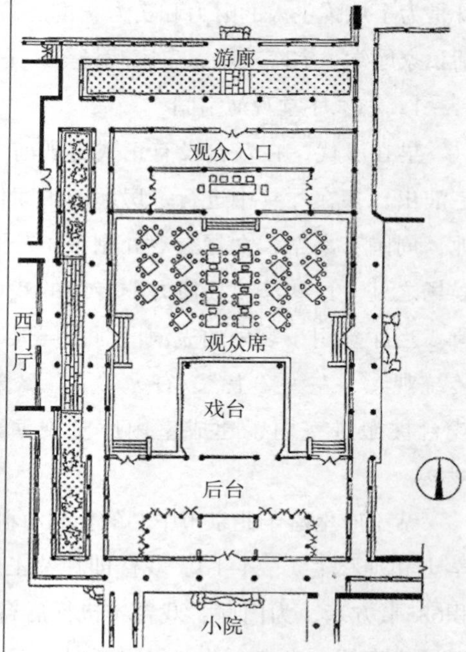

此外，比较有名的宅院戏场还有：建于清代道光年间的泸县方洞镇石牌坊村屈氏庄园戏场，建于清末的四川大邑刘文彩庄园戏台（图4–2）。

3. 皇家戏场观演空间

元明清时期，戏台的形式也走入宫廷内院，但其规模和尺度远大于民间的戏台。并且出现了多层

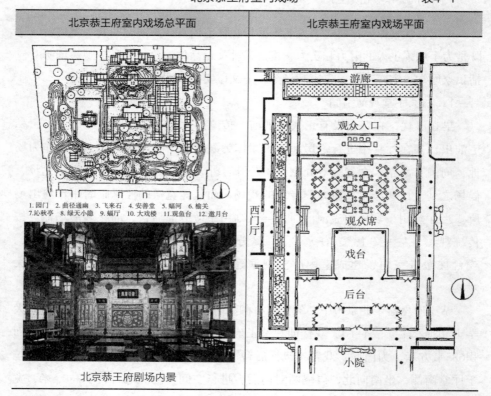

图4–2 大邑刘文彩庄园戏台（笔者拍摄）

① 薛林平. 中国传统剧场建筑［M］. 北京：中国建筑工业出版社，2009：365.

的戏台，如北京德和园三层大戏台，戏台宽17米，进深16米，柱径0.58米。中层戏台宽12米，周围廊深2.29米，柱径0.45米，第三层戏台宽10.18米。这是慈禧太后听戏的地方。德和园三层大戏台分福、禄、寿三层，一层为“寿台”，近后台有“仙楼”，二层“禄台”、三层“福台”，各层的表演区面积也逐层递减，一层，二层和三层之间，均设有“天井”。天井处设有轱辘、铁滑轮，供特殊演出时升降演员和砌末之用。福台和禄台用处不大，只在一些神怪戏中才用。顶板上有七个“天井”，地板中还有“地井”。舞台底部有水井和五个方池。演神鬼戏时，可从“天”而降，也可从“地”而出，还可引水上台。戏台对面为颐乐殿，又称看戏殿，前后出廊，面宽七间，是帝后看戏之处。东西两间看戏廊，是专供王公大臣、公主福晋们看戏之处（表4–2）。

北京德和园三层大戏台　　表4–2

北京德和园三层大戏台

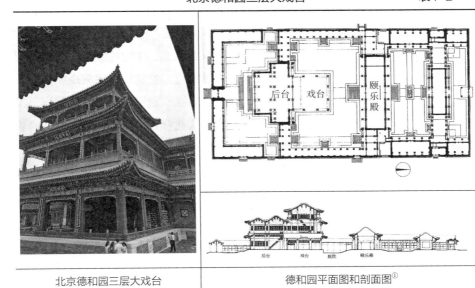

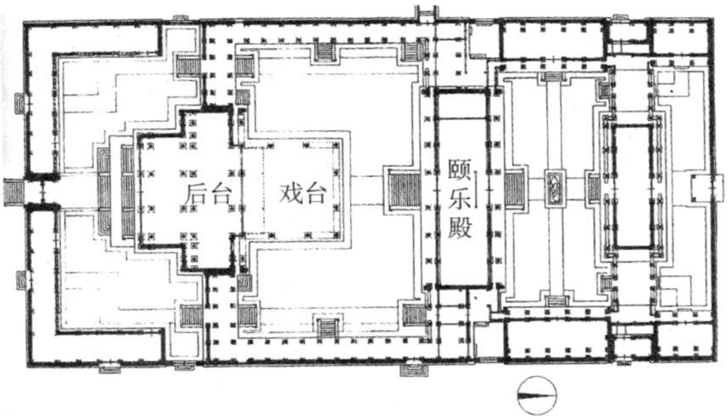

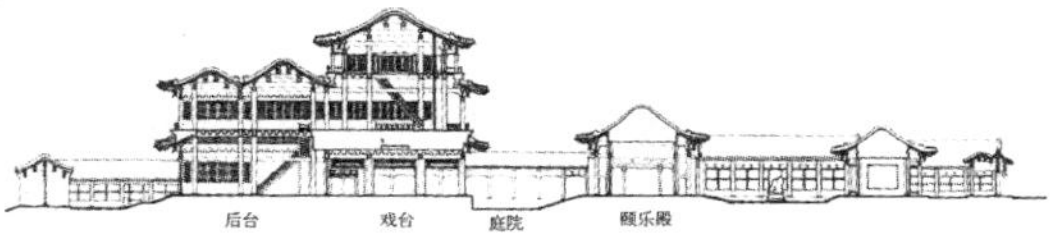

德和园平面图和剖面图①

4.1.1.2　勾栏观演空间

宋代张端义《贵耳集》云：“临安主御街，士大夫必游之地，天下术士皆聚焉。”孟元老《东京梦华录·卷五》说汴京勾栏里，“不以风雨寒暑，诸棚看人，日日如是”②。遗憾的是，至今尚未发现勾栏的形象文物，只能通过一些文献记

① 薛林平.中国传统剧场建筑［M］. 北京：中国建筑工业出版社，2009：439.
② （宋）孟元老. 东京梦华录［M］. 济南：山东友谊出版社，2001：19.

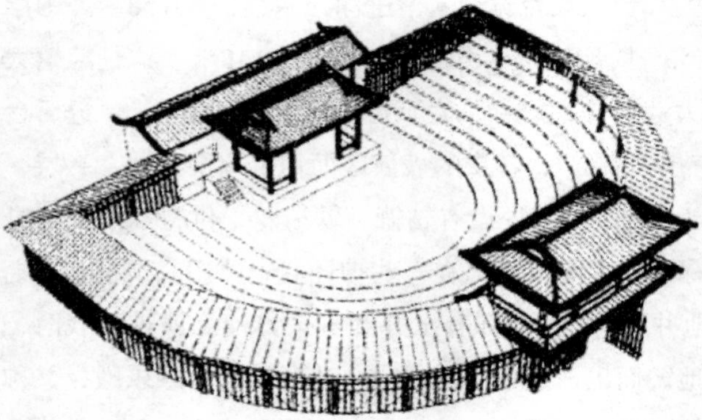

图4-3　宋代勾栏复原图
廖奔，《中国古代剧场史》，中州古籍出版社，1997年第一版

载，分析勾栏的空间形态。

鉴于宋代无史料可资参考，我们借助金元明的史料加以参考分析。我国此方面最权威的学者廖奔从金末元初的散曲《庄家不识勾栏》和元初的杂剧《蓝采和》中对勾栏做出大概推论，对宋代勾栏的设想有以下几点：①勾栏棚有一个门，锁了就无法出去。②观众席分为神楼和腰棚，并设座位，且勾栏内只有座席没有站位。③勾栏的整体构造呈圆形。④勾栏由戏台、腰棚、神楼组成。据此推测，神楼是居中正对戏台而位置比较高的看台。腰棚是从戏台开始向后面逐渐升高的看台，它对戏台形成三面环绕之势，并与神楼相接（图4-3）。

笔者认同廖奔的部分看法，但对其空间形态，观众席的设置，及舞台和后台的连接方式有不同的看法和探讨的必要，关于这一点在第三节将着重讲述。

4.1.1.3　戏园观演空间

戏园最初的经营形式为酒馆，即一边卖酒馔，一边演戏。由于茶园中没有酒桌上的喧闹声，大约从清乾隆年间开始，酒楼戏园逐渐被茶园剧场所代替。清中叶以后，随着四大徽班进京和京剧的形成与发展，人们不以品茗为主，而是以听戏为主了，茶园也随之改称戏园子。清代末期，会馆中仿照戏园子的格局建起了会馆戏楼。由于其空间布局及形式上的相仿性，且至今留有大量的实物，笔者就以此类戏园作为实例进行研究。北京较为有名的会馆戏园有北京湖广会馆戏园、安徽会馆戏园、正乙祠戏园等（表4-3、表4-4）。此外，上海也在同治光绪年间陆续建设了十数家茶园剧场[①]。

① 廖奔. 中国古代剧场史［M］. 郑州：中州古籍出版社，1997：90-91.

北京正乙祠戏园照片及平面图[①]　　表4-3

<table>
<tr><th>北京正乙祠戏园</th><th>北京正乙祠戏园平面</th></tr>
<tr><td>
正乙祠戏楼建于清康熙二十七年（1688年），是我国最早最完整的木质结构戏楼，位于北京前门外西河沿，是浙江商人建的银号会馆戏楼。</td><td>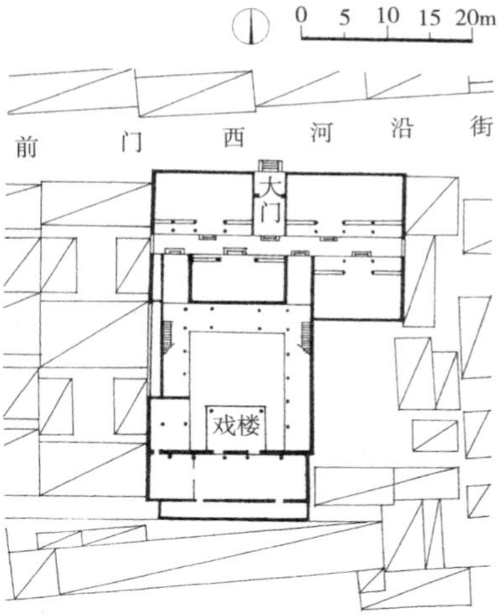
</td></tr>
</table>

中国传统娱乐型观演建筑数据总汇[②]　　表4-4

私宅观演场所——宅院戏场				
序号	名称	戏台面阔（米）	戏台进深（米）	戏场数据
1	天津杨柳青镇石家大院戏场	戏台面积20平方米	长33.3，宽12.3	
2	山西太谷县北洸村曹家大院戏场	3.13	2.44	
3	山西太谷县孔家大院戏场	4.3	5	
4	安徽歙县郑村乡堨田村吴宅戏场	11	4.5	
5	江苏无锡薛福成私宅戏场	4.5	7.8	
6	江苏扬州何园戏场	6.5	6.5	

① 薛林平．中国传统剧场建筑［M］．北京：中国建筑工业出版社，2009：373.

② 卢奇．戏场的前世今生——对传统戏曲观演空间的探析［D］．南京：东南大学硕士论文，2010：25-29.

续表

私宅观演场所——皇家戏场				
序号	名称	戏台面阔（米）	戏台进深（米）	戏场数据
1	北京故宫宁寿宫畅音阁戏场	14（下层戏台）	14（下层戏台）	
2	北京颐和园德和园戏场	17（下层戏台）	16（下层戏台）	面阔52米，进深32米，面积1664平方米
3		12（中层戏台）	12.9（中层戏台）	/
4		10.18（上层戏台）	/	/
5	北京圆明园同乐园戏场	14.5（下层戏台）	14.5（下层戏台）	/
6	北京故宫漱芳斋戏场	12（下层戏台）	12（下层戏台）	/
7	北京颐和园听鹂馆戏场	12（下层戏台）	12（下层戏台）	/
8	北京南府戏场（下层戏台）	12.1	10.7（下层戏台）	/
9	北京故宫倦勤斋室内戏场	3.4	3.4	/
10	北京重华宫漱芳斋风雅存室内戏场	3.9	3.56	/
11	承德热河行宫清音阁大戏台	16.9（下层戏台）	14.8（下层戏台）	/
12	沈阳故宫嘉荫堂戏台	6	7	/

私宅观演场所——室内戏场				
序号	名称	戏台面阔（米）	戏台进深（米）	戏场数据
1	北京恭亲王府戏场	7.92	7.1	建筑面积685平方米
2	苏州忠王府戏场	7.92	7.10	450平方米

清代戏园——室内戏场				
序号	名称	戏台面阔（米）	戏台进深（米）	戏场数据
1	北京庆乐园	5.5	5.5	/
2	北京同乐轩	5	5	/
3	北京平阳会馆戏场	7.55	6.10	/
4	北京正乙祠会馆戏场	6	6	/
5	北京湖广会馆戏场	7.08	6.38	/
6	北京安徽会馆戏场	6	6	/

北京正乙祠戏园（表4–3），位于前门外，是浙江商人修建的银号会馆戏楼，又称银号会馆或浙江会馆，于清康熙六年（1667年）由浙江绍兴银号商人集资创建，后经多次修葺，康熙五十一年（1712年）修，有《正乙祠碑记》，正乙祠坐南朝北，临街有九间倒座北房，当中一间为入口，倒座南面为东西向的狭长院落，院内西部为正房五间，当中三间为厅堂，西次梢间为剧场入门。戏台位于南面，观众席分两层，三面环楼，中为池座。观众席和戏台都位于一个罩棚之下。罩棚用悬山顶，进深较大，戏台为伸出式戏台，面阔6.4米，进深5.4米，面积46平方米，台面高0.95米，台口高3.5米。后台戏房面阔20米，进深4.8米，面积96平方米。观众席面阔18.6米，（其中看楼深2.7米，池座13.2米），进深13.3米，（其中看楼深3.1米，池座10.2米），一层面积为311平方米，二层面积为92平方米①。

19世纪至20世纪，由于清政府的保守统治和持续的战乱，中国传统观演建筑的发展就此停止，戏园可以说是中国戏曲观演空间的最后形态。

4.1.2　日本观能场、能乐场、歌舞伎场观演空间

日本历史上先后出现过观能场、府邸能乐场、歌舞伎场等多种表演场所。从各类建筑出现的年代上看，日本室町初期，随着猿乐和田乐的兴盛，观能场非常流行；至室町中期，能乐成熟，随后在将军府邸出现了专门的能乐场；到江户时期的歌舞伎又借鉴能乐舞台而最终发展为歌舞伎场。本节就从观能场—府邸能乐场—歌舞伎场依次展开说明。

4.1.2.1　日本猿乐能场

宋元时期的日本处于镰仓时期和室町时期，由于北宋、南宋时期中日交往很频繁，中国的戏剧与勾栏瓦舍传入日本，对日本的田乐能、猿乐能产生很大的影响。日本田乐开始是以农村作为基础，增加曲艺的艺术要素，如加入笛、鼓、板拍等管弦乐和打击乐，以及投刀、格斗竞技等曲艺表演，创造了“猿乐能”“田乐能”（猿乐的一种）。由于猿乐、田乐等平行的诸多舞乐的交错的关系，观演场所的样式也体现出多元性。

① 薛林平．中国传统剧场建筑［M］．北京：中国建筑工业出版社，2009：372．

案例一：京都四条河原大劝进田乐能场。日本一部古典文学《太平记》中记录了室町初期贞和五年（1349年）统治者足利尊氏让当时最有名的剧团本座和新座在京都四条河原联合举行劝进田乐表演，当时共搭了上下249间看台，据日本学者竹内芳太郎在《日本剧场图史》中记载其田乐能场的布局如表4-5（左图）所示，室町初期的贞和五年的田乐能场，舞台的东西乐屋对立而设，并以两座挂桥连接。

案例二：京都宝生大夫劝进能场。从表4-5（右图）所示，整个能场近似一个八边形，双层，挂桥与舞台右侧斜向伸出，右下角处为观演场所的出入口，可见三个出入口，其中最左边的两个都称为鼠木户（后歌舞伎沿用这种空间方式），右边一个单独为贵族出入，鼠木户左侧有方便观看时的小吃零食的买卖场所。右下角还有“望楼”架设在入口的高处，规模如同一间小屋，也是迎送神的场所，还装饰有带羽毛的长枪。长枪放置在望楼中，是起到一种警示作用，表达了人们期待神的来临、拒绝恶灵侵入的愿望。

日本的第一个和最后一个观能场　　表4-5

京都四条河原大劝进田乐能场[①]	京都宝生大夫劝进能场[②]
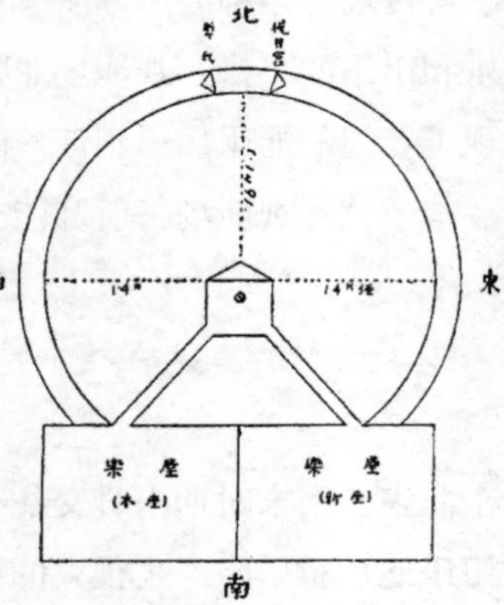	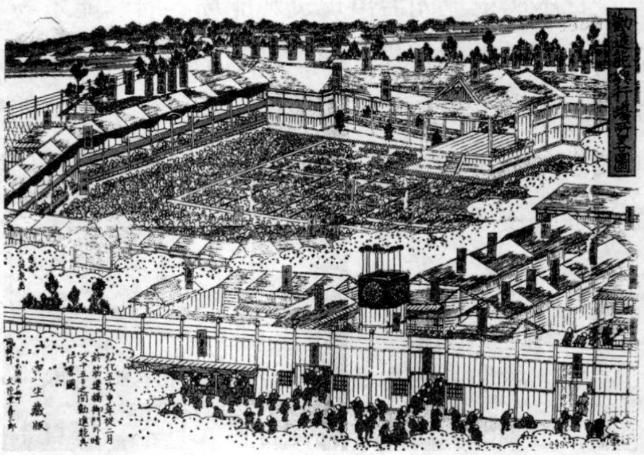
室町初期贞和五年（1349年），日本第一个观能场	江户时期弘化五年（1848年），日本最后一个观能场

① 须田敦夫．日本剧场史的研究［M］．东京：相模书房，1957：134.

② 石川县立历史博物馆编．能乐－加贺宝生的世界［M］．金泽：石川县立历史博物馆，2001：37.

4.1.2.2 日本能乐场

由于当时日本的执政者从镰仓幕府的将军北条高时到室町幕府的足利尊氏都喜爱能乐，因此给予了大力支持和保护。并将能乐舞台建到府邸中，镰仓时期，府邸大门内有“屏重门”，此门通“御会所”等主要的建筑，“御会所”是会客的地方，会所的庭院有“能”的舞台，观看能乐的房间分为几个小室，主要的观能处称为“御座间”，“御座间”中主要的座位称为“座敷”，同座的观能者称为“贵人”，御座间两侧为“座间”或“物的座敷”，建筑的外侧为“广缘”“御缘”（檐廊）。室町时期，能乐舞台借鉴了成熟时期的猿乐能场的空间布局，形成了舞台的挂桥右侧斜向伸出，主要为前方观众席和左方观众席表演的格局。下面就以室町末期将军府邸的能乐场为例进一步说明。

案例一：室町末期关东管领邸观能场。从表4-6（右图）可以看到，整个关东管领邸以围墙围合，各个建筑相互咬合或用廊道连接，使得内部空间连续不断，并采用功能分区的方式，以对面所等建筑为会客区，居于整体建筑的布局中心位置；以御座间、舞台等为观演区，位于中心的右侧（南侧）；浴室、土间（厨房）等为后勤区，位于中心的左侧（北侧）；府邸大门内有屏重门，可以直接通向观演区，御座间与广间并存，能舞台在御座正面的前庭设置，并用广间位于御座的斜对面，正对舞台的侧面设置。广间的外侧屋檐部分称为“广缘”，大概与日本历来将廊称为“缘侧”有关。其舞台与御座的南北方向意识更加的淡化，舞台位于东边，御座位于西边，广间位于北边。但挂桥从舞台的右侧斜向伸出，与镜之间连接，保持一直以来观众席“左方为尊”的观念。

案例二：室町末期的三好筑前守邸观能场。从表4-6（左图）可见：主殿与其他的建筑连在一起，能舞台在主殿的正面庭院设置，正面观看的小间设有御座（主人之座），同间中还有陪伴的人位于左右，相邻的次间是“御供众”（随从人员）看间。另一侧为御妻户（夫人）的看间，“御供众”间的另一侧是其他女眷的看间。当主人与客人都入座后，能的演出才开始，看间前有垂帘，观看时需透过垂帘观看。舞台为一间，正方形平面，挂桥从舞台后面的仕手柱处以右架式斜交的形式引出。

此外，较为有名的府邸能舞台还有日本石立川县金泯城二的能舞台，该时期寺庙中也开始仿照府邸能乐舞台，在书院对面设置能舞台，如本派本愿寺的催能场。

日本室町末期的两个领邸能乐场[1] 表4-6

	室町末期永禄四年三好筑前守邸的观能场	室町末期关东管领邸观能场
日本的猿乐能场推测图	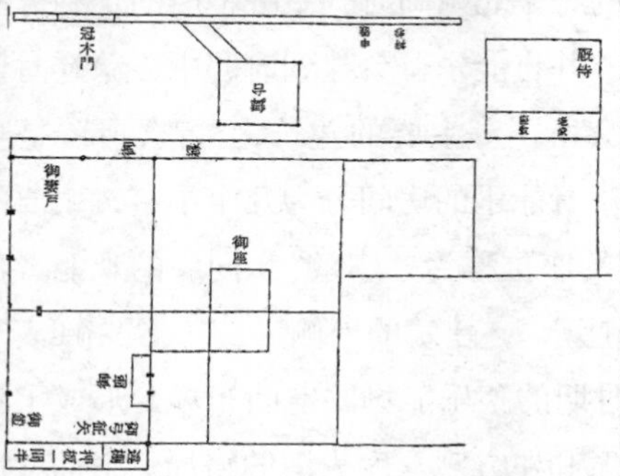	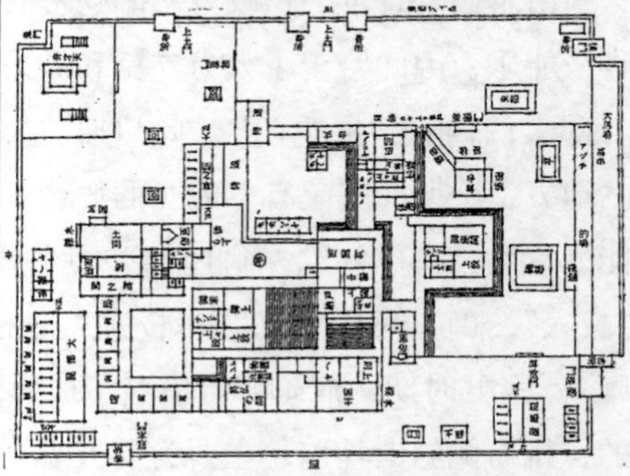

4.1.2.3 日本歌舞伎场

日本歌舞伎场的发展是对能乐舞台的利用和改造。主要发生在17世纪的江户时期。其发展伊始，场所是临时性的，它脱离庙宇，随处搭台，后来又开始模仿能剧舞台，采用封闭的空间进行演出。

日本有名的歌舞伎场有香川县金昆罗的大芝居，京都南座戏院等（图4–4）。京都南座戏院，建于17世纪初，至今仍然举行日本古老的歌舞伎表演。京都四条南座乃是阿国歌舞伎发祥地，因江户时期京都四条设有歌舞伎剧戏棚，南座戏院便是戏棚发展而成的剧院。2008年3月6日～25日，坂东玉三与中国江苏省苏州昆剧院合作的中日版昆曲《牡丹亭》及歌舞伎《杨贵妃》在京都南座公演20场。

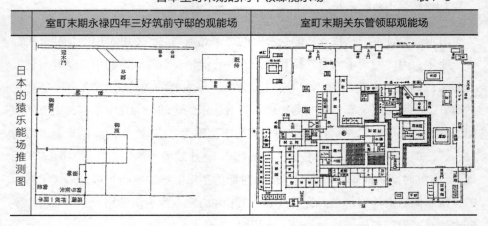

图4–4 明治22年京都南座歌舞伎
服部幸雄，《图绘歌舞伎的历史》，株式会社平凡社，2008年十月第一版，第181页

此外，还有香川县金昆罗的大芝居（表4–7），其位于香川县仲多杜郡琴平町，创建于1835年（天保六年），改建于日本大正十三年（1924年），是日本江户时期末期最古老的都市剧场的遗迹。该剧场保留了大量日本传统的文化，体现在以下几点：首先，在舞台方面，配有旋转舞台、舞台升降装置、吊景装置、舞台通往口等；其次，在构造方面，有净琉璃床位于左

① 须田敦夫．日本剧场史的研究［M］．东京：相模书房，1957：182-187.

日本香川县金昆罗的大芝居　表4-7

入口全景

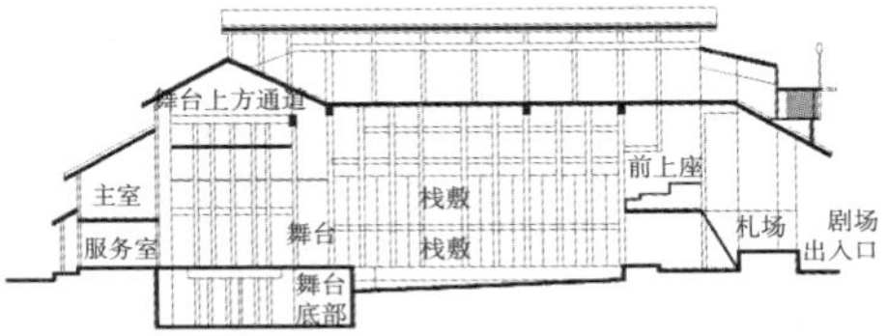

香川县金昆罗的大芝居剖面图

空间全景

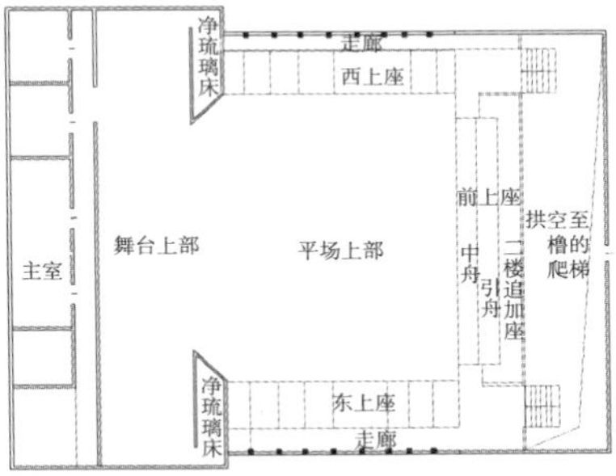

香川县金昆罗的大芝居二层平面

舞台顶部的通道

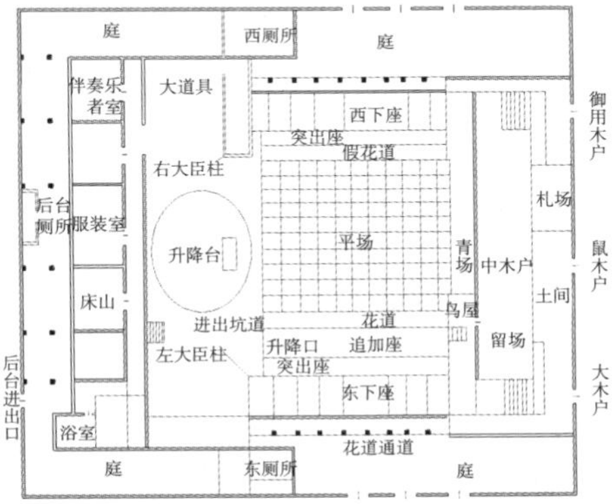

香川县金昆罗的大芝居一层平面

上栈敷

鼠木户

金昆罗的大芝居平面与剖面

右，可以相互关联，有本花道（通往舞台）与假花道（临时通往舞台），本花道之七三位置上设有升降口，连接两花道之通道、鸟屋（上场等候）等，而且还可以使用向栈敷（前上座）的引舟进行多样性的演出。再次，在观众席方面，由平场追加、青场、向栈敷的追加等不同等级的坐席构成。从大众席至引舟、平场、上下栈敷之上座为止，有许多台阶存在，被认为已经退化的罗汉台也位于舞台内，这么多种的观众席，反映出江户时期的阶级制度，平场包厢席拆卸之后，变为朝向横方向座席合一的方式，后台部分为双层建筑，在舞台内侧设置后台进出口，下栈敷（下座）内具有从后台通往鸟屋的通道。

4.1.3 中日娱乐型观演场所的空间营造

娱乐型观演场所不同于祭祀型观演场所，它是以人的观演娱乐为目的而设置的观演空间，同时又是多种功能结合的复合性空间，它与神庙观演空间的本质区别是神的观演空间的存在与否。

4.1.3.1 中国娱乐型观演场所的空间营造

中国娱乐型观演场所中的私家戏场很大程度上都是在模仿神庙戏场，而勾栏观演场所早已失传，这里不再说明。戏园观演场所的空间可以分为两部分：演出空间、观看空间，下面分别说明。

1. 戏园演出空间营造

演出空间主要空间元素有戏台与后台。戏园室内平面呈方形或长方形，一侧为表演空间（戏台），三面环绕二层楼座，中间为池座，四角设楼梯。清代包世臣于嘉庆十四年（1809年）到北京，经常在茶园里看戏，在《都剧赋序》里描述了戏园的空间形式："其地度中建台，主地名池，对台为厅，三面皆环以楼。"戏台位于戏园内的一侧，其平面一般为方形，伸向观众大厅，可以三面围观（图4–5）。由于中国露天戏场中，戏台一般坐南向北，清代戏园内的戏台大概受其影响，也多采用坐南朝北的形式。台基

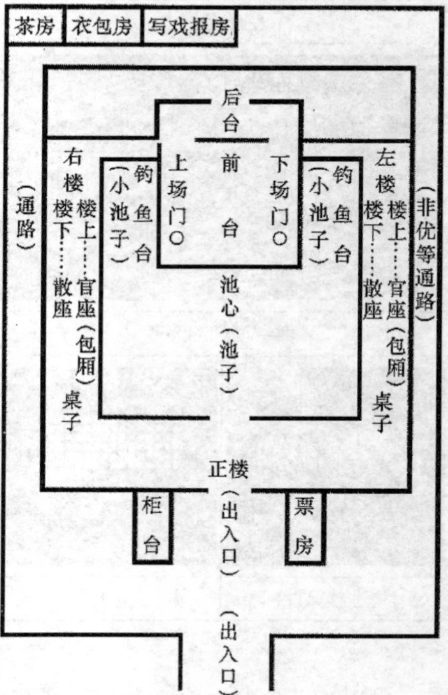

图4–5　清末戏园平面布局图
（日）青木正儿《中国近世戏曲史》，上海文艺联合出版社，1956年，第513页

一般高约0.9～1米，台沿有高约0.6米左右的栏杆，戏台后面为隔扇，用以分隔前后台。隔扇两侧开有上下场门，用以联系前后台。上、下场门有绣帘，也称为“台帘”。台上一般有一桌二椅，桌内为内场。台下观众坐于长桌旁，侧身看戏，桌上放茶具。后台主要用于供戏班放置戏箱、砌末、把子、服装等，也是演员化妆和临时的休息空间。

2．戏园观看空间营造

戏园观看空间营造可以从入口空间、观众席，及场内的环境布置几方面说明。

首先，戏园的入口空间，往往临街设置，入口悬挂招牌，戏园招牌皆日“茶楼”。戏园外面一般设置有院落，作为缓冲空间，又可以安置观众所乘坐的车马。嘉庆十八年（1813年）《都门竹枝词》云：“轴子刚开便套车，车中装得几枝花。”[①]可见不少观众是坐车来的，需要专门安置。另外，戏园入口处一般是一条狭巷。观众进入戏园，需要通过这条狭巷。这应该很好理解，戏园一段位于繁华之处，寸土寸金。因此，为了节省临街的地面，就从主要街道退后，然后通过一条狭巷连向主街。

其次，观众席分为池座和楼座，在戏园中最高等级的座位为官座，为二楼的楼座，比官座次一等的座位为“散座”[②]，设在楼下两边的楼廊内，一般设有桌子，客人围桌而坐。散座后面靠墙的地方还有高座。比散座再次一等、也是茶园里最普通的座位为“池座”，设在大厅中间，戏台与周围楼廊环绕的空场中。其间摆有许多条桌，供平民百姓围坐看戏用。池座不按桌子计价，因为不设包桌，而只按照人头收费。由于戏台是伸出式的，在戏台两侧还有一定的空地，称作“钓鱼台”，里面也设有池座条桌，但是靠近上场门的地方由于过分喧闹，人们都不愿意坐，是茶园里最次的座位。

再次，戏园里的照明通常采用悬挂灯笼的办法解决。由于茶园内部形成一个封闭的空间，不受天气影响，点灯照明十分方便，所以普遍靠燃烧油灯或蜡烛生光，为了照顾到演出效果，尤其在戏台周围集中悬挂。后来，一些茶园上部开始安装玻璃窗户，用以引进自然光，这是从建筑设计上对于光线的安排。随着建筑技术的发展，窗户越装越多，剧场内部也就越来越亮堂，辅以灯光，就能更清晰地看到戏台上的演出了（表4–8）。

最后，上座一千人是茶园可以容纳的人数的高额。如清·杨懋建《梦华琐

① 张次溪．清代燕都梨园史料［M］．北京：中国戏曲出版社，1988：1173.

② 张次溪．清代燕都梨园史料［M］．北京：中国戏曲出版社，1988：249.

簿》说道光初年集芳班演昆曲，“先期遍张贴子，告都人士。都人士亦莫不延颈翘首，争先听睹为快。登场之日，座上客常以千计。”可看出昆曲演出时观看的人数“常以千计”。又如：清·沈太倅《宣南零梦录》曰：“谭伶为中和园台柱，丙午秋冬间常不登台，以致顾曲者日少，每日有上二三百座之时。十一月初一后，谭伶忽然振刷精神，除传差及堂会外，无日不演，自是座为之满。”从中可知，上座二三百人是戏园演出的凋敝时期，而1000人则是其上限①。

中国清末保留的戏园建筑　　表4-8

广东会馆戏楼，建于光绪年间（1875~1908年），坐落在天津南开区鼓楼南大街。戏楼坐南朝北，舞台伸出式，三面敞开，深10米，宽11米	正乙祠戏楼建于清康熙二十七年（1688年），是我国最早最完整的木质结构戏楼，位于北京前门外西河沿，是浙江商人建的银号会馆戏楼	安徽会馆戏楼，清同治八年（1869年），由李鸿章倡议购得孙公园住宅一座改建而成的。馆内戏楼形制与湖广会馆大致相同，只是规模略小
		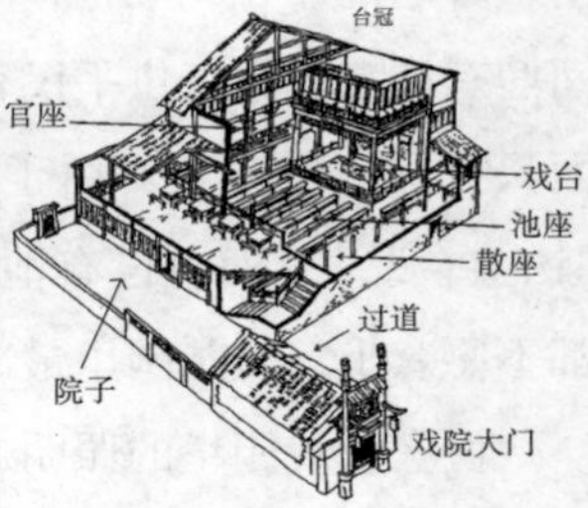
平阳会馆（1802年）位于北京前门外迤东小江胡同，戏楼在会馆的南面，坐西面东。舞台为正方形上下两层，下层舞台面积为50平方米，台基高0.6米。舞台为伸出式，戏楼前三面各有双层看楼	湖广会馆戏楼是北京现存四个会馆戏楼之一。戏楼面阔五间、当心间即为舞台，柱间宽度为5.68米、进深七间；二层东、西、北三面为楼座，南面为舞台；现在戏楼恢复演出功能，以演出京剧经典剧目为主	中国戏园空间布局示意图②

① 薛林平. 中国传统剧场建筑［M］. 北京：中国建筑工业出版社，2009：367.

② 薛林平. 中国传统剧场建筑［M］. 北京：中国建筑工业出版社，2009：351.

4.1.3.2 日本娱乐型观演场所的空间营造

日本娱乐型观演场所中的猿乐能场和能乐场，本章第三节将与宋元勾栏对比讲述其特点，这里不再说明。这里主要对比说明中国戏园与日本歌舞伎空间的异同。日本歌舞伎观演场所的空间经过了三百多年的发展，在其演化过程中保留了大量的传统文化，并形成了其独特的观演空间。其空间也可以分为演出空间、观看空间两部分，下面就从日本江户时期的屏风画《江户名所图》《四条河原游乐图》《阿国歌舞伎图》三幅图来描述歌舞伎观演空间的特点（表4–9）。

日本江户时期屏风画中歌舞伎演出的场景　　表4–9

阿国歌舞伎图屏风，京都国立博物馆藏①	
	舞台模仿能乐舞台的形式和屋顶，通过挂桥与乐屋连接，舞台后座部分坐着乐器伴奏的人，前面是表演区，观众席分为就地平坐的场子和升起的多个小包厢，包厢位于平坐的后面，平坐处的观众随意盘腿就坐在座敷上，一边观看，一边聊天，舞台左右两侧的观众可以对视
四条河原游乐图屏风，元和一宽永初顷，静嘉堂文库美术馆藏②	
	歌舞伎表演场所用竹篱笆、幕布等围起来，望楼就架设在入口的高处，规模如同一间小屋，内有太鼓和鼓手，往往还装饰有带羽毛的长枪。长枪放置在望楼中，是起到一种警示作用，以阻挡恶灵的入侵。所以说，“櫓”是神降临时的目标，也是迎送神的场所。表达了人们期待神的来临，拒绝恶灵侵入的愿望

① 田口章子．元禄上方歌舞伎——初代坂田藤十郎的舞台［M］．东京：勉诚株式会社，2009：4.
② 服部幸雄．图绘歌舞伎的历史［M］．东京：株式会社平凡社，2008：18.

续表

江户名所图屏风，笔者不明，宽永顷，出光美术馆藏①	
	德川家康时代（1623~1651年）江户城的状况。屏风共八面，在朝向右侧的屏风中，描述了宽永寺和上野东照宫、不忍池；浅草寺和神田明神的祭礼，以及日本桥的喧闹场景等。在左侧的屏风中，主要描绘了江户城的风景。在朝左屏风的中桥附近，是江户最早发展起来的戏剧街。图的最中央部分，右侧是歌舞伎表演，左侧是净琉璃的表演场景。演出场地外侧是舞蹈等技能的练习，表演杂技的场所

1. 歌舞伎场演出空间营造

歌舞伎的演出空间的主要空间元素有舞台、后台与挂桥，舞台方面，有旋转舞台、舞台升降装置、吊景装置等。特殊的构造方面有本花道（通往舞台）与假花道（临时通往舞台），本花道之七三位置上设有升降口、连接两花道之通道、鸟屋（上场等候）等，而且还可以使用向栈敷（前上座）的引舟进行多样性的演出。以下从歌舞伎演出空间在其历史演化中产生的一些不同于其他剧场的特点进行阐述。

首先，由挂桥演化出的花道是歌舞伎剧场独有的。歌舞伎场的主花道面向舞台靠左，宽1.8米左右，从舞台纵向贯穿到观众席后墙的花道，不仅是演员上下场的通道，而且是极重要的表演空间。演员上、下场时，会在花道七三（从后方上场门算起为十分之七，距离舞台口十分之三的地方）处朗诵台词或做亮相动作。通过花道，演员和观众近在咫尺，可以尽情地交流。

其次，歌舞伎从净琉璃舞台袭借了转台和升降台等构造设备。日本人认为不用转台体现不出歌舞伎的妙趣，所以当年歌舞伎初次到美国等地的剧场演出时，也要千方百计做一个木头大圆盘，用人力转动的原始转台，以便演出名副其实的歌舞伎。在转台中间有大小升降台，大升降台可以升降大型布景，小升降台可以升降演员和道具，瞬间将舞台下的布景、道具运到舞台面，或将舞台面的布景、

① 田口章子. 元禄上方歌舞伎——初代坂田藤十郎的舞台［M］. 东京：勉诚株式会社出版，2009：22.

道具运到舞台下，实现突现与突失的功能效果。升降台也可高出舞台面，组成一个势态多变的舞台。

此外，歌舞伎舞台还有后来发明的众多其他特殊设备和技术，如双层翻转舞台和“房屋倒塌”技术。在双层舞台台面上，可以根据不同的戏剧情节，面向观众同时设计两个相对独立又相互联系的阁楼式的立体舞台空间。这个双层舞台具有翻转功能。双层舞台既能同时展示二层楼阁的两个独立的戏剧生活场景，又能用翻转实现换景，如可以将下层的楼阁移到二层的位置。歌舞伎舞台上还有“房屋倒塌”技术，搭在舞台上的建筑物，在观众面前，会轰然倒塌。因为这个戏接下来还要演，倒塌房屋的结构是精心设计的，倒塌时，像突然倒塌，倒塌后能很方便地重新恢复[①]。

2. 歌舞伎场观看空间营造

歌舞伎场观看空间分为入口空间、观众空间及服务空间等。

歌舞伎的入口空间主要构成要素有望楼与门，望楼又称为“橹”，望楼在歌舞伎发展早期就已经出现，其形式借鉴于能乐场，从《四条河原游乐图》来看。那时的歌舞伎表演场所一般用竹篱笆、幕布等围起来，望楼就架设在入口的高处，规模如同一间小屋，内有太鼓和鼓手，往往还装饰有带羽毛的长枪。“橹”是神降临时的目标，也是迎送神的场所。表达了人们期待神的来临，拒绝恶灵侵入的愿望。

歌舞伎入口的门又称为“鼠木户”，从《阿国歌舞伎图》可以看到，“橹”的下面有很狭窄的出入口，观众都从这个小门进入歌舞伎表演场。据日本学者南谷美保解释，由于芝居小屋（歌舞伎场）是作为异次元、特殊区间而存在的，低矮的小门能使出入的人洁净身心，祛除污秽，还能起到防止恶灵、不洁之物侵入的作用。而这种文化和入口方式，在至今遗存的金昆罗大芝居中也有保留鼠木户，为平民百姓之用，此外，还保留了“御用木户”和“大木户”，为最高统治者和达官显贵之用。

由于歌舞伎的舞台一直处于演化之中，所以观众席也随其一同演化，总的来说，日本江户时期的歌舞伎观众席空间经历了以下三个阶段：

江户早期，歌舞伎观众席空间被分为就地平坐的场子和升起的多个小包厢，包厢位于平坐的后面，平坐处的观众随意盘腿就坐在座敷上，一边观看，一边聊天，舞台左右两侧的观众可以对视。

江户中期，歌舞伎场改为室内剧场，观众席分为包间和平坐，包间分为两

① 俞健，日本的传统戏剧舞台［J］. 艺术科技，2005（2）：7.

层，观众都面向花道，花道将平坐一分为二，平座中间部分可以正视舞台，而两侧的观众面向花道，必须侧身才能观看舞台的表演。如天明八年（1776年），歌川豊春作的歌舞伎剧场情景。观众席间掺杂着五六个服务人员，他们端着小吃或服务的盘子，走在高于地坪的木板上，穿行于观众席之间，舞台保留了能乐的有顶舞台的形式，而主角通过花道入场。

江户晚期，歌舞伎场的观众席逐渐定型，观众厅被区分为许多四方的隔间（或称地面座厢），观众坐在里面的草席之上。一层观众席由平场、追加座、东西下座、突出座、青场构成。二层由东西上座、向栈敷（前上座）、二楼追加座、中舟等构成，同时，歌舞伎场中已有了完善的服务空间，如金昆罗大芝居有卫生间和独立的休息庭院，后台还有各种设备间、化妆室及浴室。

从歌舞伎观众席的设置上可以看出，中国的官位机制设置及等级制度，对中国的周边国家如朝鲜、日本都产生了深远的影响，反映在观演空间中就是观众的空间等级秩序的设置，如日本歌舞伎场中的观众席分为许多的等级，如包间、平坐、平场、追加座、突出座、青场上座、向栈敷（前上座）、中舟等的划分都代表了不同的阶层和不同的等级座位。

4.2 娱乐型观演行为与观演空间原型演化

4.2.1 娱乐型观演场所的观演行为

娱乐观演行为不同于祭祀观演行为，因为少了“神”这一主体。其行为主要包括：“演”的行为和“观”的行为，分别属于“演员”“观众”两个主体，本节就中日两国的娱乐型观演行为做对比阐述。

4.2.1.1 中国娱乐型观演场所中“观”与“演”的行为

对中国娱乐型观演场所中“观”与“演”的行为，笔者将从私宅观戏和戏园观戏两方面进行叙述，对于勾栏中的观演场景，将在下一节与日本猿乐能场的场景对比研究。

1. 私宅中的“观”与“演”的行为

早期，在厅堂中的观演行为，大多表现为自娱自乐型，如在我国河南、山西、安徽等地大量发现的“百戏楼”模型[①]。深圳大学建筑研究中心主任覃力认为：“这种被指认为乐楼的陶楼，陶楼内置伎乐俑，除了是为表现自娱自乐的享受生活之外，也明显地表现舞乐的演出场景。”明清时期，中国的贵族阶层常在内院搭建戏台，在酒席或节庆日，请戏班来家中演戏，作为家庭成员娱乐之用，开戏时，随观众的需要而进行“点戏”（折子戏），如曹雪芹的《红楼梦》第二十二回：“至二十一日，就贾母内院中搭了家常小巧戏台，定了一班新出小戏，昆弋两腔皆有。就在贾母上房排了几席家宴酒席……至上酒席时，贾母又命宝钗点。宝钗点了一出《鲁智深醉闹五台山》……宝玉听了，喜的拍膝画圈，称赏不已，又赞宝钗无书不知，林黛玉道：‘安静看戏罢，还没唱《山门》，你倒《妆疯》了。’说的湘云也笑了。于是大家看戏。”从中可以看出，观众看戏的注意力没有在演员身上，而是在观众之间的对话、说笑、吃饭等事情上（图4–6），表现出中国私家戏场的功能结合型和非专业性。

图4–6　厅堂观戏图

此外，在私宅女眷观剧的空间，需用帘子隔开。如崇祯本《金瓶梅词话》第六十三回厅堂演剧图中，演员在中间演，男性观众三面围坐，画面上侧帘子之后则是家属女眷观看。

2. 戏园中的“观”与“演”的行为

戏园是我国传统观演场所发展的最后形态。民国28年（1939年）《巴县志》记载“戏剧，旧俗皆演于各会馆或寺观，城乡间皆建万年台，官署则临时为之。时节庆会，召优伶，曰‘班子’，任人自由入场观剧。清末始设戏园，演电影戏，卖客座”，又有《新繁县志》记载：“清以来各寺庙、会馆赛神必演戏，任人观览，其后遂改设戏园，购票入座，岁不过二三次，远不如昔年之戏剧多矣”，看出，传统的演戏是不买票的，后逐渐买票。

① 周华斌，柴泽俊，车文明，等. 中国古戏剧台研究与保护［M］. 北京：中国戏剧出版社，2009：30.

图4–7　清代戏园观戏图
孙大章，中国古代建筑史—清代建筑，第五卷，中国建筑工业出版社，2000年，第26页

清代的北京戏园之内，除了观众之外，还有庞杂的人员，即茶水行、小卖行、手巾把行等谓“三行”。所谓茶水行，负责烧茶和沏茶。所谓小卖行，负责卖糖果、香烟、瓜子，由于戏园演剧持续时间较长，有些观众就在戏园内买些吃的。光绪二十二年（1896年）梨园竹枝词描述戏园内景云：“包子凉糕奶卷儿，闷炉烧饼细酥皮。端来问遍仍端去，怪底今朝客不饥。”①另外，清末时戏园里时髦“打手巾把”。由于夏天看戏时非常炎热，戏园就准备热毛巾，扔给观众，并高喊“手巾把来喽!”然后观众轮流搽脸。当然，就卫生的角度而言，是非常不好的。可见，戏园演出时，台下有热手巾满天飞，有卖东西的人晃来晃去，台上有捡场的人来去，这可谓是中国戏园的一大特色。

北京清代戏园内的演出，特别注重观众和演员的交流。观众在戏园中可以尽情而放松地欣赏，演员可以从观众真实而热烈的反应中获得激情。在戏园中，观众可以在精彩之处高呼，可以在不满意时喝倒彩。道光二十二年（1842年）杨懋建《梦华琐簿》中说：“茶话人海，杂还诸伶，登场各奏尔能，征鼓喧闻，叫好之声如万鸦竞噪矣”②观众在戏园内欣赏演出时，可以喝茶、吃零食，甚至可以吃碗面。这大概是由于中国戏园来源于酒馆、茶楼，承袭了其喧闹的特征（图4–7）。

戏园的戏台伸出，置于戏场之中，观与演的距离拉近，观众包围着戏台，台上一声喊，台下一片喝彩，台上台下打成一片，观众看戏，并不要求看到多么逼真的场景，有多么真实的感受，而是在感受那种气氛，在彼此的相互交流感情，放松和休闲。从某种意义上来说，观者是入于戏而又高于戏的，人们边看边评论戏中人物的得失，庭院将看者和戏透明分隔开，让人与戏隔而不断，戏曲就

① 张次溪．清代燕都梨园史料［M］．北京：中国戏曲出版社，1988：1177.
② 张次溪．清代燕都梨园史料［M］．北京：中国戏曲出版社，1988：348.

像人世间的生活，演绎着人们的悲欢离合，而又要求人以一种出世的心去品评它。这也是导致我国戏曲的发展走向抽象化、夸张和符号化的重要的原因之一。

4.2.1.2 日本娱乐型观演场所中“观”与“演”的行为

对于日本娱乐型观演场所中“观”与“演”的行为，笔者将从府邸能乐场观戏和歌舞伎场观戏两方面进行叙述，对于日本猿乐能场的观演场景在下一节叙述。

1. 日本歌舞伎场中的“观”与“演”

从江户时期的屏风画中，我们可以观摩到许多歌舞伎演出时的场景。

首先，表4–10中的第一幅图为江户时期歌舞伎场，该图为天明八年（1776年），歌川豊春绘制，图中歌舞伎场为室内剧场，观众席分为包间和平坐，包间分为两层，观众都面向花道，花道将平坐一分为二，平座中间部分可以正视舞台，而两侧的观众面向花道，必须侧身才能观看舞台的表演。

观众席间掺杂着五六个服务人员，他们端着小吃或服务的盘子，走在高于地坪的木板上，穿行于观众席之间，舞台保留了能乐的有顶舞台的形式，而主角通过花道入场。剧场主要通过两侧的高窗采光，用屋顶的灯光作为补充光源。

其次，表4–10中的第二幅图为《四条河原游乐图》为元和年间的歌舞伎表演场景，从图中可见歌舞伎场建于河边，四边用木栅栏围合，舞台为木质底层架空结构，台高1m左右，模仿能乐舞台歇山顶向前的形式，并通过挂桥与乐屋连接，舞台胁座部分坐着乐器伴奏的人，前面是表演区，观众席分为就地平坐的场子和升起的两排小包厢，包厢位于平坐的后面，排成整齐的一排，可以容纳一家人同坐，平坐处挤满了观众。

再次，表4–10中的第三幅图为《江户中村座芝居兴行图》，其描述的是贞享五年（1688年间）的歌舞伎舞台演出场景，从图中可以看出演出歌舞伎的舞台高约1米，借用能乐的挂桥已经消失，前方加入花道通入观众席，图上舞台后方坐的为乐队，舞台上有演员表演，其中有两个演员走在花道上，观众盘腿而坐。

从表4–10三个图来看，歌舞伎演出场所非常的明亮、华丽，茶馆伙计对客人殷勤服务。场内的观众衣饰的华丽，在打扮上费尽心思。观众与舞台浑然一体，场内气氛热闹非凡。

通过对江户时期的屏风画的分析可知，歌舞伎场中将花道和舞台伸出置于观众席之中，拉近观与演的距离，同时，通过对左右包厢的设置，使得观演空间的视点多样化和可选择性，营造一种充满活力的场景。

江户时期歌舞伎演出场景 表4-10

江户时期歌舞伎场[1]	
	该图为天明八年（1776年），歌川豊春绘制，图中歌舞伎场为室内剧场，观众席分为包间和平坐，包间分为两层，观众都面向花道，花道将平坐一分为二，平坐中中间部分可以正视舞台，而两侧的观众面向花道，必须侧身才能观看舞台的表演。 观众席间掺杂着五六个服务人员，他们端着小吃或服务的盘子，走在高于地坪的木板上，穿行于观众席之间，舞台保留了能乐的有顶舞台的形式，而主角通过花道入场。 剧场主要通过两侧的高窗采光，用屋顶的灯光作为补充光源
四条河原游乐图屏风（爱知，天桂院藏）[2]	
	《四条河原游乐图》为元和年间的歌舞伎表演场景，歌舞伎场建于河边，四边用木栅栏围合，舞台为木质底层架空结构，台高1米左右，模仿能乐舞台歇山顶向前的形式，并通过挂桥与乐屋连接，舞台胁座部分坐着乐器伴奏的人，前面是表演区，观众席分为就地平坐的场子和升起的两排小包厢，包厢位于平坐的后面排成整齐的一排，可以容纳一家人同坐，平坐处挤满了观众
江户中村座芝居兴行图六条之沙汰部分[3]	
	《江户中村座芝居兴行图》描述的是贞享五年（1688年）的歌舞伎舞台演出场景，其舞台高1米，借用能乐的挂桥已经消失，前方加入花道通入观众席，图上舞台后方坐的为乐队，舞台上有演员表演，其中有两个演员走在花道上，观众盘腿而坐

① 田口章子．元禄上方歌舞伎——初代坂田藤十郎的舞台［M］．东京：勉诚株式会社，2009：6.

② 田口章子．元禄上方歌舞伎——初代坂田藤十郎的舞台［M］．东京：勉诚株式会社，2009：4.

③ 田口章子．元禄上方歌舞伎——初代坂田藤十郎的舞台［M］．东京：勉诚株式会社，2009：5.

2. 日本能乐场中的“观”与“演”

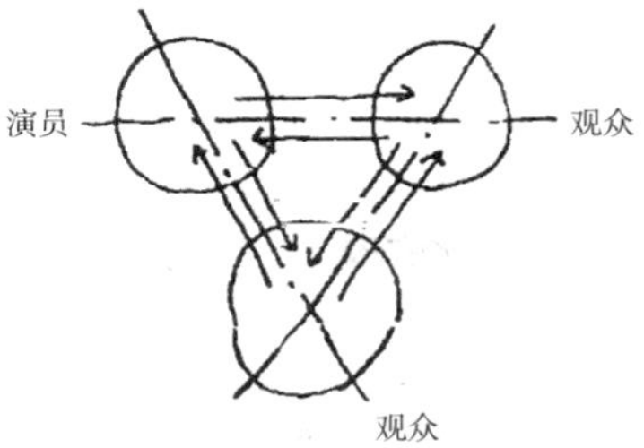

图4-8　观演场所中的三角视轴

如同中国的戏园一样，能乐场中连桥产生的伸出式舞台，能够加强表演者与观众、观者与观者之间的亲密度。如在日本最后一个劝进能场宝生大夫劝进能场中的演出情况可以看到观众对能舞台三面围观，左侧和右侧的观众不仅可以看到舞台上的表演场景，同时也可以看到彼此的动作，所以在视线上形成演员与观众、观众与观众这样的观演关系。这种观演方式在那种将全体观众都均质性地视为同样面对舞台的现代剧场里则绝对不是轻而易举就能得到的，三方的空间关系在整体上正好是构成了一个三角形。此种场合下，在三方中的任何两方之间均可以看到宏观视轴的存在；而且，并不因第三方的存在而对两方的直接交流构成障碍，日本学者清水裕之将如此视轴关系的空间结构称作“三角形视轴”[①]（图4-8、表4-11）。这种三角形视轴是观演空间中抽象的一种视线关系，它不同于现代剧场中观众与演员之间的单线视轴，使观演空间拥有更多的空间活力与空间互动，关于此问题在第五章将着重讲述。

宝生大夫劝进能场[②]　　表4-11

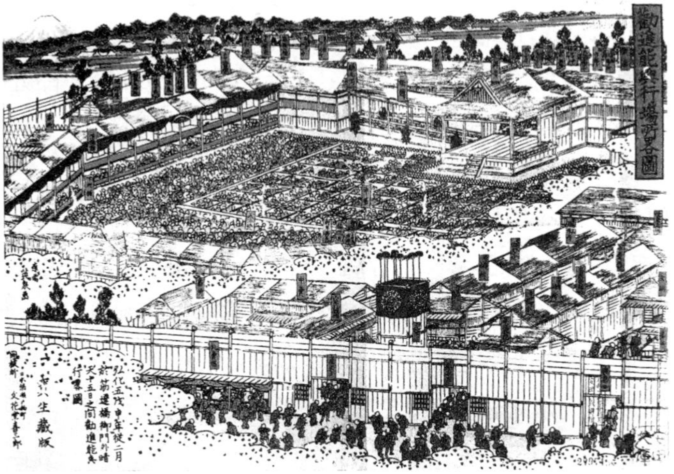

江户时期弘化五年（1848年），日本最后一个能场

① 清水裕之. 剧场构图［M］. 鹿岛：日本鹿岛出版社，1988：65.

② 石川县立历史博物馆编. 能乐-加贺宝生的世界［M］. 金泽：石川县立历史博物馆，2001：37.

从中日娱乐型观演空间的行为可以看出，正是因为伸出式舞台视点的多样化和可选择性，使得中日传统戏场中的观众不光是看的主体，还是被看的对象，和演员同时对立地出现在一个舞台中，看台上的人看广场中的人，看对面台子上的人。所以，伸出式舞台的三面式观看方式是娱乐型观演空间充满活力的最重要的原因。

4.2.2 娱乐型观演场所空间原型演化

中日传统娱乐型观演空间，由于地域差异、产生年代、娱乐方式等的不同，其类型也显示出多样化特征，但它们都以古代宫廷舞场为起点，古代宫廷舞场是特殊的私家观演场所，也是舞台原型产生的场所。

4.2.2.1 中国娱乐型观演空间原型

中国的娱乐型观演场所的发展主要是沿着宫廷舞场—宫廷舞台—勾栏戏台—戏园戏台的轨迹，而其发展演变主要是围绕着舞台的产生与演变而进行的。

1．宫廷舞场的产生

宫廷舞场是一种特殊的私家舞场，是帝王宫殿内的观演场所，早在我国周代就有宫廷优戏演出的记载，可以说宫廷的厅堂上演出由来已久。这时期的演出，仍然带有上古时期仪式性歌舞的性质，同时已有模仿性的戏剧因素，其演出都是四面观赏、随地起舞的。无论是百戏楼还是厅堂的各种舞场，都处于原始的状态，舞台也没有固定的空间和形式出现，经常是借用其他的场所进行表演。

2．从宫廷舞场到宫廷舞台

南北朝时期，宫廷舞场中出现了专门供表演的舞台——熊柏案（图4–9），其为木结构，可移动，有矮栏台阶，高丈余，是梁武帝创造的奏乐台，因其周围装饰了熊罴图而得名。其虽然是最早的舞台的形式，但是其具有临时性，这种简易的表演装置一直延续到唐代，直至出现了“舞台”和“砌台”①，成为固定的舞台形式，唐朝宫廷演剧比较繁荣，并出现了比较专业的演出场所——乐坊和梨园，由于当时歌舞表演还止于中上层社会，所以这种观演场所一直在民间未能普及。从汉代开始，民间的百戏还比较流行，但其表演场所一直是位于街道和空场地，没有专门的演出场地，直至宋代的勾栏出现。

① 周华斌，柴泽俊，车文明等．中国古戏剧台研究与保护［M］．北京：中国戏剧出版社，2009：90.

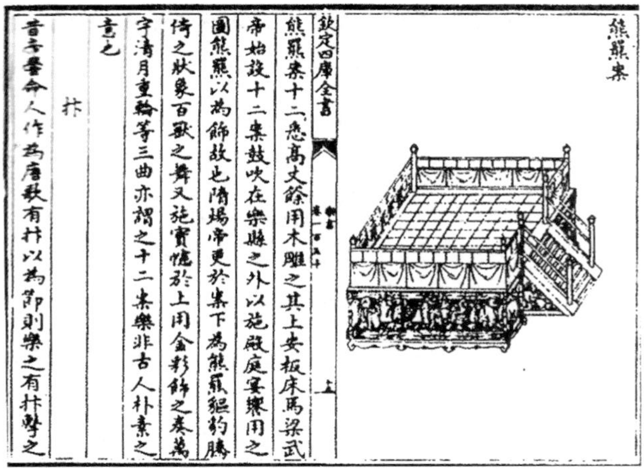

图4–9　中国最早的舞台——熊柏案
周华斌《中国古戏剧台研究与保护》中国戏剧出版社，2009年，第90页

3. 从宫廷舞台到勾栏戏台

宋元时期，观演场所从上层社会走向市井，成为最为广泛的娱乐场所，但是由于勾栏中表演的多样化，使得其具体的空间形态多样化和不确定性，但可以确定的是，勾栏中已经出现了戏台、乐台、戏房（后台）、鬼门道等观演空间要素，同时，很有可能出现过连接戏台和后台的连桥——飞桥，如记载的元大都皇宫戏台中的“飞桥”①。正是由于宋勾栏的出现，使得宫廷的舞蹈和民间的百戏汇聚一堂，最后演化出中国的戏曲这一表演形式。

4. 从勾栏戏台到戏园戏台

明代，由于政府的禁戏，勾栏逐渐退出历史的舞台，取而代之的是酒楼戏台。由于酒楼戏台建造的有限，大多数的戏曲表演集中在各地的神庙戏场中。清代，茶园和戏园出现，使得戏曲演出的场所逐渐转移。同时出现的有私家戏场，它和戏园都自然地参考既成的神庙观演空间，以指导其形式，将戏台引入府邸的庭院中。

清光绪年间，由于建造室内的剧场对建造者的经济能力和技术的不断提高，在北京出现了室内戏园，这些会馆戏园出现在北京、天津、上海等大的城市。如建于嘉庆年间的北京湖广会馆，不仅在建筑形制上有很大变化，而且社会功能上不仅局限于商业运作，还开始介入政治活动。其最突出的表现是观众厅广场上方加盖，形成了室内的戏场，这时期的建筑的整体结构为一座方形或长方形全封闭的大厅，厅中朝里面一面建成戏台，一般都为一开间30平方米左右，比之室外戏台偏小。厅的中央是空场，周围三面建二层楼廊，有楼梯上下，室内采用悬挂灯

① 朱契. 元大都宫殿图考的元宫城图［M］. 北京：北京古籍出版社，1990：74.

笼的办法用灯光照明。又如北京的阳平会馆戏楼，它在建筑上的重大发展是把观众席和戏台都包容在一个整体封闭的空间里，而且对观众席作了精心的设置。戏园子的出现主要有以下几点原因：一是清末北京、天津、上海等大城市的迅速发展和经济实力的增长，以及建筑技术水平的提高，南方的勾连搭技术在北方大城市的运用，极大地提高了屋顶的覆盖面积，同时采用北方的抬梁式建筑做法，并用较为粗壮的木材和减柱造的手段增大了开间，将观众厅与戏楼都放入室内。二是采用室内照明、高侧窗采光等技术提高观看质量，解决了由室外到室内过渡所存在的照明采光的问题。三是由于清末会馆的性质发生了改变，会馆中戏场的性质也随之发生了改变，祭祀性逐渐减弱，娱乐性逐渐增强，最终从祭祀场所中独立出来，成为较为专业的剧场。会馆剧场的出现，也标志着中国传统戏曲舞台已基本实现从露天戏场到室内剧场的转化（图4-10、图4-11）。

4.2.2.2 日本娱乐型观演空间原型

日本的娱乐型观演场所的发展主要是沿着宫廷舞场—猿乐能场—府邸观能

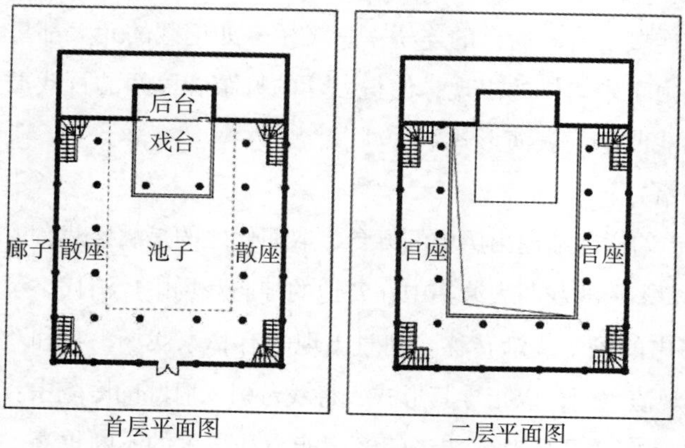

图4-10 清戏园一层，二层平面图

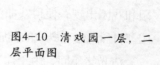

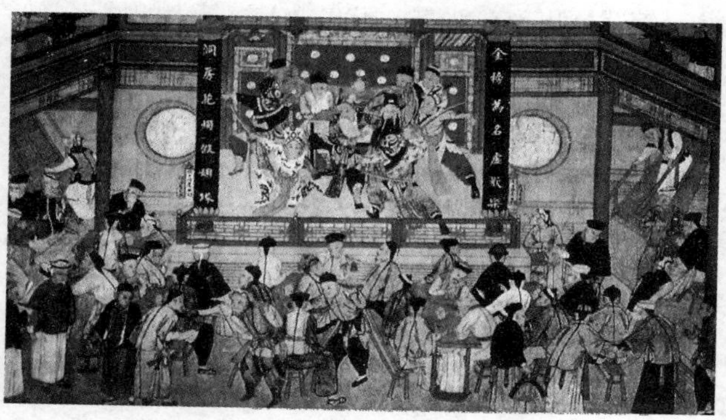

图4-11 清光绪年间戏园演戏图

场—歌舞伎场的轨迹发展，由于在发展之初中国舞台早已产生并传入，所以其观演空间的演变主要是围绕着挂桥的产生与演变而进行的。挂桥的本质是乐屋和舞台连接的通路，挂桥的设置可追溯到镰仓时期延年能的舞台，这时就存在左右挂桥连接舞台和后台的情况，左右挂桥如何演化为斜向挂桥，笔者认为其主要原因是观演行为方式和使用方式的改变，使得观演空间一步步演化。其演化可以分为四个阶段：①左右乐屋的设立；②对称挂桥的产生；③对称的挂桥演化为单侧的斜向挂桥；④挂桥演化为花道。下文以挂桥的演化发展来说明日本传统观演空间原型的演化历程。

1．宫廷舞场——左右乐屋的产生

自日本飞鸟时期开始，就与我国保持着紧密的联系，随之而不断地输入中国文化，从舞乐的表演形式到观演建筑的形式都对我国的原有形式进行模仿和学习，进而一步步演化出自己的文化。据须田敦夫的《日本剧场史的研究》所述，日本的人工舞台起源于公元758年（天平宝子三年），也就是与唐朝有频繁交流的8世纪，可见在唐代人工舞台就已经传入日本。

日本平安时期，仁明天皇将从中国、朝鲜传来的雅乐重新编入左、右两部。左方为唐乐、林邑乐及部分由印度传入的乐，右方为高丽乐等由朝鲜传入的乐，这种组成方式在很大程度上受到日本政治制度、官职制度的影响，演奏雅乐者多为皇室近侍队。乐器也分左方乐、右方乐，左方乐为日本固有的乐器及中国的乐器，右方乐为高句丽（朝鲜）乐器。同时，日本继承了唐代宫廷舞场的形式，有专门供演出的舞台，但伴奏者不上舞台，舞台后面左、右各方有一面大鼓，这种对舞乐文化的分类导致了平安时期左右乐屋的设置，如严岛神社的左右乐屋。

2．从宫廷舞场到观能场舞台——对称挂桥产生

公元13到14世纪初的镰仓时期，田乐开始普及，同时出现了最早的田乐能场，现在最早的资料是日本于1348年四河原的田乐能场，从表4-12第一张图中可以看到，其观能场空间为圆形，舞台由左右两个挂桥与后台的左右乐屋连接。左右乐屋分别被称为本座和新座，是当时京都最著名的两大“剧团”的“专座”，可以看出在雅乐舞台向田乐舞台转化的过程中，本座和新座的乐房代替了宫廷舞场中的“左方乐”和“右方乐”，而左右挂桥成为两方演员出场的必经途径。舞台和后台，以及对称挂桥的产生，除了对日本宫廷舞场左右乐屋的继承外，很可能受中国宋元勾栏的影响，这种相似性笔者将在后面一节着重介绍。

日本室町至江户时期的观能场演化图　　表4-12

名称	（1）京都四条河原大劝进田乐能场[①]	（2）纠河原劝进能场[①]	（3）桃山末期劝进能场[②]	（4）京都七本松劝进能场[②]
日本的猿乐能场推测图	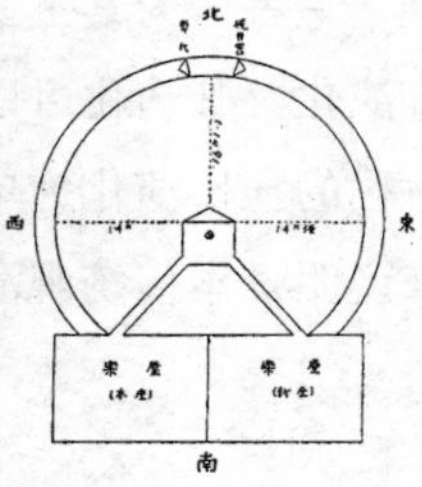	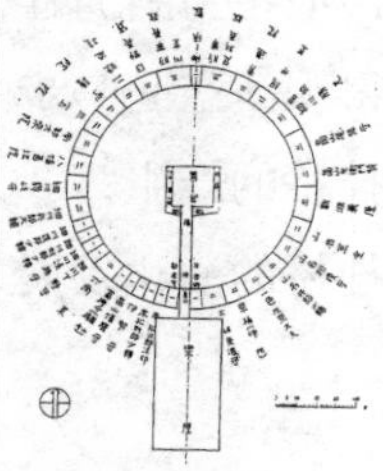	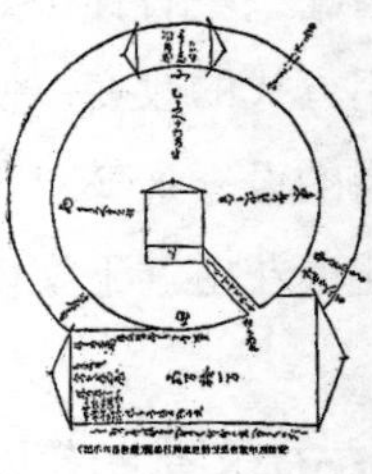	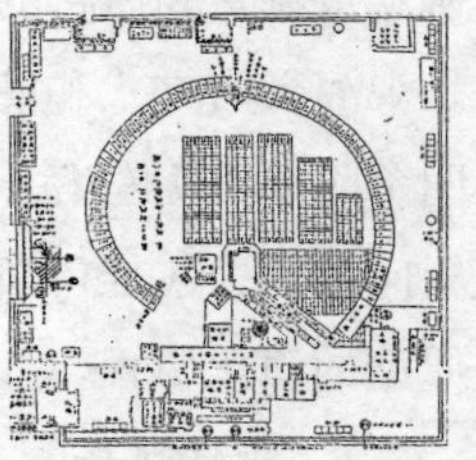
年代	室町初期贞和五年（1349年）	室町中期宽正五年（1464年）	桃山末期（1573—1603年）	江户初期元禄十五年（1603年）

3. 从观能场舞台到能乐舞台——对称挂桥演化为单侧斜向挂桥

在室町时期，猿乐、田乐向能乐转变，能乐舞台在室町初期，继承了田乐舞台的形式，大约是从世阿弥时（1363—1443），日本开始对能乐舞台改革，此时的舞台已经盖上了屋顶，基本具备了能乐舞台的形态[③]。室町中期的观能场（表4–12（2）），在中国宋元“以左为尊”的观念的影响下[④]，空间布局进一步演化，前期对称布局的两座挂桥由于一侧功能的丧失，留存了右方的挂桥，体现出挂桥的“右架斜交化”（表4–12（3）），这时期的观演建筑也受到了非对称的影响，如日本学者须田敦夫在《日本剧场史的研究》中记载的桃山末期的劝进能场[⑤]，其东西乐屋合并为一，两座挂桥撤掉一座，舞台通过挂桥与乐屋斜向连接。日本后世延续了这种布局，如江户时期，元禄十五年京都七本松的劝进能场（表4–12（4）），从北部观众席的角度看，在以左为尊的观念的影响下，观演空间在演变中保留了较为“尊贵”的左侧的大部分的观众席，而挂桥从舞台右方斜向伸出与乐屋连接，舞台和挂桥，左侧观众席围合出了主要的观演区，而右侧的观众席被省去很多，同时在右侧做了主要的出入口。

① 须田敦夫．日本剧场史的研究［M］．东京：相模书房，1957：134.

② 须田敦夫．日本剧场史的研究［M］．东京：相模书房，1957：160.

③ 赵英勉．戏曲舞台研究［M］．北京：文化艺术出版社，2000：203.

④ 在中国历史中，一直存在尊左或尊右意识，但是各朝代不同，大体上而言，战国到秦汉是尊右的，魏晋以后又改为尊左，一直延续到唐、宋、元都尚左，而明代又尚右。

⑤ 须田敦夫．日本剧场史的研究［M］．东京：相模书房，1957：160.

4. 从能乐舞台到歌舞伎舞台——斜向挂桥演化为花道

17世纪的江户时期，歌舞伎的舞台开始发展，它首先是对能乐舞台的利用和改造，将能乐舞台的桥廊长度变短，桥面加宽，成为舞台的一部分，挂桥逐渐从舞台上消失。18世纪早期，由于增加空间活力的需要，将挂桥重新移到观演空间中，称为花道，它主要是用于歌舞伎的表演空间，其将从舞台后方斜向伸出连接乐屋和舞台的挂桥演化为从舞台前方斜向伸出突入观众席的舞台。18世纪中期，出现第二条花道。20世纪，第二条花道被撤掉，同时斜向的花道变为垂直花道，花道增加了空间的丰富性，使得舞台空间扩大，观众与演员有更多的交流。

从上可以看出，日本的娱乐型观演场所沿着宫廷舞场—观能场—府邸观能场—歌舞伎场的轨迹发展，其观演空间的演变主要是围绕着挂桥的产生与演变而进行的。左右乐屋的产生是因为对中国和朝鲜的“左方乐”和“右方乐”区分的需要，而对称挂桥产生是由于后台和前台连接以及本座和新座两大“剧团”使用的需要。对称挂桥演化为单侧斜向挂桥则是因为两大“剧团”势力打破和“尊左意识”的产生。斜向挂桥演化为花道则是因为歌舞伎出于自身表演的需要而改变其形式。所以，笔者认为观演行为方式和使用方式的改变是观演空间一步步演化的最主要原因。

4.2.3 娱乐型观演行为对观演空间演化的促进

4.2.3.1 中国娱乐观演行为对观演场所的促进

中国的娱乐型观演场所主要是围绕着舞台的发展和演化进行的，笔者从观和演两方面的行为对观演场所的影响和促进进行说明。

首先，从“演”的角度来说，中国的演艺一直处于不断的演化中，从而促使观演空间的不断演化。从周代宫廷的舞乐，到汉代的角抵戏、杂要，逐渐发展成为唐代教坊中的“队舞”“参军戏”，演化为宋代的小唱、百舌、撮弄、唱赚、杂剧、诸宫调、影戏等，再到元代的杂剧，明代的传奇，直至清代的戏曲。从中可以看出，中国演艺文化的发展，是从舞蹈向说唱形式，从动态的表演到静态的演出，从纯粹的舞蹈表演到有故事情节的舞蹈的进化过程，也是一个将各种演出艺术逐渐综合的过程。其观演的场所也是从庭院舞场到庭院戏台，从厅堂舞场到厅堂戏台的过程，在演艺的发展过程中，表演所需求的空间越来越小，观看需求空间越来越大，对后场的空间要求逐渐升高。这也就促使演出的空间从场所中心位置向一侧靠拢，形成三面围合的方式。

此外，演艺早期的形式都是以四面观赏的舞蹈为主，宋代以后，演出以杂剧、说唱为主，由于扮演需要化妆，有了后台，改为三面观看，相比较三面观，四面围合的观演方式似乎更加密切，更具有参与性和融合性。可是演出中失去正面性的模式对于戏剧表演来说是难以定型发展的，我们可以从戏曲发展的过程中发现，在戏曲早期的“围观”方式中，四面围合一直在向三面围合的方向发展。需要用三面围合的方式，加大观众和演员之间的共享面从而缩短彼此的距离。

其次，从“观”的行为来说，观众本身的行为多态性对观演场所的演化有很大的影响。观众的行为多态性体现在场所中有多种行为的存在，如清代的北京戏园之内，除了观众之外，还有庞杂的人员，即茶水行、小卖行、手巾把行等所谓“三行”。在戏园中，观众可以在精彩之处高呼，可以在不满意时喝倒彩，甚至可以在观戏时喝茶、吃零食，甚至可以吃碗面。又如，在《红楼梦》中描写的大观园的私家戏场中看戏的观众注意力没有在演员身上，而是在观众之间的对话、说笑、吃饭等事情上（图4–12）。这些都表现出功能的结合性。这种行为多态性的存在也使得观众除了与演员产生观演活动的同时，观众与观众之间也发生了对视和观演行为，三面围合的观演方式正好适应了这种需求。

再次，从“观”与“演”的行为互动性上来看，观演空间的演化一直保持着对亲密互动的观演空间的需求。中国古代的演出空间和观看空间是复合形态的，即你中有我，我中有你，相互交织，相互影响。同时，演员和观众之间、观众与观众之间都具有互动性，可以说，每个观众不是被动地接受，其本身也在演出。对于观众来说，观赏点是散点式的，空间中的兴趣点是多向性的。这种欣赏方式要求“观”和“演”两个空间有更多的融合，观者和演者都清醒地认识到扮演

图4–12　《红楼梦》插图——听戏图

性，而不要把表演当作现实。因此，传统观演空间呈现出亲密的观演关系，为创造出一种互动的亲密感和在场感，让观众环绕舞台，三面围合观看是最好的解决策略。当然尽管元明清历史上也有过一面观的戏台，同时又似乎存在着从“三面观看”向“一面观看”演化的趋势，更主要的是在后来成熟体系的戏园中，这种样式完全被放弃，戏园子里是有使用一面观或者其他方向的可能性的，但是这种情况却从来没有发生过。而且，最重要的观看位置被安排在舞台的侧面二楼的官座上，由此可以判断出三面欣赏的方式绝非戏场发展不完善的权宜之计，而是一种自然选择的结果。只有这样的观看方式，才可以使观众在戏园中可以尽情而放松地欣赏，演员也可以从观众真实而热烈的反应中获得激情。

最后，观演空间中舞台的设置一直受到传统文化中“居中”观念的影响，娱乐型的观演空间仍然摆脱不了北方为尊空间方位意识的束缚。如清代的戏园，戏台也遵循坐南向北的布局方式。这一点，在勾栏中也有这些倾向，如勾栏中把上等的正对戏台的雅座称为神楼，就是以北面为尊的体现。总之，不管是早期的皇家戏场，还是清末的戏园，都遵循了中轴对称、北方为尊的空间布局格局，这更多的是受到传统文化中“礼制”和“等级”因素影响。

4.2.3.2 日本娱乐观演行为对观演场所的促进

由于日本观演空间的演变主要是围绕着挂桥的产生与演变而进行的，笔者就从观的行为和演的行为对观演场所的影响和促进进行说明。

首先，从演的角度来说，由于日本早期观演空间的布局效仿中国唐朝建筑空间布局，如日本古代乐舞观看的场所，都在殿宇的前庭演奏，出于礼仪的需要，舞台在前庭设置。平安时期，仁明天皇将从中国、朝鲜传来的雅乐重新编入左、右两部，乐器也分左方乐、右方乐，左方乐为日本固有的乐器及中国的乐器，右方乐为高句丽（朝鲜）乐器，同时，日本继承了唐代宫廷舞场的形式，有专门供演出的舞台，但伴奏者不上舞台，舞台后面左、右各方有一面大鼓，这种对舞乐文化的分类导致了平安时期左右乐屋的设置①，如严岛神社的左右乐屋。当舞乐进一步向猿乐发展时，其表演的故事性和趣味性加强，成为类似于一种歌舞和说唱杂耍的混合演出形式，产生了对扮演和后台的依赖性，所以产生了连接后台和舞台的挂桥。由于沿袭了舞乐舞台左右两个乐屋的设置，所以也让当时不同的两

① 日本的左右乐屋的设置分别是：左方为唐乐、林邑乐及部分由印度传入的乐，右方为高句丽乐等由朝鲜传入的乐，这种组成方式在很大程度上受到日本政治制度、官职制度的影响，演奏雅乐者多为皇室近侍队。

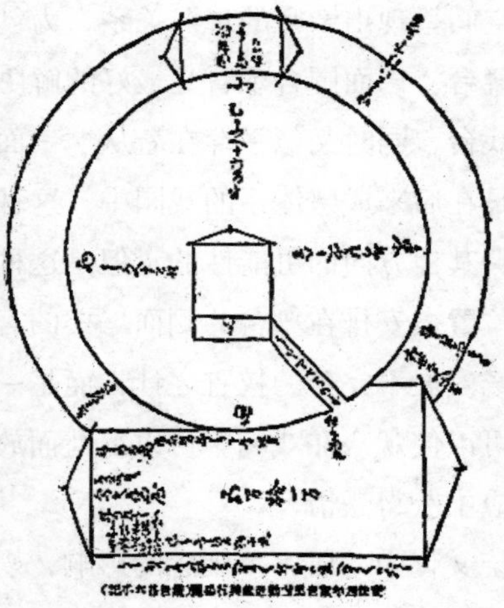

图4-13　日本桃山末期的劝进能场

大剧团分别占有，并设置两个挂桥分别与其连接。又由于挂桥上的表演是演出中非常重要的组成部分，所以舞台都以长的挂桥伸出于场内，可以从四面观看，桃山时期以后，随着猿乐表演的逐渐专业化、定型化，戏剧性和扮演性的成分的增强，其逐渐从早期的四面观看向三面观看演化，产生了对于演出正面性的要求，又由于京都的表演团体本座与新座的势力被打破，两条挂桥其中的一条挂桥被去掉，乐屋也合并成为一个，但此时的舞台和挂桥的关系一直处于演化中，挂桥的位置变为居中直接通向后方，最终在其演化的过程中，“左方为尊”的观念影响了其定型和发展。“左方为尊”，即在座席左方的人比右方的人尊贵，如日本桃山末期的劝进能场（图4-13），在“左方为尊”的观念的影响下，放弃了早期的两条挂桥中的一条，而保留了对左方观众较为有利的挂桥。当猿乐逐渐演化为能乐，其观赏的质量要求也逐渐升高，所以三面观看中不利的一方观众席也被省去，仅留下离右方挂桥最近的左方的观众，形成两面观看的形式。

江户时期以后，新的表演形式歌舞伎出现，由于歌舞伎的扮演性和表演的正面性要求的进一步强化，在继承原有能乐舞台形式的基础上，发展了适应自己风格的舞台形式。由于歌舞伎演出对于舞台背景图案和设备的依赖性，原有的伸出式的能乐舞台已不能满足其要求，因此挂桥长度变短，桥面加宽，成为舞台的一部分，直到从舞台上消失。18世纪早期，由于增加空间活力的需要，将挂桥重新移到观演空间中，使得舞台空间扩大，观众与演员更多的交流。可以看出，由于歌舞伎演出中学习了西方的写实主义的特点，逐渐地强调背景的真实性而将伸出式的两面舞台演化为一面舞台，但又由于增加空间活力的需要，将原有的挂桥反向，伸出于观众空间，形成一面观和伸出式舞台结合的形式。

从上可以看出，由于日本早期的猿乐是舞蹈和杂要等演艺方式，故事情节较少，所以舞台一直处于四面观看，而由猿乐逐渐发展出来的能的演出具有人数少、故事情节简单、舞台布景简单等特点，所以采用两面观的方式，而于歌舞伎演出强调布景的真实性，而将伸出式的两面舞台演化为一面观看的舞台。此外，由于挂桥对于日本早期的演艺方式具有非常重要的意义，不仅是舞台的一部分，而且是演员出场的空间和“变身”的场所，和中国的宋元时期的舞台出口“鬼门道”有着同样重要的意义。一直以来，都作为舞台的重要部分保留下来，直到歌舞伎出现，其宽度不再适合演员演出登场的需求，所以被逐渐变宽，直至与舞台融合。

其次，从“观”的行为来说，日本观众本身的行为多态性对观演场所的演化有很大的影响。如歌舞伎场中，除了观众之外，还有庞杂的人员，即茶水行、小卖行等服务人员，这种行为多态性的存在也使得观众除了与演员产生对视和观演行为外，观众与观众之间也发生了对视和观演行为，形成了日本学者清水裕之所描述的“三角视轴”，即增加了观众与演员之外的观众与观众的视线。而在歌舞伎场中，为了增加空间活力，将原有的挂桥反向，伸出于观众空间，形成一面观和伸出式舞台结合的形式。

此外，不同阶层的观众共存是行为多态性的另一个原因，如日本歌舞伎场中的观众来自不同的阶层，所以观众席分为许多的等级，有包间、平坐、追加座等不同的等级座位，这也使得同一场所中多种阶层共存，产生了不同人群之间的交流和对视。

最后，从日本娱乐性观演场所的演化可以看出，日本早期的观演建筑都是坐北向南布置的，而桃山末期聚乐的大劝进能场，其南北向方位刚好是相向的，即舞台在北，御座在南，说明其南北向意识的逐渐淡化，同时，其采用“右架斜交化”的挂桥这一方式，打破了原有观演空间的对称格局，保留了前方观众席和左方观众席，成为后世效仿的对象，以至于后期日本能乐场和歌舞伎场舞台都是右向伸出，观众则从前方和左方观看。日本学者须田敦夫在《日本剧场史的研究》一书中也认为日本观能场中“右架舞台”的设定与“左方为尊”的习惯有关，这也是中日观演空间舞台布局方式不同的主要原因。

4.3 元代勾栏和日本观能场的空间推断

本节探索中国勾栏瓦舍的空间形态。中日在南宋时期交往很频繁，中国的戏剧与勾栏瓦舍传入日本，而今天关于我国勾栏的形态已经失传，而我国的元代勾栏与日本同时期的观能场在演出的内容和建筑的形态极为相像，以此通过日本流传的观能场的形态来研究我国元代勾栏的形式，比较其异同，对勾栏的研究将有重大的突破。

4.3.1 勾栏与日本观能场中的观演行为

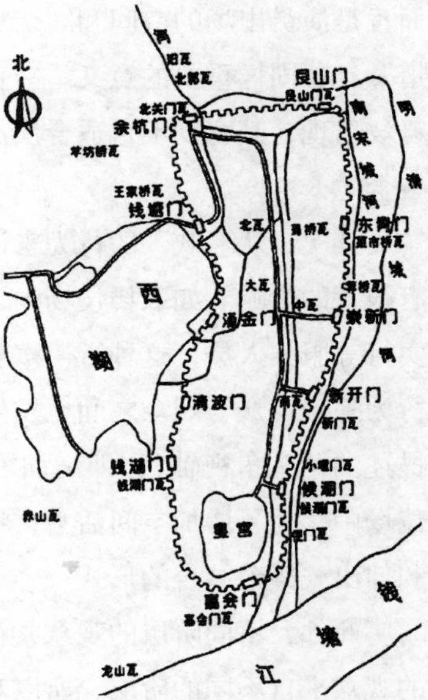

图4-14 南宋临安瓦舍空间布局
图片来源《中国戏曲志·浙江卷》，中国ISBN中心，1997年版，第612页

宋代，随着城市商业经济的繁荣以及宵禁的解除，演艺也呈现出一片繁荣景象，这时，专门的演出场所——瓦舍勾栏出现（图4-14）[①]。所谓瓦舍，是宋元时期城镇中的商业演艺场所。至于“瓦舍”一词的来源，南宋耐得翁《都城纪胜》曰：“瓦者，野合易散之意也”。“勾栏”或曰“勾阑”，原指舞台上的栏杆，宋元时期，亦用勾栏指代演出场所。而集中出现的演出各种伎艺的瓦舍、勾栏，为戏剧向综合艺术发展提供了条件。而日本同时期出现了观能场和猿乐、田乐的表演，通过古文献中对其演出的形式的记载，笔者将勾栏与观能场的演出状况进行对比，发现观能场与勾栏中的表演有很多相似性，具体相似性表现大概有以下几种：

4.3.1.1 勾栏与观能场中的演出形式相似

首先，勾栏中的表演种类繁多，场次很多，时间也不固定。南宋《西湖老人繁胜录》说，临安市民“深冬冷月无社火看，却于瓦市消遣”。瓦舍勾栏内，一般白天演出，早上开演，晚上结束后，在瓦市消遣。《东京梦华录》说：“终日居此，不觉抵暮。”[②]说明晚上偶尔也有演出。《西湖老人繁胜录》“瓦市”条中记载有三十多种表演的类型，如：说史书、杂剧、相扑、说经、水傀儡、影戏等[③]，归纳起来可分为六类：戏剧、舞蹈、说话、歌唱、傀儡、杂戏。由于表演的类型

---

① 北宋时期，东京人口增长很快，城市总人口在130-170万之间，是当时世界上最大城市。由于里坊制的废除，市肆街道不再限定在“市”内，而是分布全城，与居住区混杂，沿河沿街布置，形成商业街，故管理手工业的机构也并不集中，行政区也不如以往集中，只有上层机构集中在大内，城市内也有集中交易的市，还有通宵营业的地方。

② （宋）孟元老. 东京梦华录［M］. 济南：山东友谊出版社，2001：20.

③ （宋）孟元老. 东京梦华录［M］. 济南：山东友谊出版社，2001：48.

不同，演出的场所的大小、观看的人数都各不相同，故有“专说史书”“小张四郎独占说话”[①]等专业型的观演场所。不仅是宋代，元代勾栏中表演仍然体现出多样性，如作于元末明初的《水浒传》所述：“如今现在勾栏里说唱诸般品调，每日有那一般打散，或是戏舞，或是吹弹，或是歌唱，赚得那人山人海价看。”

其次，勾栏中观看的人很多，场面很大。宋代的《西湖老人繁胜录》中的一条文字颇引人注意：“四山四海，三千三百；衣山衣海，南瓦；卦山卦海，中瓦；南山南海，上瓦；人山人海，北瓦。”这是对各瓦舍特色的概括，说北瓦“人山人海”是由于北瓦是临安最大的一处瓦舍，平日里人头攒动，最为拥挤，人数恐过千。宋《梦粱录》也说：“顷者京师甚为士庶放荡不羁之所，亦为子弟流连破坏之门。……今贵家子弟郎君，因此游荡，破坏尤甚于汴都也。”可见各个阶层的人都对勾栏迷恋，是“放荡不羁之所”。元代陶宗仪《南村辍耕录》中记载：“……每闻勾栏鼓鸣则入……内有一僧人二道士……”说明在勾栏中观看的人还包括僧人道士等。

再次，勾栏演出的题材则往往是比较自由的。以其中演出的杂剧为例，宋杂剧是在继承歌舞戏、参军戏、歌舞、说唱、词调、民间歌曲等艺术传统的基础上融合、发展而产生的。当时杂剧在宫廷中的演出，虽穿插于诸般伎艺之中，但已具有独立演出的性质。在民间瓦肆，杂剧为经常扮演的节目，中元节演《目连经救母杂剧》可连演七八天，观者倍增。可见当时杂剧作为戏曲形式已在民间广泛流传。南宋，随着政治中心南移，杂剧又盛行于临安（今浙江杭州）等地，它在诸般伎艺中已居于首要地位。此外，勾栏演出的题材显示出世俗化和平民化。如宋徽宗时所演之《三教论衡》，分三个角色扮演儒、释、道，加以调侃，以为讽谏，此风还影响南宋傀儡戏的演出[②]。

而日本的同时期的观能场，表演种类繁多，主要演出田乐和猿乐。猿乐传自中国唐代的散乐[③]，而藤原明衡的《新猿乐记》最早最详尽记载了新猿乐及其表演实况，书中将新猿乐分为杂艺类和滑稽短剧类两大类，它们包括咒能、侏儒舞、田乐、猿乐、傀儡戏、魔术、哑杂剧等28种，同时描述了它们的表演者的种种姿态，以及观众狂热的状态，他是这样描述表演者的演技的：“又有散乐之

① （宋）佚名．西湖老人繁胜录［M］．北京：中国商业出版社，1982：24．

② 徐宏图．南宋戏曲史［M］．上海：上海古籍出版社，2008：34-37．

③ 散乐内容包括杂技、武术、幻术、滑稽表演、歌舞戏、参军戏等形式在内的乐舞杂技表演，宋代的散乐也有“杂手艺”“歌舞”“杂剧”之称，如宋灌圃耐得翁都城纪胜载：“散乐传学，教坊十三部”，内容更为繁多，系指筚篥、大鼓、杖鼓、筝、琵琶、方响、拍板、笙、笛、舞旋、杂剧、参军、歌板诸项目。

态，假成夫妇之体，学衰翁为夫，模姹女为妇，始发艳言，后及交接，都人士女之见者，莫不解颐断肠，轻轻之甚也。日暮事讫，回辕归讫。”这说明表演之多彩，并博得民众的喝彩，也显示了新猿乐多少已具备喜剧（包括低俗喜剧）结构的要素。

田乐是日本民间农民庆丰收时举行艺能的表演，也称为“田乐能”。田乐最早见诸文字的是《日本纪略》，大约镰仓时期，田乐是猿乐的一个部分，镰仓后期至室町初期，是以新座的增阿弥为中心的田乐能的全盛时期。当时的日本学者大江匡房在其著作《京洛田乐记》中，就嘉保二年（1095年）夏季京都流行田乐的情况作了这样的描述：“起初邻近的农村掀起了田乐热潮，逐渐及于都城公卿社会，官民同乐，在石清水、贺茂、松尾、祇园等寺社里表演田乐，盛装的人们都挤满了街衢。表演高跷、踢球等曲艺，齐鸣腰鼓、铜钹、拍板等打击乐，农妇们的行列日夜不绝，显得异常热闹，城里的人都处在狂欢状态中。田乐之事日夜无绝。喧哗之甚，能警人耳。诸司、诸卫，各为一部，或满街衢。一城之人皆如狂焉。”①此外，《太平记》中也有“世间不分贵贱，皆热中于田乐”的记载。可见田乐流行于市井、街道，其演出时的场景是举城狂欢，与《东京梦华录》中描写的瓦舍勾栏中的场景相似。

从上可见，由于猿乐、田乐、平行的诸多舞乐的交错的关系，日本观能场和宋元勾栏一样，体现出空间的多元性。勾栏中上演的是杂剧，是经过与其他的演艺文化相互学习，将唱念打等融合在一起，才形成了戏曲，可以说勾栏是戏曲的摇篮。而日本的猿乐也是在观乐场中与其他的演艺文化相互学习融合，进而形成能乐这一最早的戏剧。

4.3.1.2 专门演出社团的出现及相互竞争性

随着场所的普及和专业化，各种演出类型也趋向于社团化、专业化。南宋时期，临安瓦舍里的各种技艺纷纷组建行会社团，如南宋的《武林旧事》卷三“社会”条记载：二月八日为桐川张王生辰，霍山行宫朝拜极盛，百戏竞集，如绯绿社杂剧、齐云社蹴球、遏云社唱赚、同文社要词、角抵社相扑等，其中杂剧“绯绿社”可谓是临安最为著名的杂剧社团，以至于其他戏剧团体在夸说自己的演技和名声时，常常以之为标榜。

勾栏演艺的另一大特点是竞争。一方面是艺人对于演出场地的竞争。以临安

① 大江匡房，（1041—1111年）日本长久二人，著有傀儡子记、洛阳田乐记等著作。

北瓦为例，南宋《西湖老人繁胜录》记载北瓦有十三座勾栏，其中两座勾栏专说史书，蓬花棚专演御前杂剧，还有一座勾栏由小张四郎独占说话，其余勾栏则由众伎轮流进入[①]（表4–13），吴晟在《瓦舍文化与宋元戏剧》一书中也论述了勾栏的竞争性[②]。

室町时期，田乐最先出现了正式的戏班——“座”，著名的有“田乐本座”、“田乐新座”等，以及成就了职业的田乐能演员——俳优，向专业演员制迈出了第一步。当时日本京都的田乐座的名人辈出，如道莲、香莲、花夜叉等，以及后来出现的本座的一忠道阿弥犬王、龟阿弥、增阿弥等许多名艺人的同台竞技，进而催生了贞和五年稀有的大劝进田乐竞技演出。据《太平记》记载，日本贞和五年，田乐座的双璧本座与新座两座联合同台竞技，其中本座的名人一忠、新座的名手花夜叉都进行表演，当时也是田乐最鼎盛的时期。

14世纪初，日本出现了许多演“能”的剧团以及专门从事表演的世袭艺人和戏班（表4–13）。如京都最誉盛名的“大和四座”（“座”即剧团），其中“结崎座”的戏剧作家兼演员观阿弥（1333～1384年）及其子世阿弥（1363～1443年）将大众娱乐“救世舞”的音乐和舞蹈元素引入猿乐，得到当时幕府的最高统治者足利义满的赏识，才使能乐这个剧种完善起来。

勾栏与观能场的演出状况对比　　表4–13

	中国宋元的勾栏瓦舍	日本的观能场
项目	戏剧、舞蹈、说话、歌唱、傀儡、杂戏六类	咒能、侏儒舞、田乐、猿乐、傀儡戏、魔术、哑杂剧
时间	《西湖老人繁胜录》（1199年）“南瓦、中瓦、大瓦、北瓦、蒲桥瓦。惟北瓦大，有勾栏一十三座。常是两座勾栏专说史书，…”《东京梦华录》（1147年）卷二“酒楼”条载：“大抵诸酒肆瓦市，不以风雨寒暑，白昼通夜，骈阗如此”（描写1127年之前的北宋）	嘉保二年（1095年）“田乐之事日夜无绝。喧哗之甚，能警人耳。诸司、诸卫，各为一部，或满街衢。一城之人皆如狂焉。”永长元年（1096年）演“永长大田乐”发生流血骚动事件
团体	绯绿社杂剧、齐云社蹴球、遏云社唱赚、同文社耍词、角抵社相扑、清音社清乐、锦标社射弩、锦体社花绣、英略社使棒、雄辩社小说、翠锦社行院、绘革社影戏、净发社梳剃等	田乐最先出现了正式的戏班——“座”，著名的有“田乐本座”“田乐新座”等，后出现了许多演“能”的剧团以及专门从事表演的世袭艺人和戏班，如京都“大和四座”

① （宋）佚名．西湖老人繁胜录［M］．北京：中国商业出版社，1982：24.

② 吴晟．瓦舍文化与宋元戏剧［M］．北京：中国社会科学出版社，2001：48-52.

续表

	中国宋元的勾栏瓦舍	日本的观能场
经营	综合性、竞争性、专业化、娱乐性	综合性、竞争性、专业化、娱乐性
发生事故	元代至正二十二年（1326年）夏天，松江府衙署前的勾栏倒塌，当时是杂剧艺人天生秀的家庭戏班在演出，当场压死42人。①	足利尊氏于贞和五年（1349年），在京都四条河原联合举行劝进田乐，共搭看台249间，由于拥挤看台倒塌，当场死百余人
乐器	擂鼓筛锣	笛、鼓、板拍等管弦乐和打击乐
文献	《武林旧事》《西湖老人繁胜录》《东京梦华录》《庄家不识勾栏》	《京洛田乐记》《日本纪略》《本朝文粹》《新猿乐记》

从上可以看出，宋元勾栏和日本观能场中的演出种类、演出形式、观看演出的场景以及专门演出社团的体制都极其相似，说明两者具有同源性。此外，宋元时期的中日演剧表现了这样一种现象：表演第一性，故事第二性，众多表演技能借助一个简单故事综合到了一起。而这正是挂桥和伸出式舞台存在的最重要的条件，它们更有利于舞蹈杂要等的演出和观看，只有这样的舞台形式才能获得更加广泛的空间活力和群众的参与性。鉴于勾栏中演艺的多样性，勾栏的空间形态必然显示出多样性，勾栏的问题也不能一概而论。②在下文笔者尝试跳出国内诸学者观点的辨析，而通过对勾栏与日本观能场中观演行为的相似性和基于中日两国当时的历史背景环境下，以一种更为宏观系统的历史视角来寻找日本观能场与宋元勾栏的关联性，进而对其形态做出推断。

4.3.2　勾栏与日本观能场的相似性

中国历代王朝更替，建筑文化通常也随着旧王朝的覆灭而消失或变异，日本不同于我国，由于天皇权力的中心位置，两千年来，其建筑文化形式得以更好地延续保留，至今还留存许多唐宋时期的建筑形式，故很多学者都通过对日本的古建筑学习研究，来推测断定我国唐宋时期的建筑形态。而我国的宋元时期，由于政治中心迁移，中国与日本的交往甚为频繁，那么，日本的观能场是否源于我国的勾栏呢？上文提到，宋元勾栏与日本观能场在演出内容和观演空间上都具有很多相

① （元）陶宗仪. 南村辍耕录［M］. 北京：中华书局，1959：67.
② 吴晟. 瓦舍文化与宋元戏剧［M］. 北京：中国社会科学出版社，2001：32-34.

似性，本节笔者就从两者的结构、空间、连桥等方面分别叙述，以说明其相似性。

1. 结构的相似性

我国勾栏与日本观能场的建筑结构具有相似性，都是简易搭建的临时建筑，结构不稳定且事故频频发生。在元代历史上，有很多关于勾栏棚被压塌后死伤数人的记载，如元代陶宗仪《南村辍耕录》卷二十四“勾阑压”条云：

“至元壬寅夏，松江府前勾栏邻居顾百一者，一夕，梦摄入城隍庙中，同被摄者约四十余人，一皆责状画字。时有沉氏子，以搏银为业，亦梦与顾同，郁郁不乐，家人无以纾之。劝入勾栏观俳戏，独顾以宵梦匪贞，不敢出门。有女官奴，习讴唱。每闻勾栏鼓鸣则入。是日入未几，棚屋拉然有声。众惊散。既而无恙，复集焉。不移时，棚阽压。顾走入抱其女，不谓女已出矣，隧毙于颠木之下。死者凡四十二人。内有一僧人二道士，独歌儿天生秀全家不损一人。其死者皆碎首折肋，断筋溃髓。亦有被压而幸免者。见衣朱紫人指示其出，不得出者，亦曲为遮护云。”①

从这段记载可知：元代至正二十二年（1326年）夏天，松江府衙署前的勾栏倒塌，当时是杂剧艺人天生秀的家庭戏班在演出，当场压死四十二人，但是在戏台上演出的天生秀戏班未死一人。文中称勾栏为“棚屋”，并在倒塌时，落下的“颠木”砸死观众。

与勾栏一样，田乐能场中事故频发。《太平记》记录了日本当时京城流行田乐，不问身份高低，都热衷于此道，镰仓幕府末期的统治者北条高时甚至由于沉迷田乐和斗犬，最终误国的故事。《太平记》中还记录了足利尊氏于贞和五年（1349年）由本座和新座在京都四条河原联合举行劝进田乐，由于观众拥挤，看台部分倒塌，当场死者百余人的事情，如下：“贞和五年（1349年）举行大劝进田乐表演，田乐场的中门口的栈敷（座位）在演出时倒塌，多数死伤者。”②

通过对比分析，可以从史料和建筑形态上找到很多的证据，证明两者之间的诸多联系如下：

（1）从结构上看，其事故都是看棚发生倒塌，如元勾栏记载“是日入未几，棚屋拉然有声”，而田乐能记载“看台部分倒塌”。

（2）从搭建情况看，都很简易，如勾栏“棚屋拉然有声。”“棚阽压”，而田乐能场临时“搭建了上下249间看台”。

（3）从时间地点上，勾栏发生于元代至正二十二年（1326年）松江府衙（临

① （元）陶宗仪. 南村辍耕录［M］. 北京：中华书局，1959：67.

② 须田敦夫. 日本剧场史的研究［M］. 东京：相模书房，1957：132.

安附近），田乐发生于足利尊氏于贞和五年（1349年）的京都，从文化传播角度，时间和空间上都很接近，似乎存在着一种客观的必然性的联系。

（4）此外，勾栏中戏台与看台结构独立，故能"独歌儿天生秀全家不损一人"，而田乐的舞台也是独立的，与观众席分离的。

从上可以看出日本田乐能场和元代勾栏都是简易搭建的临时建筑，结构不稳定且事故频频发生，最重要的是两者发生的时间很接近，说明两者间存在着一定的关联和同源属性。

以室町初期劝进能场栈敷一间（柱间）约五尺，按照日本古代一尺等于28.89cm计算，即1.5米左右，可见其结构为简易的干栏式建筑或临时的棚屋建筑，而对中国元代"勾阑压"中所述："是日入未几，棚屋拉然有声。"[①]说明勾栏看台也是简易的棚屋。同时，由于地处南方多雨地带，建筑形式多为抬梁式和干栏式混合式样的建筑，极有可能是简易的由棚屋组合形成的平民观众席和二层的雅座（腰棚和神楼），以及舞亭组合而成的勾栏观演空间，可见观能场和元勾栏的结构体系相近。

2. 圆形空间相似性

日本学者须田敦夫在《日本剧场史的研究》中对观能场的形式、规模、间数、构造做法进行推断[②]，其观能场如同后世的中心舞台的布局方式，栈敷（座位）圆形环绕舞台，从室町初期贞和五年的观能场到桃山末期的大劝进能场，最后到江户初期京都七本松的观能场中都可以看出，这种圆形的观演空间从日本室町初期一直延续到江户时期，而从早稻田大学演剧博物馆收藏的江户时期最后一个劝进能场的情况看，圆形的观演空间逐渐向八边形观演空间演化，最终变为江户时期寺庙和府邸的四边形的能乐观演场所。

而中国的建筑形式在历史上除了天坛等祭祀性建筑，很少有圆形的建筑。从南宋临安城市肌理和瓦舍内部空间，以及汉族文化固有的传统和城市空间秩序上看，不大可能出现圆形的勾栏建筑。但是元朝在我国历史上是少数几个由少数民族统治的朝代，其建筑的空间格局和形态不同于历朝历代，在蒙古族的建筑中，也多见圆形的建筑形式，在其延续宋代勾栏的基础下，极有可能出现圆形的勾栏观演空间，其原因有以下两点：

第一，基于元代对于圆形建筑文化的尊崇。蒙古族传统建筑的基本特征：空间形制以圆形为主，在文化上处处体现了"长生天"中对"天"的顺应，以及蒙

① （元）陶宗仪. 南村辍耕录［M］. 北京：中华书局，1959：67.
② 须田敦夫. 日本剧场史的研究［M］. 东京：相模书房，1957：126-139.

古人对天地自然的一种敬畏。此外，蒙古民族是游牧民族，游牧空间是平滑的、开放的，圆形代表太阳，寓意圆通，蒙古包的穹顶以及圆形的形制更是体现了其朴素的建筑哲学思想——天圆地方、阴阳五行等。在此基础上，元代出现了很多的圆形建筑，为我国古代历史上少有，如杭州真教寺窟殿，受伊斯兰风格的影响，用半圆的拱券洞连接，所以，元代出现圆形的勾栏可能性很大。

第二，基于元代城市格局较为松散和开放性。元代城市的结构比较松散，发展较为自由，城墙与城市的联系也是较为松散的。由于城墙阻碍了城市面积的扩大和商业的繁荣，不少城市在很长时期是没有城墙的，中国历史上明代中叶之后很多地方城市才开始修筑城墙，很少有元代修筑城墙的记载，地方城市的城墙修筑几乎处于停滞。可见，在蒙古政权下，游牧文化逐渐代替传统的农耕文化，一种开敞自由的城市形态取代了以城墙壁垒围合的防御型的城市形态。与此同时，传统城市空间中强调对称以及轴线的空间秩序，经纬垂直交错的道路格局都得以突破，造成汉族正统礼制文化以及传统空间秩序意识的衰退，所以，圆形的勾栏很可能出现在城市中心的开阔地带和郊区边缘地带。

3．方位布局的相似性

从日本到室町初期贞和五年的劝进能场都可以看出，日本观能场在方位布局上有坐北向南、正对舞台的方位设置神楼和御座，舞台坐南向北，通过挂桥与后台连接等特点，如室町初期贞和五年的观能场图所示，舞台以挂桥与后台连接，田乐能场的舞台坐南向北设置，而最主要的看台——足利尊氏的“御座”坐北向南设置，据记载足利尊氏在贞和二年（1346年）曾三度观演田乐表演。

我国元代的勾栏组成有腰棚、神楼、舞台、后台等，在日本观能场，也能找到同样的空间要素。此外，和日本观能场在方位布局相同的是，我国元代勾栏也具有以“左方为尊”，正对舞台的方位设置“神楼”和“御座”，舞台“坐南向北”等特点。这很多的相似性都说明，勾栏与观能场的同源性不是巧合，很可能是由我国宋代勾栏演化出的同一种观演空间。下文从中国元末明初的著作《水浒传》第十一回“插翅虎枷打白秀英，美髯公误失小衙内”中描写雷横大闹勾栏的情景作分析参考，分析勾栏中座位和戏台的设置。引用相关文字如下①：

“因一日行到县衙东首，只听得背后有人叫道：‘都头，几时回来？’雷横回过脸来看时，却是本县一个帮闲的李小二。雷横答道：‘我却才前日来家。’李小二道：‘都头出去了许多时，不知此处近日有个东京新来打踅的行院，色艺双

① 廖奔．中国古代剧场史［M］．郑州：中州古籍出版社，1997：136.

绝，叫做白秀英。那妮子来参都头，却值公差出外不在，如今现在勾栏里说唱诸般品调，每日有那一般打散，或是戏舞，或是吹弹，或是歌唱，赚得那人山人海价看。都头如何不去睃一睃？端的是好个粉头！’雷横听了，又遇心闲，便和那李小二径到勾栏里来看，只见门首挂着许多金字帐额，旗杆吊着等身靠背。入到里面，便去青龙头上第一位坐了。看戏台上，却做笑乐院本。那李小二人丛里撇了雷横，自出外面赶碗头脑去了。……雷横哪里忍耐得住，从座椅上直跳下戏台来，揪住白玉乔，一拳一脚，便打得唇绽齿落。众人见打得凶，都来解拆开了，又劝雷横自回去了。勾栏里人，一哄尽散了。”

从中可以看出，勾栏中有“青龙头”，应是勾栏中的上等座位。因为雷横在本县具有一定的身份，才敢径直坐上青龙头首位。而在古汉语字典中，青龙头代指左方，和日本猿乐能场中“左方为尊”的习惯相符。另一则史料是明人小说《南宋志传》第十四回“匡胤大闹御构栏”中，将勾栏中的上等座位称为御座或金交椅，也和日本观能场中正对舞台的座位称为“神之御座”相似。

4．飞桥与挂桥的相似性

舞台与后台之间的挂桥是日本观演空间最主要的特征。我国勾栏中是否有连桥由于资料缺失至今无法考证，但是日本学者须田敦夫在日本剧场史中说：“挂桥是勾栏桥的反桥的形式”，是否挂桥出自勾栏，还有待考证，但宋代画像砖中舞台连廊和元大都舞台上“飞桥”的存在，却明确地说明挂桥不是日本特有的，中国自古有之，而且历史久远。

从宋代画像砖中的演出场景与元代舞台平面中依稀可以寻找到连桥的踪影，为我们推断勾栏有很大的帮助。我国出土文物中年代最早的有顶盖戏台图，演出者就是从两侧廊道出场入场的。宋代将戏房到戏台的出入之所称之为“鬼门道”，很可能是因为连接前后场的是廊道，中间以帷幕隔断。

此外，元代和明代保存有对元代皇宫飞桥的记载（图4-15）。元·熊梦祥在《析津志》记载：“厚载门前为舞台。”而该舞台正是用双桥连接。舞台在厚载门前，两侧有飞桥把舞台和厚载门相连接，飞桥上设有栏杆，在舞台上演出的人可以沿飞桥从两侧走上厚载门[①]。明初，工部郎中萧询曾受命毁掉元代宫城建筑，他在《故宫遗录》中记载了元代的厚载门前的舞台：“厚载门前上建高阁，环以飞桥、舞台于前，回阑引翼。每幸阁上，天魔歌舞于台，繁吹导之，自飞桥而升。市人闻之，如在霄汉。”从中国古代宫殿的平面布局和空间

① 薛林平．中国传统剧场建筑［M］．北京：中国建筑工业出版社，2009：433.

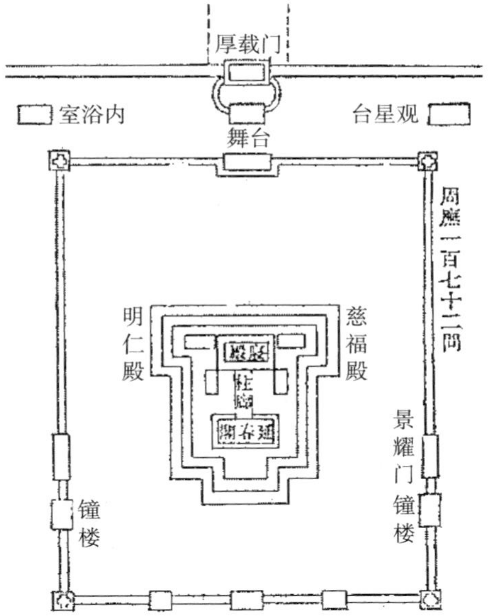

图4-15 元宫城图

薛林平，《中国传统剧场建筑》，中国建筑工业出版社，2009年5月，第一版，第433页

上分析，清宁宫应该在高起的台阶上，舞台表演是专门为清宁宫服务的，故视点应该正对宫殿且位于同一高度。厚载门下面为城门，二层才为后台部分，表演者需先通过两侧楼梯上到城门上，然后进入戏房。作为永久舞台，其应该有屋顶，舞台两侧用飞桥将舞台与厚载门二层相连接。而从厚载门的“门”的使用功能上看，舞台和飞桥应该是架空的，下层作为通行使用，可以看出，元代戏曲演出中前后台的意识已经分得很清楚，同时，由于“出将”“入相”两道门的设置，使得上下场产生顺序和分工，而元大都皇宫戏台中的左右飞桥的设置，应该与演出上下场的顺序有关。元大都皇宫戏台中的飞桥的始建年代为元代初期，由于元代建国时间不长，故在时间上应该早于日本于1348年四河原的田乐能场中的挂桥，但其与日本舞台的挂桥从形式上很相似，挂桥是否来源于元代的飞桥还有待进一步的考证。

明代后勾栏在城市中被禁止，因而没有留下建筑遗迹。文献记载和形象资料的缺乏使得对勾栏建筑的面貌只能依靠不多的文字资料进行分析推测，在学术界的认识也不尽统一。过去的许多学者在研究中仅仅借助有限的史料，力图对于勾栏形象得出统一的结论，不免出现以偏概全的瑕疵。故笔者在本节试图建立起日本田乐场与元勾栏之间的对比与联系，从侧面得到勾栏大致的空间形式。

4.3.3 元代勾栏观演空间推断

上文提到，宋元勾栏和日本猿乐能场中的演出种类、演出形式、观看演出的场景以及建立起日本田乐场与元勾栏之间的对比与联系，从侧面得到勾栏大致的空间形式。同时，考虑到宋代表演形式多样，瓦舍中拥有众多勾栏，其形式必然会显现多样性。而宋代勾栏和元代勾栏有很大的出入，元代以戏曲演出为主，勾栏中戏台作为固定的演出空间，戏台后有戏房利于演员准备，强调上下场关系，这是和戏曲表现空间的丰满化、表演手段的规范化相关的。此外，对比中国宋元时期的勾栏和日本同时期的猿乐能场可以看出，两者有很多的相似性，尤其是元代的勾栏空间形态。笔者从观演场所的历史连续发展来看，元代勾栏还应该有一些共同的比较固定的特点。所以，笔者通过对元代勾栏与日本同时期观能场的相似性的比较，从而对元代勾栏的空间形态进行推测。为了更真实地反映勾栏内的状况，笔者寻找了两段元代流传下来的戏文，以深入地研究。引用该史料如下：

文献一：杜仁杰的《庄家不识勾栏》记述了一个庄家人初次进城看戏的见闻，生动地再现了元代勾栏的演出情况。笔者的年代据冯阮君《古剧说汇》中的推论，约生卒于1201～1283年之间[①]，描述如下：

“风调雨顺民安乐，都不似俺庄稼快活。桑蚕五谷十分收，官司无甚差科。当村许下还心愿，来到城中买些纸火。正打街头过，见吊个花碌碌纸榜，不似那答儿闹穰穰人多。［六煞］见一个人手撑着椽做的门，高声的叫‘请请’，道‘迟来的满了无处停坐’。说道‘前截儿院本调风月，背后么末敷演刘要和’。高声叫：‘赶散易得，难得的妆合’。［五煞］要了二百钱放过听咱，入得门上个木坡，见层层叠叠团圞坐。抬头觑是个钟楼模样，往下觑却是人旋窝。见几个妇女向台儿上坐，又不是迎神赛社，不住的擂鼓筛锣。［四煞］一个女孩儿转了几遭，不多时引出一伙。中间里一个央人货，裹着枚皂头巾顶门上插一管笔，满脸石灰更着些黑道儿抹。知他待是如何过？浑身上下，则穿领花布直裰。”

文献二：元杂剧《汉钟离超度蓝采和》第一折中对勾栏的描述：

“（旦同外旦引倈儿二净扮王李上，净云）俺两个一个是王把色，一个是李薄头，俺哥哥是蓝采和。俺在这梁园棚内勾栏里做场。这个是俺嫂嫂。俺先去勾栏里收拾去，开了这勾栏棚门，看有甚么人来。（钟离上，云）贫道按落云头，

① 胡忌. 宋金杂剧考［M］. 北京：中华书局，2008：11.

直至下方梁园棚内勾栏里走一遭，可早来到也。（做见，乐床坐科，净云）这个先生，你去那神楼上或腰棚上看去，这里是妇人做排场的，不是你坐处。”

文献三：宋代川杂剧还常借物资贸易之机于广场演出与其他技艺开展竞争，时称“撼雷”，有如后世的“斗台”。宋庄绰《鸡肋篇》上卷记载：

“自旦至暮，唯杂戏一色。坐于阅武场，环庭皆府官宅看棚，棚外始作高凳，庶民男左女右，立于其上如山。每浑，一笑须筵中哄堂，众庶皆噱，才始以青红小旗各插于垫为上记。”①

根据上面的几段戏文可以推断出勾栏有以下一些特点：

1．勾栏中已有成熟的看台建筑神楼、腰棚等

从杂剧《蓝采和》得知，勾栏由戏台、腰棚、神楼组成。②而杜善夫的散曲《庄家不识勾栏》帮助我们进一步了解勾栏的布局方式，它描述了一个农村庄稼汉进城中勾栏观看演出的场景，颇具价值。文献中提到：“入得门上个木坡，见层层叠叠团圞坐。抬头觑是个钟楼模样，往下觑却是人旋涡。”我国学者廖奔认为，“入得门上个木坡”说明看戏得上楼梯，此外，“迟来的无处停坐”证明勾栏内只有座席没有站席，②“这个先生，你去那神楼上或腰棚上看去。”说明观众席分为神楼和腰棚，神楼是居中正对戏台而位置比较高的看台，腰棚则是两侧的看台，它对戏台形成环绕之势，并与神楼相接。神楼名称的源起应该是优人供奉梨园之神的神主牌位，模仿庙宇里演戏面对神殿的形式；腰棚的来源则与观众看台有关。③而我国另一学者张家骥也对《庄家不识勾栏》提出了自己的看法：第一，其认为该勾栏比较简易，“入得门上个木坡”说明进入勾栏大门要上个木板子的坡子，庄稼汉正是站在这坡上窥探勾栏里的情况的。这说明观众场地不是平的，而是像舞台的坡地，而且观众是有座位的。第二，他否定了其他学者关于“钟楼模样”是“神楼”的说法，认为“古今的剧场，戏台都对着观众厅的大门，即迎着观众进场的人流的方向。”由于戏台不会设在勾栏大门口，‘钟楼模样’是指戏台。如果确有神楼，它也不是比较高的看台，而只能是高架在勾栏门口，下可通行的高台“看棚”。即便如此，抬头看到的也只能是神楼的楼板。④

由于国内资料的有限性，学者无法对勾栏的具体形态做出判定，而笔者通过

① 中国戏曲志编纂委员会编．中国戏曲志·四川卷·鸡肋篇［M］．北京：中国ISBN中心，1999：18.

② 廖奔．中国古代剧场史［M］．郑州：中州古籍出版社，1997：50-51.

③ 廖奔．中国古代剧场史［M］．郑州：中州古籍出版社，1997：51.

④ 张家骥．中国建筑论［M］．太原：山西人民出版社，2004：257-258.

对日本同时期观能场的研究，对勾栏的神楼和腰棚做如下判断：①关于神楼，由于其是娱乐性建筑，不像神庙中那般是常人不能到达的空间，所以仅仅是空间中具有方位意义的象征性建筑，如日本观能场和能乐场中的入口的神楼和“望楼”“橹”一样（图4–16），乃神降临与驻跸之所，一般都建于舞台面对的看台或场地入口之上方[1]，规模如同一间小屋，我国学者麻国钧在《刍议勾栏橹的原形与意义》中也认为日本观能场中橹的位置正是神庙戏场中神殿应在的位置，橹不过是神殿的缩小、移位。所以笔者从元代杜善夫的散曲《庄家不识勾栏》中推断：“入得门上个木坡，见层层叠叠团圞坐。抬头觑是个钟楼模样，往下觑却是人旋窝。”从中得知入口处就是楼梯，钟楼模样的建筑是神楼，楼梯设于神楼左右，所以才能“抬头觑是个钟楼模样”。又有《汉钟离超度蓝采和》第一折中对勾栏的描述：“这个先生，你去那神楼上或腰棚上看去，这里是妇人做排场的，不是你坐处。”很可能“神楼上看去”所指是让人上楼梯到二层看台，可见神楼仅仅具有空间方位上的神圣性和象征性，或是泛指楼梯与二层看台。②关于腰棚，笔者认为，建造坡状看席不太符合中国传统建造的思维方式，中国古代剧场确实也有利用高差来创造观看空间，但多是利用地形而建[2]。此外，文献三可以看出，宋代“阅武场”中虽然已有高凳等看席，但“环庭皆府官宅看棚，棚外始作高凳，”说明观众席是以看棚为主，棚外始作高凳，这也就决定了无法形成坡状看席，而且看棚是环绕中间的舞亭而建，说明舞台位于场地中央，四面观看，其描述的观看杂剧的场景和勾栏与日本观能场中的场景很相似，所以，笔者认为

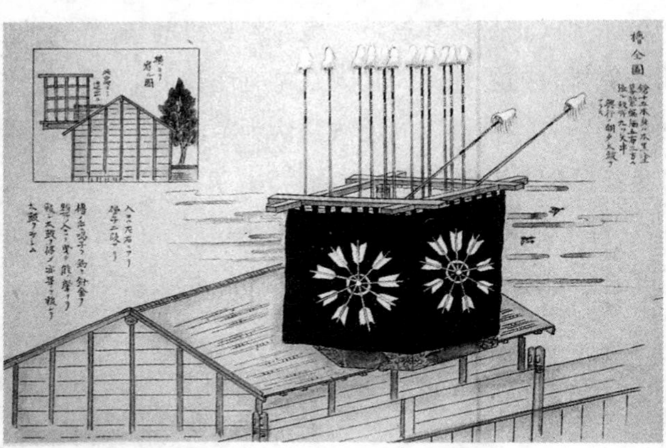

图4–16　能乐场的“橹”
《能乐–加贺宝生的世界》，石川县立历史博物馆编辑发行，2001年3月第一版，37页

① 麻国钧，有泽晶子．刍议勾栏橹的原形与意义［J］．戏剧，1996（04）：44-50.
② 薛林平，王季卿．山西传统戏场建筑［M］．北京：中国建筑工业出版社，2005：206-207.

勾栏中的腰棚的形式应该与日本观能场中的看棚很相似，是简易的棚式的结构，柱间距大约1.5米左右。

2. 勾栏中有戏台和戏房，同时存在连桥的可能性

从元杂剧《庄家不识勾栏》中"见几个妇女向台儿上坐，又不是迎神赛社，不住的擂鼓筛锣。"可推断，"几个妇女"所坐的地方"台儿上"应该是指乐床，应该也在舞台一侧，"擂鼓筛锣"说明演出的乐器有锣鼓等，占地应该也不小。此外，在宋代戏台后部就有戏房。如宋代南戏《张协状元》第二十三出："净在戏房作犬吠。"第三十五出："生在戏房唱。"[①]考虑到宋代神庙中的舞亭及元代的诸多戏台，大多不设前后台，笔者推测，杂剧演出虽然可能已经具备前后台的概念，但当时尚未将前台和后台完全地整合起来，空间分隔仍然具有简易、临时的性质。其间有连接和分隔，明初藩王朱权所著《太和正音谱》中云："构栏中戏房出入之所，谓之'鬼门道'。鬼者，言其所扮者，皆是以往昔人，故出入谓之'鬼门道'也。愚俗无知，因置鼓于门，讹唤为'鼓门道'，于理无宜。亦曰'古门道'，非也。东坡诗曰：'搬演古今事，出入鬼门道'，正谓此也。"苏东坡诗不知出处，如果属实，北宋应该就出现了前后台之概念，戏台后部的戏房，通过鬼门道与其连接，这种工字形的平面组合方式是宋代和元代所常用的。而前后台之间的廊道采用宋元杂剧中常常出现的帷幕进行遮挡和分隔，正好有效地将观众与艺人区分开来。这一连廊也与上文所论述的"鬼门道"的意义相合。笔者这一观点，与胡臻杭在其论文《南宋临安瓦舍空间与勾栏建筑研究》中对连廊的观点相吻合。[②]

此外，从宋代画像砖中的演出场景与元代舞台平面中依稀可以寻找到连桥的踪影，为我们推断勾栏有很大的帮助。我国出土文物中年代最早的有顶盖戏台图（图4–17），演出者就是从两侧廊道出场入场的。虽然在关于勾栏文献中，很少提到联系前后台的连廊，但是从勾栏中的活动和日本观能场中的观演活动看，以挂桥连接的伸出式舞台更加适合于杂耍和舞蹈性质的表演，此外，元代以帷幕分隔前后台的做法非常的普遍，为了更好地融合各种形式的表演，很可能常常采用帷幕遮掩挂桥，以至于在后期逐渐消失，而日本观能场中很重视挂桥上的演出，所以作为舞台最终的一部分保留下来。

① 廖奔. 中国古代剧场史［M］. 郑州：中州古籍出版社，1997：49-50.

② 胡臻杭. 南宋临安瓦舍空间与勾栏建筑研究［D］. 南京：东南大学硕士论文，2010：99.

图4-17 遵义宋赵王坟石室墓刻“女乐图”中的有顶盖的戏台

3. 元代勾栏空间为圆形，顶部半封闭状态

我国学者廖奔认为《庄家不识勾栏》中“见层层叠叠团圞坐”和“往下觑却是人漩涡”透示出勾栏的整体构造呈圆形，元明间无名氏作《墨娥小录》卷十四“行院声嗽”中元人市语也证明了这一点，如“宫室”类里有“勾栏——圈儿”，“伎艺”类里有“勾栏看杂剧——圈里睃末”。此外，从日本同时期的娱乐型观演场所猿乐能场来看，由于其与勾栏演出的状况比较接近，且观演场所的结构和记载的形态都比较接近，故笔者认为，在元代崇“圆”文化的影响下，产生了圆形勾栏，后逐渐传入日本，演化为日本观能场。此外，从日本观能场看出，其圆形或八边形观能场产生很多的无效空间，但其利用商业建筑、附属建筑，大门建筑对其边角空间进行补充，进而形成了合理的、较为规整的空间，所以，笔者猜测元代城市中的圆形勾栏空间很可能利用其周边的空间进行商业和附属空间的布置，同时对其空间形态进行补充，以更好地和城市空间融合，而郊区的勾栏采用蒙古包式的独立的建筑空间。

对于勾栏是否被棚整体覆盖，廖奔引陶宗仪《南村辍耕录》“勾栏压”篇[①]进行分析，认为其中所涉及的“棚屋”暗示出勾栏是整体被棚覆盖的，[②]故据此推论“勾栏是棚木结构建筑……上面应该是封顶而不露天的，根据其他史料可以看出，勾栏棚是一种类似于近代马戏场或蒙古包式的全封闭近圆形建筑，其中供演出用的设备有戏台和戏房，供观众坐看的设备有腰棚和钟楼，其顶部用

---

① （元）陶宗仪．南村辍耕录［M］．北京：中华书局，1959：67.
② 廖奔．中国古代剧场史［M］．郑州：中州古籍出版社，1997：48-49.

诸多粗木和其他材料搭成，承重很大。”[①]张家骥也持相同的看法。[②]而景李虎则基于勾栏由神庙剧场演变而来这一假设，认为勾栏的格局基本如同神庙剧场，并不存在整体的棚盖。[③]与之不同，笔者对于元代的勾栏空间应该是圆形，持肯定意见，但是对于上面应该是“封顶而不露天”这一观点，不大赞同，因为在当时的棚木结构建筑，没有明火采光的情况下，建筑封顶严重影响采光，对于如此巨大的空间，“用诸多粗木和其他材料搭成，承重很大”的情况下，结构既不经济又不合理，发生事故也不可能有“独歌儿天生秀全家不损一人”的情况，同时，基于日本观能场一直是露天的，没有以棚全部覆盖的案例，笔者更加赞成我国学者吴晟的观点，认为该处的“棚屋”只是指勾栏的局部——腰棚或神楼[④]。

4. 勾栏的尺度和空间布局

上文对勾栏中的空间要素做出判断，但由于资料有限，很多细节无法准确判断。鉴于日本观能场与元代勾栏的相似性，笔者先对日本的观能场的空间关系和尺度做出判断，进而对元代勾栏的尺度和空间布局进行判定。

（1）入口与戏台的关系

张家骥认为：“古今的剧场，戏台都对着观众厅的大门，即迎着观众进场的人流的方向。”[⑤]对此观点，笔者认为尚有欠缺。首先，中国大多神庙戏场，戏台都与大门合为一体，即戏台背对进场的人流的方向。这主要是考虑到神的观看视线，而娱乐型观演空间，正是由于缺少了神的观看，其格局才发生了转变，如清代的戏园，其戏台都是对着入口的，这点和神庙戏场不同，由于勾栏的属性是娱乐建筑，所以戏台不会设在勾栏大门口。而日本观能场和能乐场中入口的设置正好印证了笔者的看法，其出入口都是位于观众席一侧。此外，从日本到室町初期贞和五年的劝进能场都可以看出，日本观能场在方位布局上有坐北向南，正对舞台的方位设置神楼和御座，舞台坐南向北，而从《水浒传》可知，我国元代勾栏也具有以“左方为尊”，正对舞台的方位设置“神楼”和“御座”，舞台“坐南向北”等特点，所以，笔者认为勾栏的整体布局遵循中国传统的中轴对称，坐北向南等特点。

① 廖奔. 中国古代剧场史［M］. 郑州：中州古籍出版社，1997：48.

② 张家骥. 中国建筑论［M］. 太原：山西人民出版社，2004：259.

③ 周华斌，柴泽俊，车文明等. 中国古戏剧台研究与保护［M］. 北京：中国戏剧出版社，2009：297.

④ 吴晟. 瓦舍文化与宋元戏剧［M］. 北京：中国社会科学出版社，2001：33.

⑤ 张家骥. 中国建筑论［M］. 太原：山西人民出版社，2004：257-258.

（2）观众席的空间尺度

根据描述，日本学者须田敦夫在《日本剧场史的研究》中对田乐能场的形式，规模，间数，构造做法进行推定[①]，从图可以看出，劝进田乐能场如同后世的中心舞台的布局方式，栈敷（座位）圆形环绕舞台，其规模可以说是田乐能场史上空前绝后的，仅一层就有83间，上下共249间，以此推算，栈敷大概三到四层，总体平均也至少有三层，以室町初期劝进能场栈敷一间（柱间）约5尺，依此类推，其圆形栈敷的内周为415尺，内直径132尺，内半径66尺，按照日本古代1尺等于28.89厘米计算，其内直径约为38米，舞台宽以8~10米计算，东西两侧观众席到舞台距离约为14米，正面观众席到舞台距离约为16米，舞台宽度10米左右（图4-18）。后世的观能场都以此为范本进行改进，其名称也以“劝进”冠名，如劝进能场“劝进舞”等。室町永享五年（1433年）与宽正五年（1464年）的劝进能场进一步改为62、63间，每间5尺，并将63间法定化，根据世阿弥语录中的记载，其变小是因为主要考虑到观演场地音效限制，但是也因为考虑到建筑的材料，构造方法，地敷，座位数量，经济性等多重因素。根据63间式的配置原则，按照通过舞台中心的南北中轴线上北侧正面栈敷一间定其东西行间的栈敷配置，如表4-13所示：从观能场的尺度可知其观众的大概人数，若以249间，每间最多坐3人计算，可容700~800人左右。而宋《东京梦华录》载：“街南桑家瓦子，近

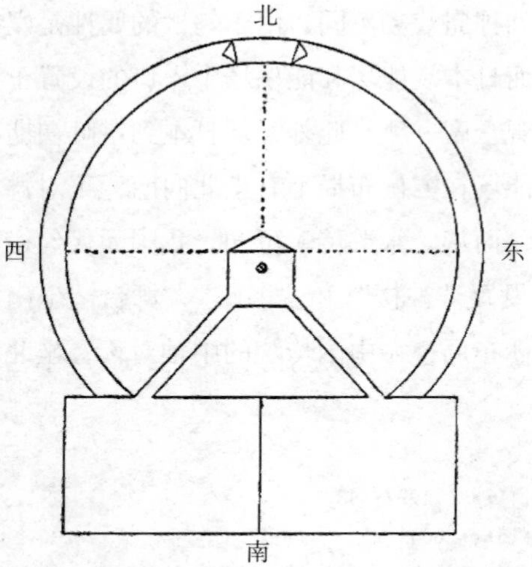

图4-18　日本室町初期贞和五年四条河原的观能场

须田敦夫，《日本剧场史的研究》，相模书房，1957年，第132页。

① 须田敦夫. 日本剧场史的研究[M]. 东京：相模书房，1957：126-139.

北则中瓦，次里瓦。其中大小勾栏五十余座，内中瓦子莲花棚、牡丹棚，里瓦子夜叉棚、象棚最大，可容数千人。”数千人是模糊的数据和概念，这与日本的观能场容纳人数接近，故笔者推测，中国元代勾栏尺度与观能场相似。

（3）舞台与后台的尺度

由于观能场舞台的尺度大约是10米见方，而我国宋元时代的神庙舞台的尺度都在6～8米见方，同时考虑到勾栏侧台加有乐床，所以笔者推测勾栏的舞台尺度为8～10米见方，此外，从日本观能场的乐房可见，其尺度远远大于舞台，说明由于表演的多样性所需要的准备道具种类繁多，这也与观演行为一致，由于勾栏中表演的种类和观能场相近，故笔者认为戏房的尺度不会小于舞台尺度。

元代勾栏在兴盛了短短的一百年后，突然的消失在中国建筑史的长河中，仅仅留下片言之语的文字描述，主要是因为明代在我国历史上是一个推崇汉文化的时期，很多都遵循古制礼法，对前朝元代建筑文化采取推翻和遗弃的态度，所以很少有建筑的形制和实物得以保留。

4.4 本章小结

本章主要通过对中日娱乐观演场所案例以及娱乐行为与观演场所关系的研究，分析中日娱乐型观演建筑的同源性和差异性，进而推断宋元勾栏的空间形态。

首先，本章在第一节对中日娱乐型观演场所案例及空间原型进行研究，笔者介绍了中国历史上出现的最主要的三种娱乐型观演场所：私宅、勾栏、戏园观演场所，同时对比研究日本的府邸能乐场、田乐能场、歌舞伎场三种观演场所。通过研究，笔者认为中国的娱乐型观演场所的发展主要是沿着从宫廷舞场到宫廷舞台，再从宫廷舞台到勾栏戏台，最后从勾栏戏台到戏园戏台的发展历程进行演化的，其主要是围绕着舞台的产生与演变而进行的。日本的娱乐型观演场所的发展主要是沿着从宫廷舞场到猿乐能场，再从猿乐能场到府邸观能场，最后从府邸观能场到歌舞伎场的发展历程进行演化的，由于中国戏台传入日本时已经成熟，所以日本舞台的演化主要是围绕着舞台的左右挂桥如何演化为斜向挂桥而进行的。笔者认为中日两国人的观演行为和表演形式的改变是促使中日娱乐型观演场所演化的主要动力。

接着，本章第二节笔者通过对观演场所的空间要素与观演空间营造方式的研究，得出中国娱乐型传统观演建筑空间布局遵循坐北向南、中轴对称的空间秩序，而日本娱乐型传统观演空间布局体现出左方为尊、非对称等空间秩序。笔者认为，日本“尊左意识”的存在和中日观演行为方式的不同是影响日本娱乐型观演空间非对称布局的主要原因。同时，在通过对中日娱乐型观演场所中人的“观”与“演”的行为的研究后，笔者认为中日娱乐型观演空间中伸出式舞台视点的多样化和可选择性，是其观演空间充满活力的最重要的原因。

最后，本章第三节主要论证元代勾栏与日本观能场的相似性。笔者在论证了宋元勾栏与日本观能场演出属性的相似性外，笔者还从观演场所的建筑形式、结构、空间、连桥的相似性等方面分别论证两者的相似性，同时通过日本观能场的布局和尺度，从侧面得到元代勾栏大致的布局和尺度，并探讨元代圆形勾栏文化的合理性及其文化衰败的原因。

第5章
观演行为与传统观演空间

5.1 戏曲演出与其观演空间的相互适应

戏曲演出与传统观演空间在发展过程中是相互促进、相互影响的，戏曲的改革和发展对观演场所提出新的要求，而舞台技术和空间的改革对戏曲的发展也具有积极的作用。本节通过对传统戏曲表演的时空特性，以及传统观演行为与观演空间的相互影响的研究，探索戏曲演出与其观演空间的相互适应性，进而探索影响传统观演行为与空间活力的因素。

5.1.1 传统戏曲表演的时空特性

中国传统戏曲的时空观念，是较为自由的。戏曲表演的时空结构是自由时空，这种自由体现在戏曲空间的缩放性、破碎性、虚拟性三个特点上。这些特征来自于戏曲发展过程中对传统形式和结构的创新，“空间虚拟性”“空间缩放性”在北杂剧、南戏产生之初就灵活运用，而“空间破碎性”源自明代，戏曲以“传奇”的结构方式打破每部戏剧的结构，将完整的剧本分为十几个“折子戏”，形成一种“破碎的空间”，如《牡丹亭》全本戏被改编成为《惊梦》《游园》等十几段“折子戏”，而许多戏曲艺人只取《牡丹亭》中的一两段进行改编，或者撷取《牡丹亭》中的几个精彩片断来搬演，而折子戏就以这种方式传播和普及。

折子戏是戏曲表现由故事向艺术表现转型的重要环节，使得戏曲表演在场景和人物刻画上都更加的艺术化。如早期的《牡丹亭》全本戏中都有一个形象系列，主人公是杜丽娘和柳梦梅，而春香、杜宝、陈最良、杜母和石道姑等人是次要人物，而花神、判官等，都只是陪衬人物。在折子戏中，没有固定的重点表现人物，每部戏只是着力表现一两个人物，其主角可能是故事的主人公，也可能是其他人物形象，如《牡丹亭》的折子戏《学堂》中着力表现春香与陈最良，而《堆花》中却是十二花神占据了舞台的中心。

下面就从缩放的“线性空间”、拼贴的“碎片空间”、虚拟的“艺术空间”三个特征分别说明中国传统戏曲表演的时空特性（图5–1）。

5.1.1.1 缩放的“线性空间”

中国戏剧的剧本结构具有程式性。一般认为，戏曲结构是一种点线串珠式结构，不同于西方戏剧的板块接近式结构。国际上称东方戏剧空间为开放的“线性空间”，而西方为网状的“封闭空间”。

线性空间，说明表演的顺序性，有一条贯穿始终的线索，而线性空间上的点本身富有弹性，可以通过空间缩放的手法，拉长或缩短，使得场景画面可以时间拉长，使得人物出场“亮相”得以像镜头定格一样，缩放体现在人物心理环境放大，外界历史环境缩小，人物感情聚焦，场景虚化。从体现历史场面到体现人物细节，如放大镜和缩小镜，将人物的内心刻画得很清楚。

这种缩放的“线性空间”体现在时间和空间两个方面：

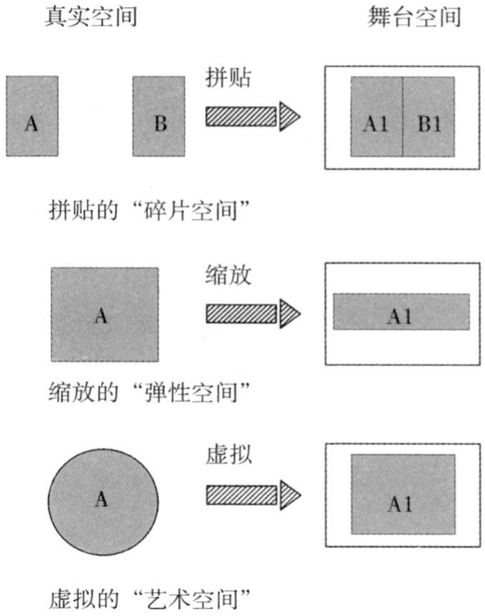

图5-1　舞台空间转化

1. 时间缩放

时间缩放是戏曲中最常用的手法，因为通常一个剧本所叙述的故事，其时间的跨度，最长可以是几十年，如《赵氏孤儿》，也可以是几年，如《谢天香》；而佛道度脱剧，如《布袋和尚》，其设定的时间长达上百上千年，只有通过时间的缩放、人物和场景的演化来完成。一般情况下，戏曲并不明确表示前一折与后一折相隔多少时间，只是当时间对于剧情发展有特别紧密的关系时，才加以点明。如《赵氏孤儿》点明二十年后，是为让孤儿长大报仇；《布袋和尚》的大跨度时间，是为了说明仙佛的好处，所谓“山中才一日，世上已千年”。

2. 空间缩放

空间随着表演的需要被放大和缩小，通常和时间的缩放同时运用。也会单独来表现。例如，《借扇》中孙悟空在铁扇公主肚子里，这种“变形术”，在舞台上不可能要求演员真的像齐天大圣那样变小，扮演者在舞台上用自身真实的尺度来表现放大的空间①。

5.1.1.2　拼贴的“碎片空间”

“碎片”是后现代理论家拒斥所谓世界观、元叙事、宏大叙事和整体性等现代性社会理论的一个关键概念。“碎片空间”说明戏曲表演的非连续性，夸张

① 卢奇. 戏场的前世今生——对传统戏曲观演空间的探析［D］. 南京：东南大学硕士论文，2010：43.

性，以及可以进行多元的拼贴与转化等特点，“碎片空间”使得戏曲表演具有聚焦性，可以对于人物刻画更加细致，而这些被打散的，加工过的艺术化元素，通过拼贴的手法串联在一起，也可以构成新的结构和形式。对于戏曲中常用的时空处理手法——拼贴，大概有以下几种：

1. 人物拼贴

人物拼贴是指在戏曲演出中出于表演的需要，在剧本中增加人物突出要表达的主题的手法。如昆曲剧本《堆花》中，在原本和冯梦龙、徐日曦等人的改本中，表演“堆花”故事情节的，都只有一个“末角”[①]。而到了折子戏改本中，角色增多，由众多角色来扮演十二花神，唱曲也由原来的一支增加到五支，原来的演出只是一个角色，显得冷清。经过这样一改，十二个花神上场，各种色彩相互配合，花团锦簇；再加上合唱、独唱结合，歌声鼎沸，气氛一下子热闹起来，场面也显得格外壮观。从上可见，十二花神的增加是出于世俗欣赏的需要，而不是戏剧表现本身的需要，十二花神意象与原剧创设的意境不相吻合，这一意象的增设破坏了原剧中杜丽娘相思入梦的孤独氛围。不但十二花神是戏曲艺人拼贴上去的，而且《游园》《堆花》两出戏也是戏曲艺人剪贴而成的（图5–2），是从汤显祖原著《惊梦》中分化出来的，也是舞台演出的结果。

2. 空间拼贴

在处理舞台空间时，通常也会用蒙太奇的手法，将两个遥远距离的不同空间同时呈现在舞台之上。例如，《挑滑车》中在表现岳飞率领宋军和金军激战时，高宠要在远处的寨中观看，在舞台上就会把这两个相隔遥远的空间同时呈现出

图5–2　左：昆曲《牡丹亭.游园惊梦》，右：越剧《十八相送》
翟文明，《图说中国戏剧》，华文出版社，2009年8月第一版50页

① 刘淑丽．清代艺人对牡丹亭的改编［J］．艺术百家，2005（3）：15-18.

来，以表现高宠在密切关注着战况的发展[①]。

3. 剧本拼贴

由于折子戏改编本成为一个个彼此间隔独立的文本，其演出也是十分零散的，不成系统的，有时，在一部戏中挑选其中的一两出或五六出演出，而所演出的各折子戏之间却没有内在的逻辑联系。有时几部戏在同一时间上演，各选几出折子戏，放在一起串演，其中所呈现出来的，都是一个个各自独立的叙事碎片。

折子戏一开始就不是以有机整体的形式出现，而是以“碎片”的形式进入戏剧舞台，折子戏使原剧作的结构趋向于碎片化。折子戏改本都是十分零散的，每次演出也是各有所取，同一部剧本如《牡丹亭》，南方看戏更加倾向于折子中的感情戏《惊梦》《游园》《寻梦》《冥判》等展示杜丽娘对爱情的追求渴望，对爱情的执着倔强的部分戏文。

5.1.1.3 虚拟的“艺术空间”

中国戏曲是一种“虚拟性”的表演艺术，说它是“艺术空间”，是因为它用一种夸张、非真实的表达手法，创造出一种远离真实生活的、唯美的艺术作品。近松门左卫门在谈到戏剧的虚实的艺术时说道：“所谓艺，在于虚实皮膜之间。虚而不虚，实而不实，慰在于虚实之间。”他提出的戏剧的“虚实论”可以说很确切地描述了中国戏曲虚拟性的特点，这种虚拟性体现在对于场景的假定性、对剧本的程式化，可以说是一种意念实化与场景虚化的空间处理手法。在描写场景变换时中国戏曲并不像西方戏剧那样会拉下幕布表示分幕。原来戏曲舞台分幕时，演员有时会在舞台前部继续表演，而“检场”会暴露在观众面前来更换布景，表示场景的变换。可以说是人移景移。其虚拟性主要体现在场景的虚拟性、空间的虚拟性、时间的虚拟性上。“折子戏”使得表演对舞台空间的要求更高和更复杂，但空间的“虚拟化”却又使布景道具简单化，舞台的空间则被无限地拓展。

1. 空间场景的虚拟性

戏曲的场景空间中的道具布景都是虚拟的、假定性的，它是通过观众想象的参与而形成一种模糊意识。戏曲舞台大多不用布景，常常只用很少的几件道具，传统的戏曲舞台常只设简单的一桌一椅，在不同的剧情条件下，通过演员不同的表演动作，可以展示出不同的环境，既可以表现剧中的官员升堂、宾主宴会，

① 卢奇. 戏场的前世今生——对传统戏曲观演空间的探析 [D]. 南京：东南大学硕士论文，2010：43.

也可以表现接待宾朋、家庭闲叙等场面，还可以当作门、窗、床、山、楼等布景。而“时空的虚拟化”则是戏曲的灵魂，以《三岔口》为例，它表现的是在夜间漆黑时刻的店房里的肉搏战，而该剧的表演却在灯光耀眼的舞台，通过演员表演给观众造成黑夜的感觉，舞台上二人的打斗及面部细微的表情被淋漓尽致地表现在观众面前，这就是戏曲采用虚拟性的原理来处理夜斗的场面。

图5-3　能乐井筒的古井道具
福地义彦，《能的入门》，凸版印刷株式会社，1994年4月，第39页

除了中国戏曲，日本能乐的舞台也是极其简单朴素，可以说是“空荡的空间”。它可以根据曲目的需要，在台上摆点简单的景物，例如《井筒》的古井（图5-3）、《羽衣》的松树、《三井寺》的钟等，但都是极其简化的象征式的东西。观众随着谣曲的词句和演员的动作，驱动着自己的想象力，极其自然地置身于舞台上的场面和情景里，自由自在地利用舞台空间，任意变换场景。

2. 空间转化的虚拟性

空间转化的虚拟性是指演员所处的许多场景都是虚拟的，从一个场景到另一个场景的转化需要借助演员的表演和观众的想象到达。比如：《梁祝·十八相送》一场，祝英台与梁山伯三年同窗，对梁山伯产生了爱慕之心，在分手之际意欲表达自己的求爱之心。送别途中，经凤凰山则“思牡丹与芍药同圃”、绕池塘则“羡游鱼相戏”、过独木桥则“赖扶持得人”、睹白鹅比翼合鸣则“思情人联袂”、登庙堂则“效喜堂交拜”等。这场戏的场景不断变换，通过人物的动作、宾白和曲文来表示，灵活多样。且全以虚拟构成，很难准确地说出井边、池塘、庙堂的边界和准确的位置，而其边界的区分可以说是形成于观众的模糊意识，而这种模糊性只是就其整体性而言，决非所有传统戏曲的空间都是流动和模糊的，而是在流动中有固定，模糊中有清晰。

5.1.2　戏曲表演对观演空间的影响

我国有三百多种戏曲，在历史上，它们都是从明代的四大声腔及清代的东柳、西梆、南昆、北弋、皮黄等五大系统派生出的地方剧，如昆曲源自昆山腔，秦腔源自梆子腔等。那么，不同的声腔与观演场所有怎样的关系，不同的观演场所如何体现出不同的尺度和观演方式以适应声腔的不同？本节就这一问题进行深入的探讨。

5.1.2.1 戏曲及其观演场所差异性的产生

我国戏曲的内容极为丰富且剧种繁多，据文化部1956～1957年统计，可以报出名目的戏曲剧目有51867个，记录下来的也有14632个[①]。据中国艺术研究院戏曲研究所20世纪80年代初统计，全国有戏曲剧种317种[②]，我国戏曲的种类如此繁多，各地唱腔和戏曲观演空间也各不相同。笔者翻阅了大量的戏曲舞台的资料，走访了北方和南方许多有戏曲表演的地方，发现我国从南到北的口音和方言都不同，北方人说话拖音很长，声音浑厚而沉长，如秦腔称为吼秦腔，沉而绵延，南方人发音短促而音高，如昆腔声音婉转，调高而悠扬。各地方的戏场的空间和形式也大不相同。

其实是不同的戏曲文化造就了不同的戏曲建筑空间和形式，也就是说地方气候环境文化的特殊性决定戏曲文化的特殊性，戏曲文化的特殊性决定建筑的特殊性，这也是建筑文化差异的根本原因。比如中国各地的气候环境不同，年平均相对湿度是从东南向西北降低，气温也是从东南向西北降低，温润的环境中，人的发音频率会较高，声音在空气中的传播速度也会较快，所以，在听觉响亮程度同样的情况下，从东南向西北人的发音的音调越来越低，声音强度大小也相对升高。也正是因为声音在不同环境下的空气中的速度和响度的不同，造就了南方人发音短促而清晰，北方人发音比较冗长而浑厚，秦腔擅长粗犷的男声而昆腔擅长婉转的女声等的特点。如从秦腔、越剧、川剧三者来看，秦腔所处的环境是西北干旱地区，相对湿度在30%～50%左右，而昆曲所处的环境相对湿度在70 %左右，川剧所处的四川地区的相对湿度却在80%以上，在不同的环境中，声音的响度、声速各方面都有不同（表5–1）。

秦腔、川剧、越剧观演场所的差异性　　表5–1

声腔	秦腔	川剧	越剧
所属地区	北方	西南	南方
所属地气候特征	冬冷夏热	温暖	温暖

① 周育德．中国戏曲文化［M］．北京：中国友谊出版公司，1996：490.

② 马彦祥，余从．中国大百科全书——戏曲曲艺卷［M］．北京：中国大百科全书出版社．1983：588.

续表

声腔	秦腔	川剧	越剧
所属地相对湿度	50%~70%左右	80%以上	70%以上
所属地干湿状况	干燥	潮湿	潮湿
保留剧目	《三国》《杨家将》	《红梅记》《白蛇传》	《西厢记》
演出特点	场面大、气势大	绝技表演	场面小、动情
声腔特点	古朴自然、宽音大嗓	南北声腔的融合	快板式的地方方言
戏场中戏台大小	大于36平方米	约36平方米	小于36平方米
戏场广场长比宽	小于1	大于1	约等于1
戏场广场状况	比较开敞的空间	逐步抬高的围合庭院	平整的封闭小庭院

5.1.2.2 戏曲的“五腔同台，五腔一体”现象

清代四川移民活动和会馆的建立，使多种南北声腔剧种相继流播四川各地，而相继入川的昆山腔、弋阳腔、胡琴腔、西秦腔等声腔剧种，也还只是作为各省移民的家乡戏分别搬演于各自的会馆、寺庙而处于诸腔杂呈、花雅争胜的格局。由于川剧的声腔来自“五大剧种”——昆腔、高腔、楚腔、秦腔、灯调和其不同的“五种舞台”——江南会馆、江西会馆、湖广会馆、山陕会馆、本省会馆，最后融合为一体成为川剧，故这一现象被誉为“五腔同台，五腔一体”，我们可以从中寻找出一种新的剧种如何产生的原因。

会馆戏台也是表演各地戏曲最主要的地方，有的会馆甚至建有几个戏台，这也为戏曲的演出流动提供了方便。早年从外省入川的戏班，多靠各省会馆提供资助，先在本省会馆中演出，会馆起初多以地方戏为主，如陕西会馆唱秦腔、梆子，广东会馆唱粤剧，江南馆唱黄梅戏、越剧，山西会馆唱晋剧，江西唱弋阳腔。到后来，戏班再辗转流动到其他省的会馆演出，每天都有三四个戏台在演戏，而且是几台大戏轮流登台。不同的声腔，多个戏班的演出，正是在这样的环境下，戏曲上追求多元化而兼收并蓄，逐渐形成了多种声腔共存的局面，这也就将南北各地的戏曲文化和艺术融合在一起，最后四川“地方化”的，形成了以昆、高、胡、弹、灯五种声腔为一体而构成的川剧，被誉为是“五腔同台，五腔一体”。像这样在同一时间和空间纬度“五腔同台”的状况是很少见的，也就造就了川剧有别于其他剧种的特点。

5.1.2.3 不同声腔对观演场所空间影响

但是各地的移民来到四川建立会馆时，会馆在建筑结构和空间上都有所变化，如北方的抬梁式结构换成了南方的穿斗式结构，跨度减小。但同时保留自己原有的文化特征，都有自己各自供奉的神位，戏台上演出的多是各自的戏曲种类，其戏场状况也是因地制宜，灵活布置。会馆建筑的方位布局也大都不拘泥于传统古建筑坐北朝南的习惯，而是顺应地形和环境布置，笔者对我国四川及各地的会馆及祠堂观演空间统计后发现，越剧的戏场略小，川剧的戏场较宽，秦腔和粤剧的观演空间宽广，赣剧的窄小，其中戏台坐南向北的13个，向南的3个，向西的3个（表5-2、表5-3）。

中国各地剧种和观演空间对比[①] 表5-2

越剧观演场所	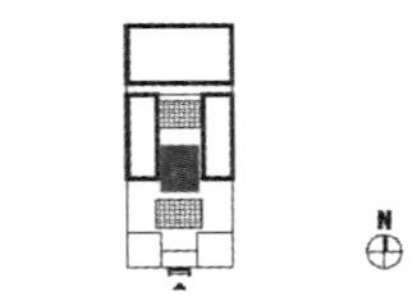	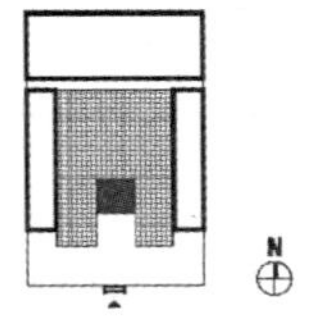	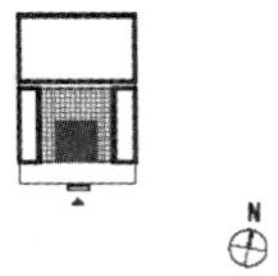	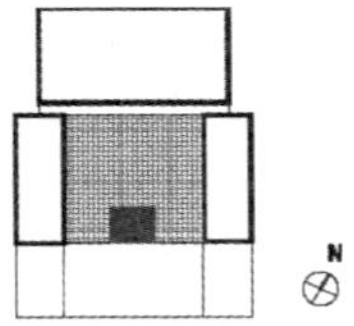
	浙江龙游志棠乡后邵村东陵侯府戏场	浙江嵊州市崇仁镇玉山公祠戏场	浙江江山三卿口窑村黄氏宗祠戏场	浙江宁海强蛟下浦村魏氏宗祠戏场
川剧观演场所	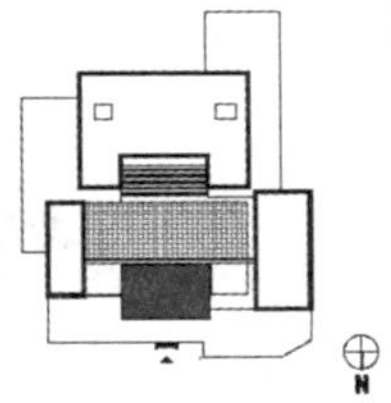		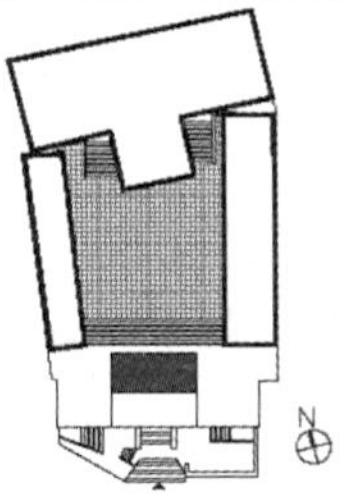	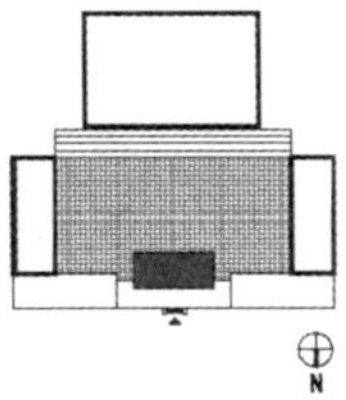
	四川罗泉盐神庙戏场	四川自贡王爷庙戏场	四川自贡桓侯宫戏场	四川都江堰二王庙戏场
秦腔观演场所	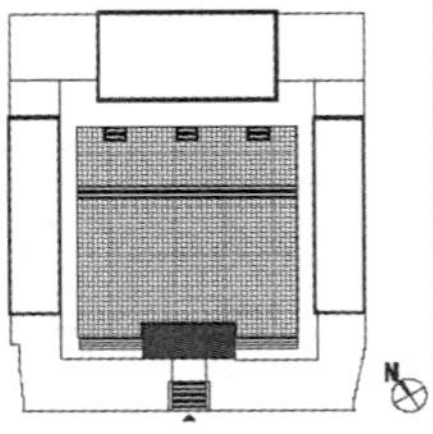	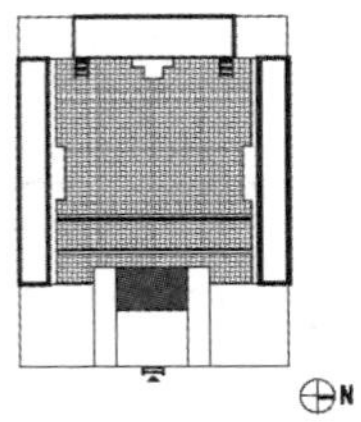	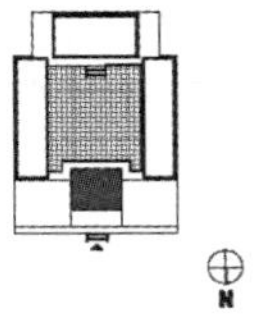	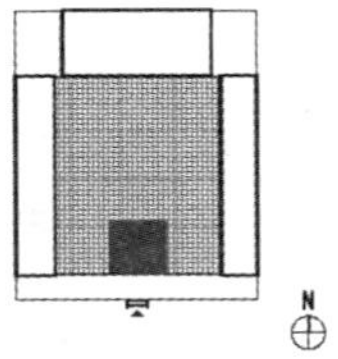
	四川金堂陕西会馆戏场	四川自贡陕西会馆戏场	四川叙永陕西会馆戏场	山西沁水县郭壁村崔府君庙戏场

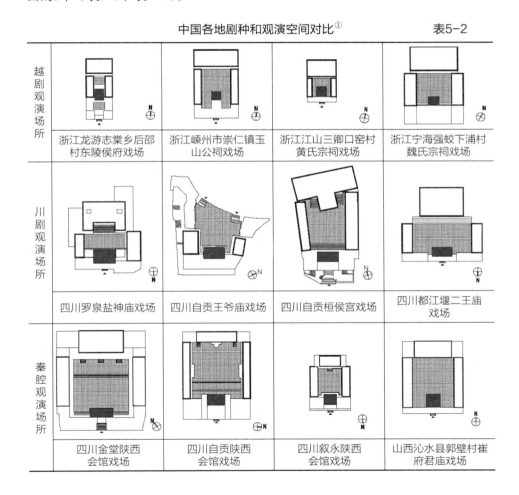

① 崔陇鹏. 四川会馆建筑观演空间探析［D］. 南京：东南大学硕士论文，2010：37-40.

续表

粤剧观演场所	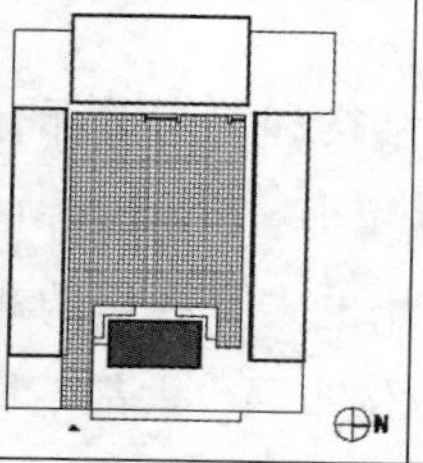	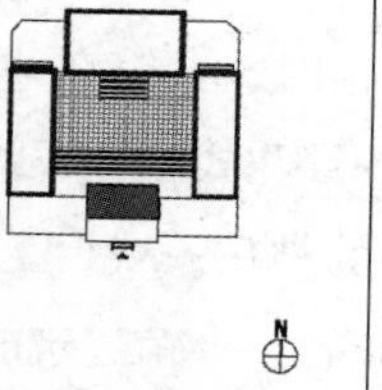	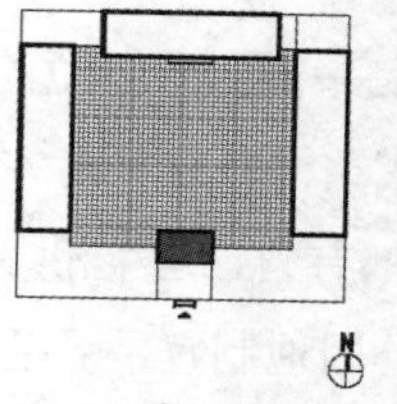	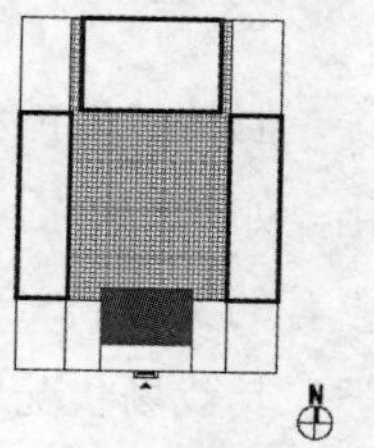
	四川金堂广东会馆戏场	四川自贡仙滩广东会馆戏场	四川成都洛带广东会馆戏场	四川自贡贡井区广东会馆戏场
赣剧观演场所	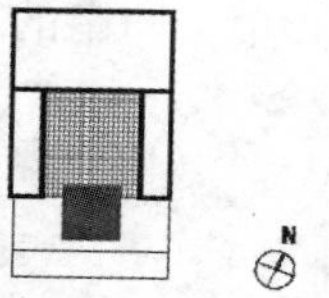	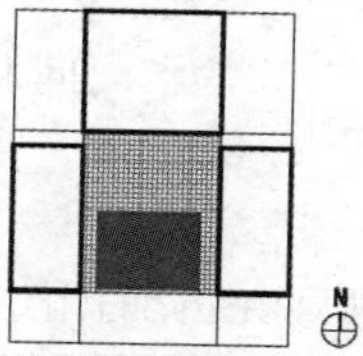	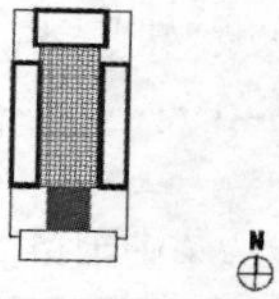	
	浙江江山市廿八都镇江西会馆戏场	江西乐平市车溪村敦本堂祠堂戏场	江西乐平浒崦村程氏祠堂戏场	比例尺 

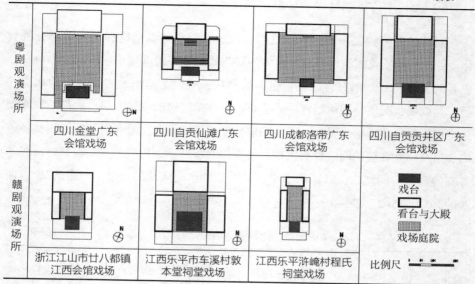

四川地区各声腔戏场状况　　表5-3

声腔名称	会馆名称	台口到正厅檐柱的长度（米）	院落横向宽度（米）	戏台通面宽（米）	戏台进深（米）	戏台面积（平方米）	始建年代
高腔观演场所	金堂五凤镇南华宫	30.0	22.4	8.95	4.4	39.4	清光绪年间
	洛带江西会馆	6.90	16.00	5.1	4.5	22.95	清乾隆年间
	洛带广东会馆	25.0	33.0	5.1	3.1	20.4	清乾隆年间
	重庆湖广会馆广东会馆	20.0	15.5	9.3	7.2	55	清乾隆二十六年
	永川县板桥镇南华宫	16.0	16.5	—	—	—	—
	仁寿县汪洋场南华宫	20.0	16.5	—	—	—	—
秦腔观演场所	金堂县五凤镇关圣宫	28.0	30.0	9.1	4.8	43.7	清嘉庆十六年
	自贡西秦会馆	18.0	20.5	9.0	4.15	33.8	清光绪二十年
楚腔观演场所	潼南双江禹王宫	18.7	21.5	—	—	—	—
	重庆湖广会馆齐安公会所	16.5	7.5	7.5	9.0	67.5	清乾隆二十六年
川剧观演场所	资中县罗泉镇盐神庙	23.0	15.0	9.2	5.5	50.6	清同治七年
	酉阳龚滩川主庙	12.0	9.5	—	—	—	—

首先，从选址上和规模上，四川省会馆大都选于山地处，而其他各省会馆多取地于平坦处。对于当地居民，建立会馆一方面是为了祭祀神灵，聚会看戏，另一方面也是作为当地商业行会的象征，比较外省会馆，它少了居住和储存等功能，故多建在山地处居高临下，院落多为一进院落，规模较小。其他各省会馆占地面积较多，院落空间较大且平坦，如洛带江西会馆和广东会馆，这样的平坦而宽广的空间很适合于高腔的表演，同时，会馆作为同乡人聚会的场所，逢年过节，广场上既可舞狮耍龙，也可大摆宴席（表5-4）。

四川各地的戏台平面　　表5-4

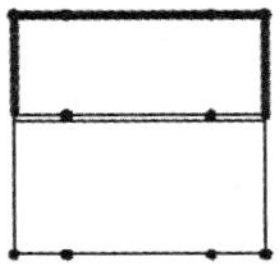	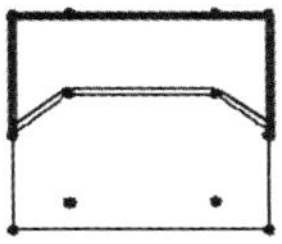	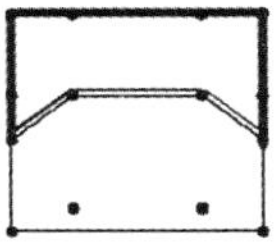	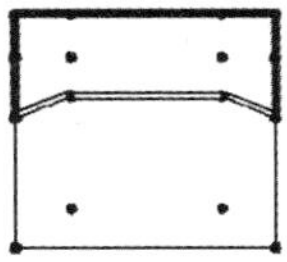	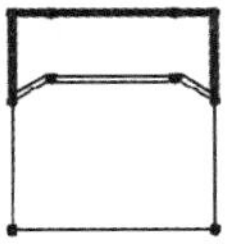
金堂五凤镇南华戏台	金堂五凤镇关圣宫戏台	双江禹王宫戏台	资中罗泉镇盐神庙戏台	自贡王爷庙戏台
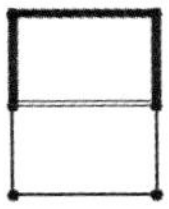	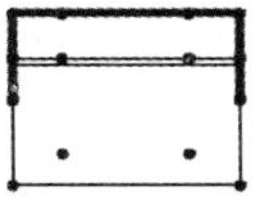			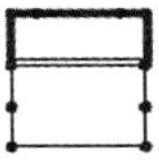
洛带广东会馆戏台	自贡桓侯宫戏台	洛带江西会馆戏台	酉阳龚滩川主庙戏台	重庆湖广会馆戏台

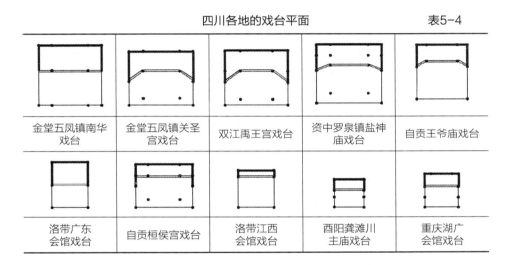

其次，从戏场广场状况上，四川会馆建筑布局比较自由，善于顺应山势，利用台阶做看台，以提高观看的质量。山陕会馆次之，江赣粤会馆广场很平坦，适合于在广场中举办盛大的活动。从戏台大小和庭院面积上可以看出：灯调和楚腔的戏台尺寸较大，但庭院广场却最小，说明它对于观看的精细度的要求高，尤其是要求看清人物面部表情和绝技表演。而秦腔经常表演历史剧，场面大，声音响亮，被誉为是“吼秦腔”，所以秦腔的庭院广场略大一些，戏台也较大，也从侧面说明其西北的地域特色。高腔的戏场中戏台小而庭院面积大，说明演员表演主要以唱为主，高腔中和声唱法和金鼓的选择使得声音的传播远而清晰，坐在很远角落的人即使看不清台上人的表演也明白故事的情节和意思（表5-5）。

再次，从会馆观演空间来看，四川当地的会馆观演空间更成熟，会利用正殿前的空间建造看台和看厅，如自贡桓侯宫正殿前的杜鹃厅，罗泉盐神庙正殿前的看棚，而且主看台和两侧的看台多高于戏台或与戏台平齐，使得看台上的观众视线得以平视，也充分说明其对视线的良好和观看精细度的要求高。而高腔和昆曲的戏台高于

四川地区各省会馆戏场状况 表5-5

	四川会馆	山陕会馆	江赣粤会馆	湖广会馆
主要演出剧种	灯调	秦腔	高腔	楚腔
来源地区	四川、重庆	山西、陕西	江西、广东、福建	湖北、湖南
使用乐器	胖筒筒	盖板胡琴、梆子	金鼓	胡琴和锣鼓
戏台大小（均值）	52平方米	39平方米	29平方米	54平方米
庭院广场面积（均值）	210平方米	370平方米	480平方米	260平方米
看厅到戏台距离（均值）	15.6米	28.0米	22.2米	17.6米
主看台高度	高于戏台	与戏台齐平	低于戏台	与戏台齐平
看台状况	有相对独立看台，面积较大	有相对独立看台，面积较小	看台依附于主殿，面积较小	看台依附于主殿，面积较大
戏场广场状况	利用山地高差做台阶看台	逐步抬高的围合庭院	平坦	逐步抬高的围合庭院
院落设置	一进院落	一进或多进院落	一进或多进院落	多进院落
会馆功能	单一的祭祀和演戏为主	住宿、祭祀、会议等多种功能	住宿、祭祀、会议等多种功能	住宿、祭祀、等多种功能

看台，更有利于声音的传播。此外，四川会馆的戏台，看台在整个建筑和空间中的比重都要高于其他省的，山陕会馆、湖广会馆次之，江赣粤会馆和江南会馆最小。

最后，从戏台的尺度上看，与其经常演戏的戏曲的剧种有关，如南方的会馆，其戏台一般多为一开间三面观的形式，尺度偏小，一张桌子两把椅子足够，在台的后侧布置乐队，乐器也比较轻巧。而北方的会馆戏台多为三开间一面观，需要的场面大，在台的两侧布置乐队，乐队的摆设也较多，所以尽量地增加戏台面积。

从上面可以看出地方戏曲与地方舞台关系密切，一直以来戏曲和舞台两者相互影响且相互促进。因此，对于戏曲舞台的研究，还得从戏曲的特点出发，进一步深入探索研究。

5.1.3 传统观演空间对戏曲演出的影响

本节从舞台的虚拟性、围合性、伸出性来说明舞台与戏曲表演所对应的程式化、互动性、多向性等特点，以及空间塑造与行为呼应，从而阐释空间与行为的关系。

5.1.3.1 虚拟空间与程式化表演

虚拟性观演空间主要是指对空间场景的非真实性塑造。传统戏曲舞台空间是通过虚拟的动作、象征性的说明性语言而形成的一种复杂流动、灵活多变的假定性世界。这一世界需要依赖观众的想象才能完成，就整体倾向而言，戏曲舞台空间有着亦此亦彼的模糊性。戏曲演出空间的虚拟性和演出的程式化具体体现在以下几个方面：

首先，空间的虚拟化和演出的程式化两者是相互影响、相互依存的。由于古代戏台的演出空间除了受到建筑形制、建筑技术等多种限制，其大小被定格在30～50平方米左右。这样的空间相当有限，大的布景和道具都无法使用，这样就很难塑造一个真实的环境。所以，戏曲的演出空间是虚拟的、不真实的，不用借助外在的布景来表达演出的主题。久而久之，为了弥补这种不足，戏曲本身的演出形成套路化，用一种程式化的表演来塑造空间环境，如双手推门推窗的动作意味着门和窗的存在，这些表演的动作虽然在现实生活中都有原型，但在舞台上有超越其本身的意义。不仅是对相应对象的模仿，而且要表达出角色内心的感受或者对环境的渲染。可以说，正是由于在一种非真实的环境中演出，演员由于没有外在环境的影响，所以可以如此投入地体现人物的内心及性格等特点（图5–4）。

图5–4　清人绘明代堂会演出

周华斌，《中国古戏剧台研究与保护》，中国戏剧出版社，2009年12月第一版，第47页

其次，戏曲通过一系列程式化的表演，虚拟地区分舞台空间。如戏曲剧本中常常有多个场景和空间出现，如室内与室外，楼上与楼下等，但其在演出的空间中，多个空间是相互叠合、没有界限的，往往室内外只有一步之差，只要演员表示开门进了屋或出了门，而又表演出不再需要门的时候，这个门就随着表演而消失了。又如在戏台有限的舞台上，演员拿着马鞭，模仿人骑马的动作在场内沿弧线慢跑，就可以略去对千山万水场景的塑造，由于舞台的面积一般都在四五十平方米左右，所以演员的步

伐、动作，都以程式化的方式控制，以达到更好的效果。再如舞台中放置一桌二椅，变化出许多图形，又凭借演员程式化的表演赋予这些不同的图形以规定情景，从而激活了观众的经验，诱发人们的奇思妙想。它可表示各种环境要素，有时是室内的椅子，有时是河上的拱桥，有时是山地的斜坡等。

最后，程式化的表演以强有力的表现弥补了虚拟空间的不足。由于中国古代戏曲的演出场所往往是开放式、流动式的，经常在寺庙、草台等公共场所演出，甚至是在闹市区演出，观众的嘈杂声和小商贩的叫卖声此起彼伏，很容易影响演出，只有通过制造火爆的舞台效果，才能在嘈杂的戏曲环境中突出戏曲表演。所以戏曲形成了一套程式化的表演：高亢悠扬的唱腔配以敲击有力的锣鼓，火爆的武打场面和惊险的绝技表演，勾红抹绿的脸谱及镶金绣银的戏衣，舞蹈的表演程式化，音乐节奏的板式韵律化，舞台造型及图案装饰化，连同剧本文学的诗词也格律化，以此来吸引开放式的场所的人群的注意力，同时又以程式化的表演暗示环境、人物，让人一看就明白，即使随时来随时走的路人，都可以通过寥寥几笔的描述，知道台上演出的内容和情景。

总之，戏台在长期的发展中和地方戏曲相互影响，形成了自身独特的观演空间与独特的表演方式。传统舞台的虚拟性、围合性、伸出性正好适应了戏曲表演的程式化、互动性、多向性等特点。

5.1.3.2 复合空间与互动性表演

中国古代的演出空间和观看空间是复合形态的，即你中有我、我中有你、相互交织、相互影响。同时，演员和观众之间，观众与观众之间都具有互动性，每个观众不是被动地接受，其本身也在演出。对于观众来说，观赏点是散点式的，空间中的兴趣点是多向性的。这种观演模式不同于西方的观众和演员完全隔离而对立的观演感受，它要求“观”和“演”两个空间有更多的融合，观者和演者都清醒地认识到扮演性，而不要把表演当作现实，因此，传统观演空间呈现出亲密的观演关系，如在戏园中，观众可以在精彩之处高呼，可以在不满意时喝倒彩，甚至可以在演戏时吃面、喝茶、吃零食。

相反，西方自古希腊时代起，理性的戏剧观就一直左右着西方戏剧舞台美学。它强调舞台布景是对现实环境的完全复制，需要以具体的、真实的布景和道具来表现现实世界，在这种空间中，观演双方是对立的，演员是主动的灌输，而观众是被动接受的（图5-5）。不同于西方戏剧的“间离美学”和相对被动的欣赏方式，中国传统戏曲更重视观众与演员的互动性，而不是将演员和观众蓄意隔

图5-5　欧洲剧场的包厢中观看演出

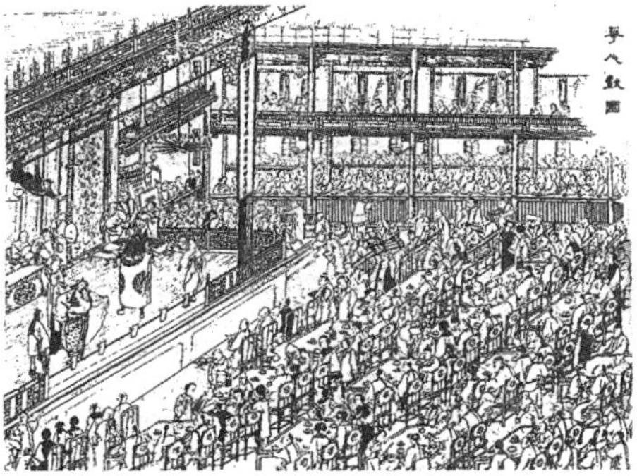

图5-6　吴友如所绘清末的《申江胜景图》中的华人戏园图

廖奔,《中国古代剧场史》，中州古籍出版社，1997年第一版，第60页

离开而创造虚幻的效果。它勾勒出的“意境”，不是一种真实唯美的存在，而是对场景空间感的同构，是导演和演员观念中所认识的世界的塑造，也是观众“共有文化”意识中的虚拟世界。这个抽象的虚拟空间，需要观众的参与来完成，于是观众被赋予“参与”演出的权利，远非被动观看方式[①]。传统戏曲及其观演空间更加强调观演过程的参与性，使观众和演员共同来完成表演，而并非由演员单方面的“灌输”，所以这样的观演空间注重的是观众的在场感，允许并且强调观众自我意识的存在。

5.1.3.3　伸出式空间与多向性表演

传统戏曲舞台是一个三面敞开的伸出式空间，由于观众分散在舞台的前、左、右三面，演员表演需要考虑到各个方向上的观众，所以其表演呈现多向性。不同于西方一面观看的镜框式舞台所体现出的对立性和平面性，三面式舞台使得观演空间更具有融合性与三维性，观众与演员之间的距离更近，而且对于戏曲表演，那些细小的动作能否顺利传达给观众，关系到观演空间创造的好坏。通常来说，戏曲会用夸张的动作、声音来表现，这样有利于大尺度的观演空间需要。但是戏曲表演中的一颦一笑，或者一个兰花指，即使夸张过度，在现实的观演环境中，特别是当代大尺度的剧场中难于传达，需要用三面围合的方式，加大观众和演员之间的共享面从而缩短彼此的距离（图5-6）。

为创造出一种互动的亲密感和在场感，让观众环绕舞台，三面围合观看是最

① 陈军，刘琼琳．中西观演空间的文化比较［J］．华南理工大学学报（自然科学版），2002（10）．

好的解决策略。当然，四面围合的观演方式似乎更加密切，如一些傩戏的表演，更具有参与性和融合性，可是演出中失去正面性的模式对于戏剧表演来说是难以定型发展的，我们可以从戏曲发展的过程中发现，在戏曲早期的“围观”方式中，四面围合一直在向三面围合的方向发展，尽管元明清历史上也有过一面观的戏台，同时又似乎存在着从“三面观看”向“一面观看”演化的趋势，像山西的一些砖砌山墙的戏台，但是这种戏台存在于戏曲还没有完全定型的时代，其形成具有建筑材料、唱腔地域性等的特殊因素，更主要的是在后来成熟体系的戏园中，这种样式完全被放弃，戏园里是有使用一面观或者其他方向的可能性的，但是这种情况却从来没有发生过。而且，最重要的观看位置被安排在舞台的侧面二楼的官座上，由此可以判断出三面欣赏的方式绝非戏场发展不完善的权宜之计，而是一种自然选择和优胜劣汰的结果。

5.2 观演模式与空间尺度

古代观演空间存在多种观演模式，可以说，各种观演模式都各有优劣，有其不同的存在环境和与之对应的观演行为。本节探讨观演空间与观演模式之间的关系，从而深入挖掘空间的潜质，寻找传统观演空间采用三面观演的原因。

5.2.1 观演行为与观演模式

观演从广义上讲，指所有包含观和演两种活动的整体；从狭义上讲，它仅指具有积极意义和具有临场感的观演活动和场所①。而观演模式，主要是指表演者与观看者双方所处的空间关系。传统的观演空间模式有三种：全包围式观演空间、半包围式观演空间、面对面式观演空间。但是进入现代后，出现了其他的两种观演空间模式：环绕式观演空间、空间式观演空间。环绕式与空间式的区别是从二维空间到三维空间的演进。这两者在第六章再做详细的介绍，本章主要讲述前三种传统的观演模式。

① 林敏夏. 中国古代人性化观演空间原型的探讨［J］. 工程建设与设计，2004（4）：44-45.

5.2.1.1 全包围式观演空间

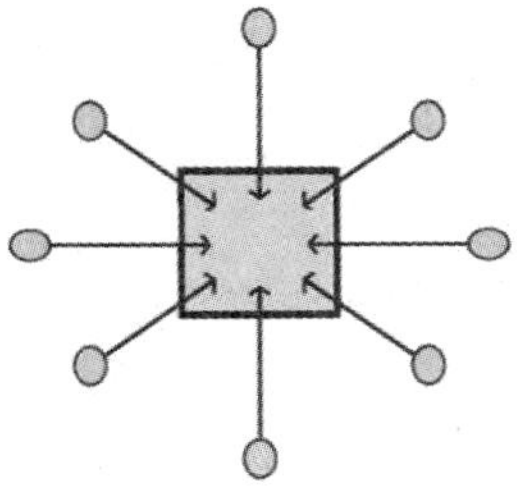

图5-7 全包围式演出空间

全包围式观演空间，是指表演方形成一个中心点区域，观赏方围合在其四周（图5-7）。在没出现真正的观演建筑之前，我们的祖先就是根据这“围观”的心理要求，由人和人围成了一圈进行祭祀演出，这种原始的表演和天然的围观心理，到今天仍是现代观演建筑设计的本源。

人类早期的观演空间大多是全包围式的，其表演都是随处做场，全包围式观看。如从古代流传下来的安徽贵池的池州傩戏（图5-8），表演者扮作神仙鬼怪，在广场中心处翩翩起舞，边跳边唱，它既是一种演出，又是一种仪式，其主要目的仍然是驱鬼避邪、酬神祈福，如果没有了促使这种仪式产生的动机，也就没有了这种表演。从另一种意义上说，由于这种包围式的空间形态缺少正面，使得演员难于顾及所有面的信息交流，因此这种形态往往停留在原始的，缺少扮演性的戏剧雏形中，使得表演的仪式性大于观赏性，可以说，其表演活动中精神性的力量和空间活力的获取是以表演的观赏性为代价的。它具有一种将集团的意志力同某种超个人的精神相连接，从而使之产生一种超越自身的特殊魔力。于是，被包围在中心区域所进行的表演就因一种超越个人的巨大力量，使其回聚到某一根源性的人物身上。采用圆环包围式的演出，它不是要让观众处于内省的心理状态，而更倾向于让观众进入一种神迷心醉的忘我境界。这种空间形态之所以被舞蹈一类的表演艺术所采用，其原因就在于此①。

图5-8 安徽贵池市的“池州傩戏”

① 何博翔. 现代戏剧舞台空间演变研究［D］. 南京：东南大学硕士论文，2008：23.

5.2.1.2 半包围式观演空间

半包围式观演空间是指观众以半围合的方式环绕在舞台周围，而将剩下的一面或两面作为舞台背景的空间形态。半包围式观演空间又可分为三面包围和两面包围两种。前一种称为三面式（图5–9），后一种由于其观演空间是表演方形成一个连续的线状，观赏方围合在两侧，即像队列那样以线式运动为特征的表演空间形态。由于它常常同“道路”“街道”等空间词汇相伴出现，故日本建筑师清水裕之称之为“道行式”演出空间①。

我国的南方地区戏台多采用半包围式空间（图5–10），戏台在庭院中伸出，观众从三面观看，演员用动态的方式来扩大正面表演的范围。在不同的时间点上，对于单个演员来说其自身的正面方向是不同的，这样舞台的绝对正面性减弱，观众围坐在三面，这样不利于创造单一的焦点，却提供了多个焦点的可能性：在同一时间可以有多个焦点，或者在不同时间有多个不同的焦点。这和东方传统的戏剧观是一致的：时间变化是动态的，空间是散点式的。这也使得西方写实性的一点透视舞台布景不能适用，需要用模糊性的场景来适应多焦点的观演方式。

“道行式”演出空间则是另一种半包围式观演空间，其演出空间是线性的，最大的特点在于表演的不断变化和流动性，如现在在农村还能看到的“社火”，

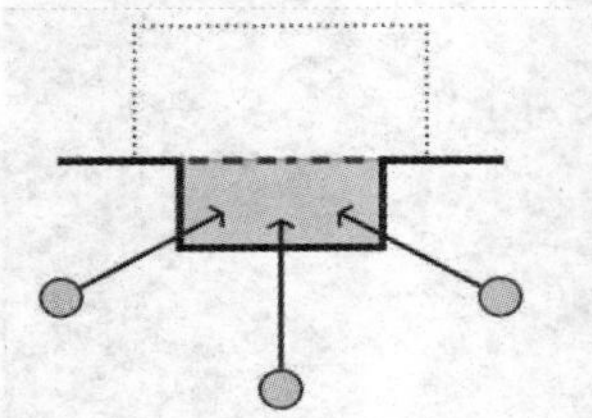

图5–9 半包围式演出空间

图5–10 宁波安庆会馆戏台

① 清水裕之. 剧场构图［M］. 鹿岛：日本鹿岛出版社，1988：59.

大概就是这种演出形式的一部分。在明清，有各种各样的这样的表演，时称为“走会”，其内容经常是民间歌舞的串演，它没有一个中心事件、情节和人物，唱段曲调也不统一。这种表演方式在我国有着很长的传统，由于传统古镇戏场的观演空间是线性的、流动的、非封闭的，恰好能给这样走街串巷的民间戏曲以表演和施展的空间。

古镇中社火的演出场所经常是流动与固定相结合的演出空间，其表演也可以分为两部分：流动演出和固定演出。流动的演出主要是指庙会时前期在街道上边行边演，固定的演出就是空场地上的表演，常常是在两段游行表演中间的空档期进行。前期走街串巷表演，一来铺垫气氛，二来聚集人气，三来消灾祈福，等游历完毕，才在空场地或坛场停留下来，举行一系列的仪式和表演。

5.2.1.3 面对面式观演空间

面对面式观演空间是指表演方形成一个整体的面状空间，观赏方处于一侧，观演双方整体呈现出面对面的状态，两者由此出现一条明确的区域划分界限（图5-11）。

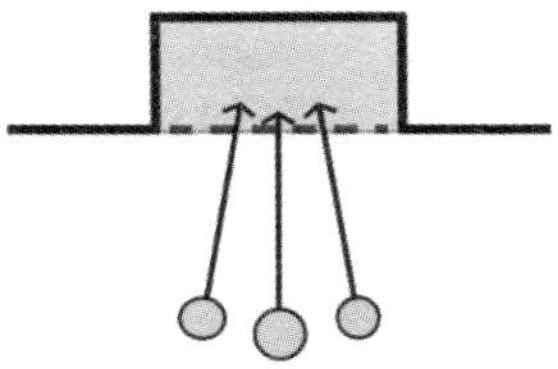

图5-11 面对面式演出空间

西方现代剧场中的镜框式舞台，多采用面对面式观演空间，不同于全包围或半包围式观演空间，这种观演方式使观众集体用静态的方式固定住一个正面，演员只需要顾及到这个单一的正面。这样的静态观察方式使得观众的视野集中在相对狭窄的区域内，形成了一点透视。它要求演员的舞台表演中心也在集中区域，即舞台的中轴线上，这样来强调正方向的一致。而舞台形制因此也是有利于这种观赏方式的，其正面性屏蔽了侧面和后面的观赏方向，使得写实性有实施的可能性。这与我们生活中的观察方式是一致的，每个时间点上只能有一个关注点。这种观察方式符合西方传统的戏剧观：对生活真实的照搬和复写，戏剧表演时间尺度和现实世界一致，表演对象时间跨度短，空间相对固定。

面对面式观演空间，在我国明清时期北方的戏场中也比较常见，但其一面观的方式不同于西方的镜框舞台，一面观的戏台经常位于广场上或没有侧看台的庭院中，也就是在建造时由于周边环境的不同，和观看的不同需要而建造（图5-12），北方戏曲演出和南方不同，对演出观赏性的要求很高，而且对后台面积的要求比较大。

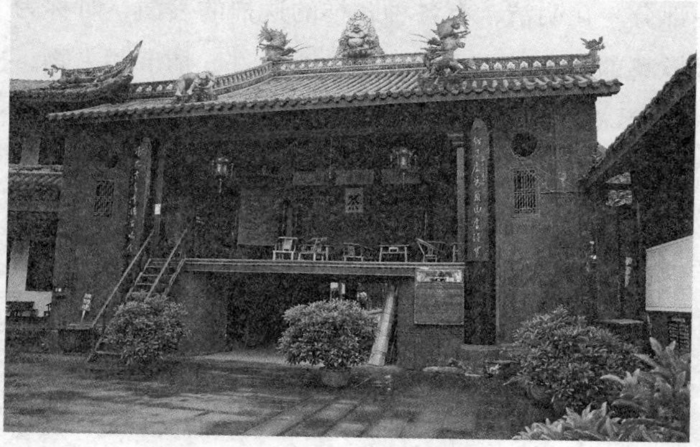
图5-12 黄龙溪古龙寺戏台

通过对三种不同观演模式的分析，我国戏曲观演空间常常处于半包围式和面对面式两种模式之间，而我国清代戏园中对于三面式舞台的选择，更说明传统戏曲与三面式的观演模式之间有着不可替代的关系。

5.2.2 传统观演空间组织方式与空间尺度

观演场所在中国传统聚落中，扮演着公共空间的角色，承担着聚集人群活动的作用。最常见的传统观演场所，分别存在于祠堂、庙宇、会馆等公共建筑中，本节讨论观演场所的空间组织方式与空间尺度的关系，主要是讨论这三类观演空间和周边环境的关系，以及在环境中的形成过程和其对周围的环境产生的影响和作用。大体来说，这三类观演场所形成的方式有两种：自下而上与自上而下的形成过程（表5-6）。

中国城镇与村落戏场的空间组织方式　　表5-6

聚落	组织方式	外部保护	主导因素	空间特征	街道格局	观演场所	研究案例
城镇聚落	自上而下的他组织方式	人工屏障、城墙、护城河等	政治、文化主导	规整有制、易于产生空间活力	封闭网状	寺庙戏场、城市戏台等	山西、四川古城、古寨堡等
村落聚落	自下而上的自组织方式	天然屏障、水系、山林等	商业、血缘主导	灵活有序、易于形成空间秩序	开放线性	寺庙、会馆、街心戏台、祠堂戏场等	山西、四川古村落、古镇等

5.2.2.1 传统观演空间组织方式

自下而上的自组织方式通常源于商业主导的乡村聚落，体现出自然生长的有

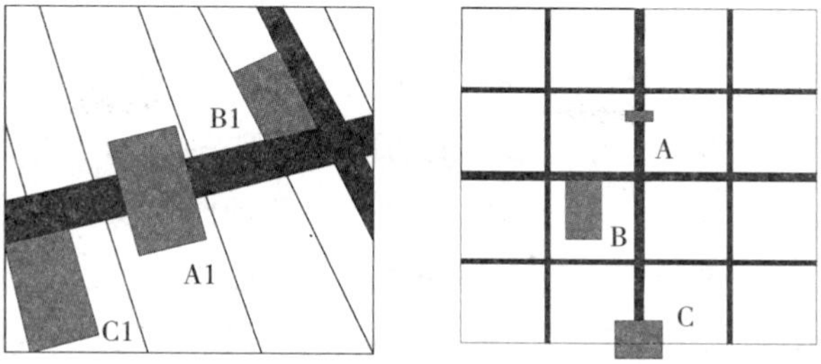

图5-13　村镇与城镇戏场组织方式对比

（a）自下而上自组织的村镇戏场　（b）自上而下他组织的城镇戏场

机空间形态，其建设通常是无规划和自发的。与城市中的戏场不同，村落很少是以一个"理想的规划"为基础，而是与地形及农耕这一特定的产业形式相关联，从而呈现同构拓扑形态。村落更加强调自然主义，讲究因地制宜，追求内容上的整体感，以及谦逊地与自然环境保持和谐统一。在场镇形成之初，仅仅存在许多散落分布的居民区，后建立起带有公共观演空间的寺庙，会馆成为场镇的中心，庙宇的戏场空间也成为村镇兴盛的标志，从离散无中心到同向有中心，整个聚落以寺庙、会馆为中心的聚散方式，民居则围绕城镇中心辐射布置。一般来说，带有观演场所的庙宇、会馆和祠堂会处于村落中如图5-13（a）所示的A1、B1、C1三种位置，第一种位置A1，处于村落的中心区域，整个戏场跨街而建，或戏台单独而建正对庙宇；第二种位置B1，处于完整的四合院中，形成独立的戏场，位于村落中心街道一侧；第三种位置C1，处于村落的村口附近，与村落的出入口广场一起构成放大的公共空间。

而自上而下的他组织方式通常产生于政治主导的城镇聚落，体现出逻辑性较强的几何空间形态，它通常是经过设计和规划的，拥有完整的形制和严格的设计规范，通常离不开固定的封闭的四合院空间格局。表现在整体空间的布局上，更为遵循"宇宙模式"，形式上讲究整体性和整齐划一、方正对称；由于城市的发展是自上而下的他组织过程，重要的寺庙、会馆建筑通常处于城市的重要位置，交通便利且经济繁荣之所，一般来说，城镇中会带有观演场所的庙宇、会馆和祠堂一般处于如图5-13（b）所示的A、B、C三种位置，即横跨道路、位于道路端头、与道路相邻。第一种位置A，处于城市的中心区域，戏台单独而建，跨街或处于城市街道一侧正对城隍庙；第二种位置B，处于完整的四合院中，形成独立的戏场，位于城市街道一侧；第三种位置C，处于城镇城门附近，常与瓮城合建，或借助城门出入口的广场。

以上两种不同的组织方式所产生的空间形态，都表现为聚落的基本构成单位——四合院，在不同尺度下聚集的情况，所呈现出的不同的空间组织方式。但是可以看出在空间构成上它仍具有相同的基本结构和稳定的空间形构，即具有“同源”现象。形态上的差异主要来自空间尺度的不同。在城镇中的B、C两种空间模式与在村镇中的B1、C1两种模式没有本质的区别，都是位于人流汇集之处，都保持戏场空间的独立，与道路系统没有实质的交叉，但是A与A1却因为城镇与村镇街道的尺度和属性的差别产生质的变化，A模式将戏台独立敞开于街道，甚至横跨街道，使得戏场借用主干道作为戏场，A1模式将整个戏场凌驾于主街道之上，使得戏场空间的与道路系统产生交叉空间，但只有在街道的尺度以及功能性适度的村落环境中可以做到，说明尺度是A、A1模式不同的主要因素。

自下而上与自上而下也不是绝对的，是互为因果的。如四川自贡的仙滩天上宫，本来存在自上而下建立的一个完整封闭的四合院布局戏场建筑，后期由于街道的形成和需要，开始自上而下的改造，最后被街道从中间穿越，成为一条跨街道的戏场。但其所处的地理位置位于山谷河岸之处，前面是河岸，后面是山峦，而侧墙外有修房建街的余地，于是形成了一条城外之街，于是就变成了街道中间的祠庙或会馆。

可以看出，同样尺度的一个观演空间，处于小村落中它可以横跨街道，成为一个面空间，而在大的城镇中它只能是一个点空间而处于街道一侧。两种组织方式中，观演空间本身的尺度和构成形态并没有多大的改变，而城镇和农村空间尺度的不同才是造成两者观演空间不同的主要原因，其组织方式的不同则是影响其形成和推动其演化的主要动力。

在日本的农村与城市的观演场所中可以清楚地看出自组织与他组织的关系，从表5-7可见，处于日本村野的神乐或能舞台，处于一种自下而上的自组织的发展方式，其主要考虑的是与山地地形、周围树木、河流的关系，而处于书院中的能舞台，则处于自上而下的他组织的方式，其主要考虑的是与周围建筑的关系，以及旧有的礼法制度和规范，处于农村和城市中的舞台由于建筑密度和空间尺度，以及建造所考虑因素的不同，观演空间的图底关系发生互换，进而造成不同的空间形态。

从上可以看出，自上而下的组织方式常常用于城市规划体系下建造的建筑聚落，易于形成空间秩序，而自下而上的组织方式更多见于农村乡野，自发建造的建筑聚落，更易于产生空间活力。所以，要想进一步研究传统观演建筑的空间活力，就需要对传统古镇聚落中的观演空间组织方式进行深入的研究和参考。

日本农村与城市观演空间对比[①]　　表5-7

日本农村神社舞台	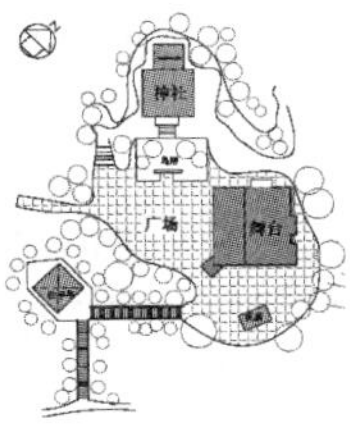	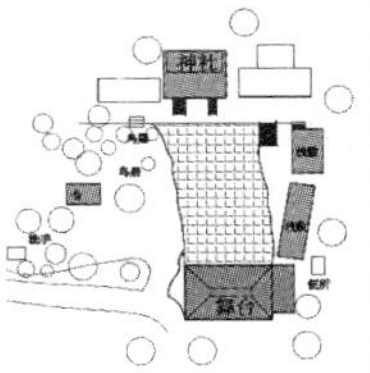	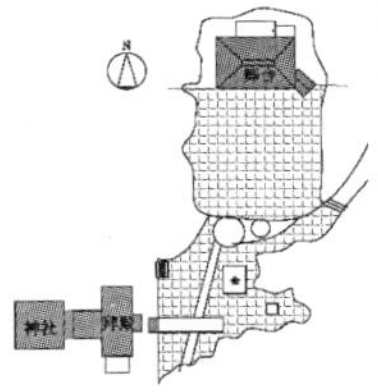	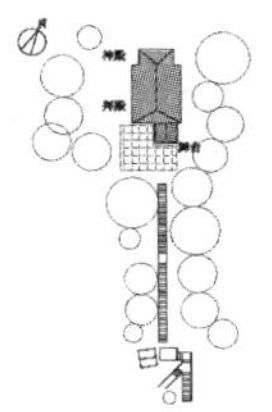	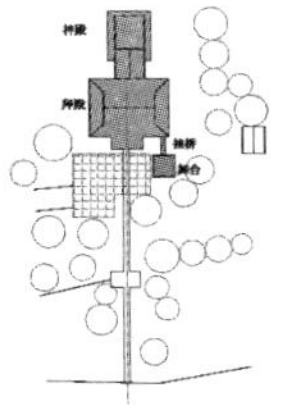
	川吴的农村舞台	肥土山的农村舞台	犬饲的农村舞台	新潟县上越市西吉尾熊野神社	新潟县鱼川市田伏奴奈川神社
日本城市中寺庙和府邸的能乐舞台	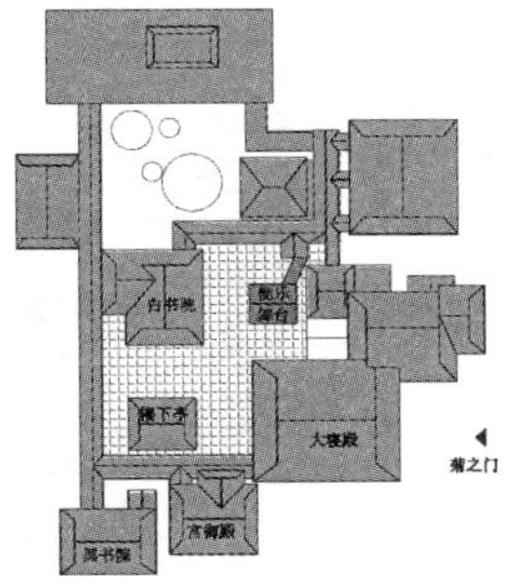	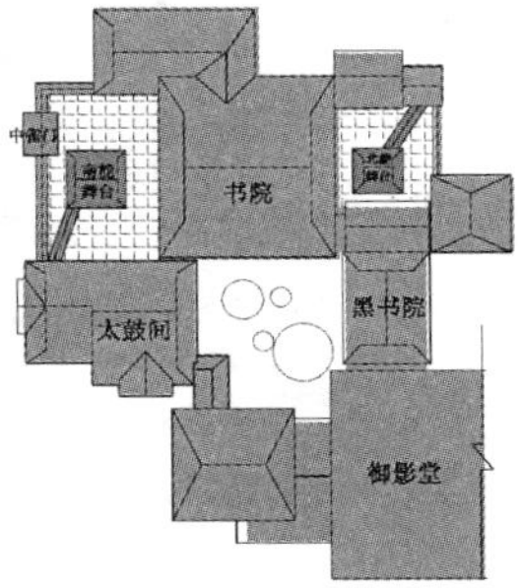	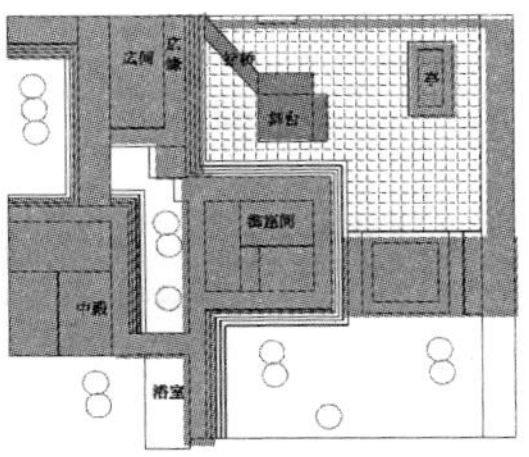		
	东本愿寺能乐舞台	西本愿寺能乐舞台	室町末期关东管领邸		

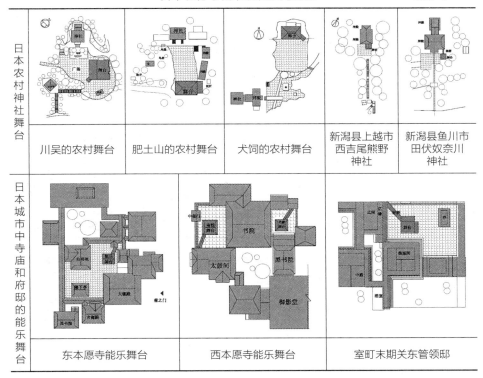

5.2.2.2　观演空间与道路的空间尺度关系

我国传统古镇聚落及观演建筑的数量很多，其空间也灵活多样，各不相同。笔者对山西、四川地区的传统古镇进行了大量的研究后，发现观演空间的多样性主要体现在其与街道的多样性关系，笔者将其与街道的关系归纳成为以下三种结合方式：①戏场位于街道一侧。②戏场与街道结合，戏台横跨于街道或位于街心。③戏场位于街道的端头，作为街道的收尾（表5-8）。下面就三种方式分别阐述。

1. 戏场位于街道一侧

戏场位于街道一侧的方式一般有两种。第一种是戏场通过空地与道路相连，如宜宾县越波场南华宫戏场（表5-8），第二种是戏场直接与道路相连，如四川尧坝场东岳庙戏场（表5-8）：东岳庙处于尧坝场中央，面临古街，背靠聚宝山，

① （日）森兼三郎. 德岛的农村舞台[J]. 住宅建筑，1992（2）：120-161.

山门背面即为戏台，出了山门即是街道。这种方式最为常见，因为其与外界环境保持着高度的独立性，这种方式也是山陕地区的小城镇中最常见的戏场形式，通常属于庙宇或会馆私有的情况，不占用公共空间。

巴蜀戏场与街道的关系[①]　　　　表5-8

<table>
<tr><td rowspan="2">戏场在街道一侧</td><td>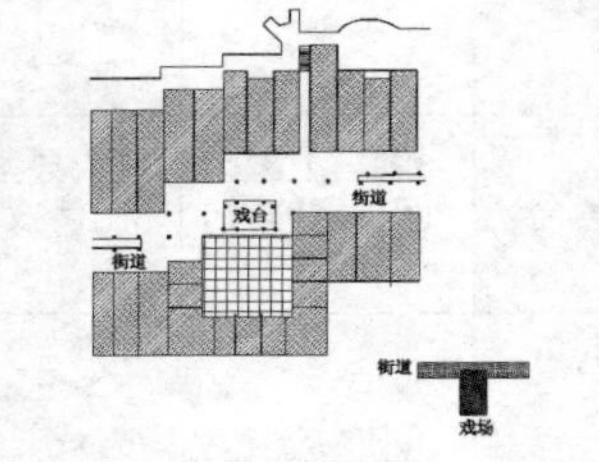</td><td>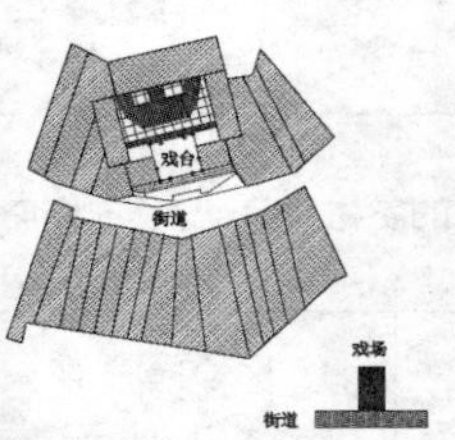</td><td>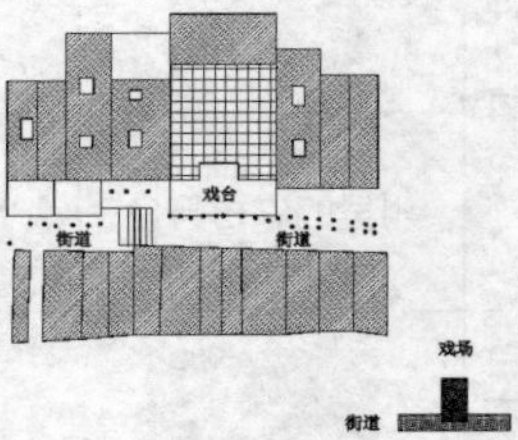</td></tr>
<tr><td>永川县板桥镇南华宫戏场</td><td>尧坝场东岳庙戏场</td><td>永川县五间铺禹王宫戏场</td></tr>
<tr><td rowspan="2">戏场在街道一端</td><td>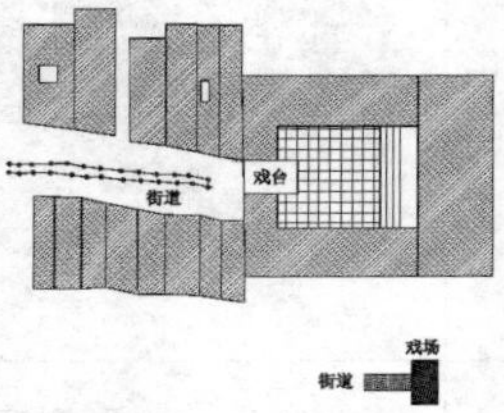</td><td>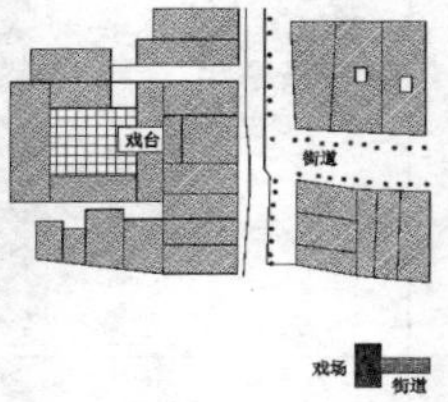</td><td>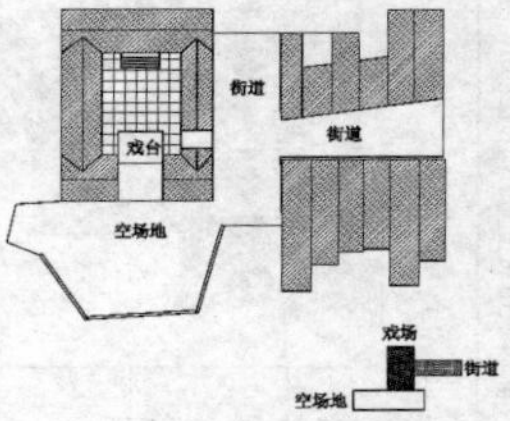</td></tr>
<tr><td>永川县五间铺清源宫戏场</td><td>永川县五间铺关圣庙戏场</td><td>广安肖溪镇王爷庙戏场</td></tr>
<tr><td rowspan="2">戏场与街道相离</td><td>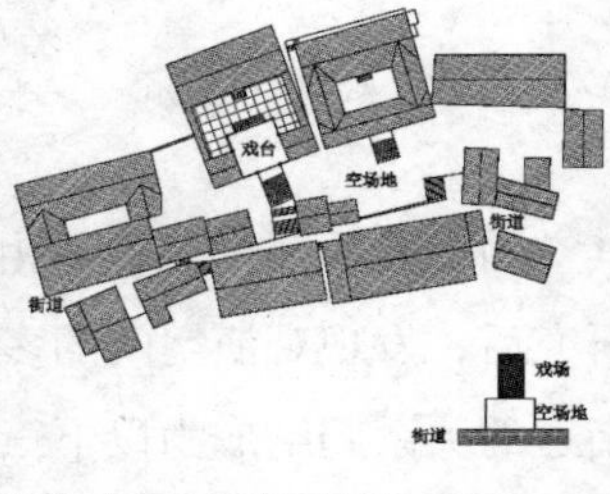</td><td>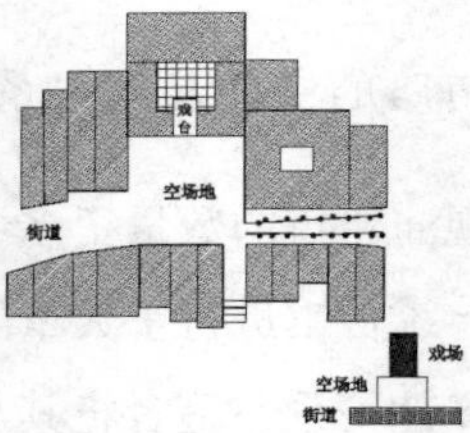</td><td>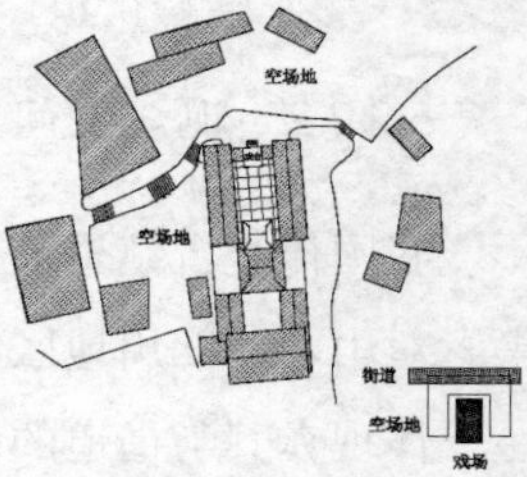</td></tr>
<tr><td>龚滩古镇川主庙戏场</td><td>宜宾县越波场南华宫戏场</td><td>铜梁县安居古镇东岳庙戏场</td></tr>
<tr><td rowspan="2">戏场在街道中央</td><td>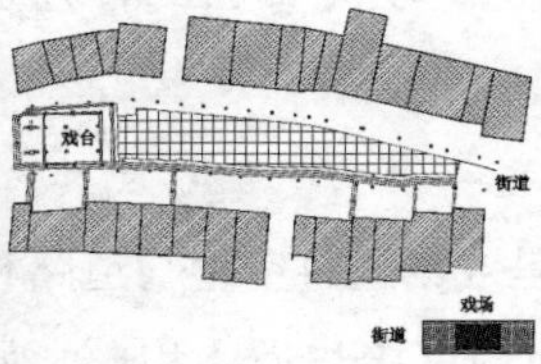</td><td>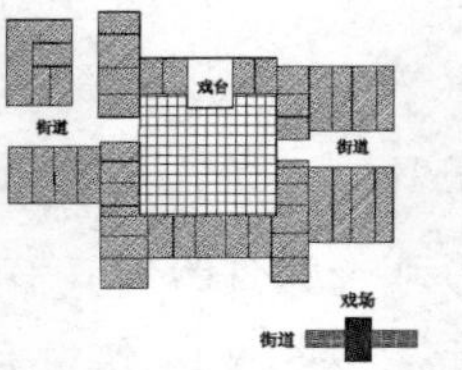</td><td>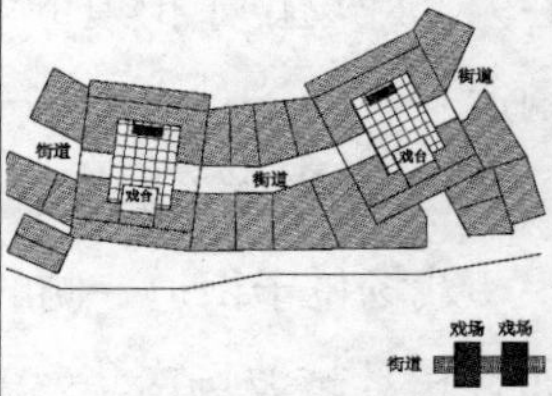</td></tr>
<tr><td>犍为县罗城古镇戏场</td><td>仁寿县汪洋场南华宫戏场</td><td>自贡仙滩天上宫，南华宫戏场</td></tr>
</table>

① 赵万民. 龚滩古镇［M］. 南京：东南大学出版社，2009.

2．戏场与街道结合

戏场与街道结合的方式一般有两种，一种是戏场位于街道的正中，也称为街心戏场，戏场建成开放格局，如建于明末清初的四川罗城街心戏台，而这样的戏台空间在四川比比皆是，如：广元沙河镇街心戏台，位于街道尽端正对兰花庙，广元柏林沟街心戏台，与魁星楼建为一体，广元梅树街心戏台，正对文昌宫。[①]此外，还有许多古代小城镇中的戏场，如陕西榆林高家堡城隍庙戏场，也是跨街而设，榆林高家堡内庙宇众多，分布有三官庙、祖师庙、城隍庙等，其中城隍庙为三进式样的庭院，正对城隍庙的前方设有戏台，横跨于街道上，此案例在山陕地区极为常见。还有建于辽金时代的山西旧广武城，城内有多座庙宇，均分布于城门附近，城中道路交叉口处道路一侧布置有戏台及广场空间，作为小城镇的中心，演出时，戏场与道路空间共用。

另一种是戏场横跨街道，如自贡仙滩天上宫、南华宫戏场，左右两厢跨过街道，与街道融为一体，但是街道形成于会馆之后，在南华宫碑记载："门厅、戏楼、疏楼、大殿、耳房、陪房、庑屋，皆与寺庙、民间建筑为一整体，循序渐进渐高，升合起伏，条井分明，疏漏下四城门，自通左右街道，启闭自如，制人流，控应变，防未然，巧妙之极，奇特罕见。"可以看出，厢房不只是单纯的过街楼，还有城门的作用，有疏散和防御功能。这种功能使得院坝成为独特的街道集会广场。横跨街道修建的戏场在四川场镇中有很多，如合江顺江场、富顺仙滩市、合江中江白沙场（图5-14）。

图5-14　罗城街心戏台

① 李富政．采风乡土［M］．成都：西南交通大学出版社，2008：75-99.

3．戏场位于街道的端头

戏场位于街道的尽端或城门口处，也是戏场常见的布局方式，如四川广安肖溪镇王爷庙①：古镇街长一百多米，东西走向，中间宽两头窄，最宽处约7米，最窄处约3米，场口处有王爷庙戏楼，其下架空又与凉亭相通，戏楼借助王爷庙主殿前大台阶作为观众席，在沿江一面又是大平台，是人们进行社交和宗教活动的场所。戏场位于街道的端头，作为街道的收尾。此外，宜宾县越波场禹王宫、南华宫、东岳庙的戏场建筑，三座建筑都位于场镇的端部，与镇子的入口和出口空间相结合，均有戏台，为封闭的戏场空间。此外，从小城镇中的戏场布局看，如建于山西汾阳小虢城，南门处设有瓮城，瓮城内设戏台，为西庙所有，与道路广场一起构成了出入口空间，保证了城镇内的安静，同时加强了与城外村落之间的联系（表5–9）。

山西与陕西地区的城镇戏台② 表5–9

<table>
<tr><th></th><th>陕西榆林高家堡</th><th>山西山阴县旧广武城</th><th>山西小虢城平面</th></tr>
<tr><td>山西陕西小城镇戏台</td><td>
</td><td>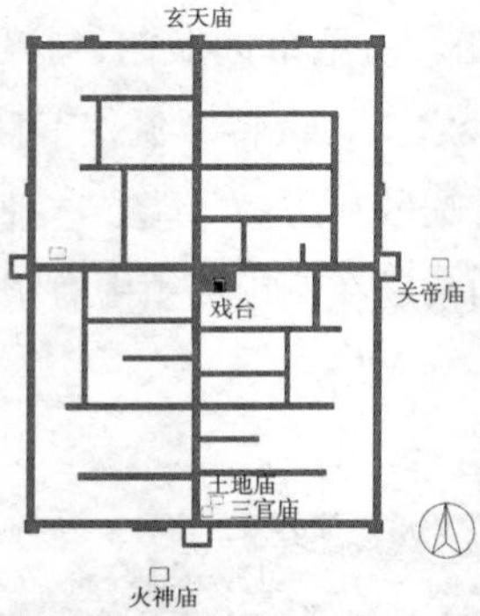
</td><td>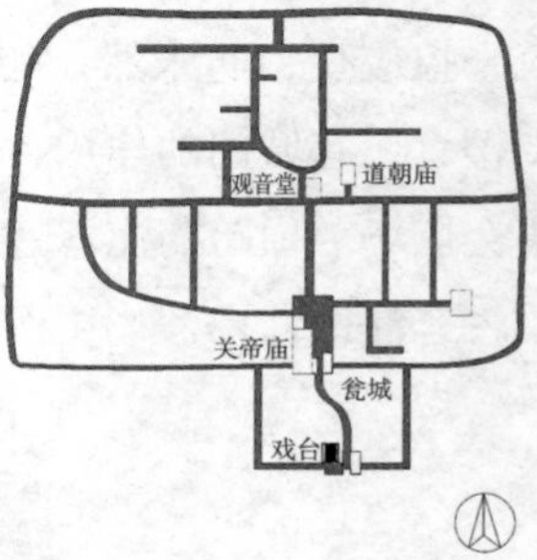
</td></tr>
</table>

从表5–7、表5–8、表5–9可以看出：正是由于村镇的道路的宽度和等级相对于城镇道路等级的下降，相同尺度的观演场所处于不同尺度的道路空间，必然会产生不同的空间组织方式和空间感受。首先，城镇的主要道路是用于马车和行人，而乡村道路主要是用于行人，城市道路等级上升则可到达的小路数量减少，因此步行到达的空间选择性减少。其次，由于同样尺度的戏场所处环境的尺度相差甚远而使戏场在所处的环境中的主导地位下降，功能多样性下降，公共性下

① 陈蔚．巴蜀会馆建筑［D］．重庆大学的硕士论文，2003：26-31.
② 王绚．传统堡寨聚落研究：兼以秦晋地区为例［M］．南京：东南大学出版社，2010：168.

降。最后，无论是城市还是城镇，位于街心的戏台或戏场比戏场位于道路一侧和端头更具有活力，因为它更具开放性，更具流动性和多样性。

5.2.3 影响传统观演建筑空间尺度的因素

空间尺度指人们在空间中生存活动所体验到的生理上和心理上对该空间大小的综合感觉，是人们对空间环境及环境要素在大小方面进行评价和控制的度量。影响观演空间尺度的因素是多方面的，主要因素有声音、视线、建造技术、“形制”等因素。下面主要从戏曲演出的唱腔声音和观看视线两方面进行说明。

5.2.3.1 声音与空间尺度

中国幅员辽阔，各地的地理环境和人文传统也有很大差异，有着不同的气质和审美倾向。南戏和其建筑风格舒缓婉约，北方则显现出急促遒劲的特点。这是因为地理差异会导致生活、行为方式的差异，审美活动也会因此不同。对于戏曲来说，不同的地理环境造就了各种唱腔之间的差异，而其观演空间又是如何去适应戏曲的演出特点的？下文就从中国传统戏曲秦腔、昆曲、川剧三者之间的区别来说明戏曲唱腔对戏场建筑的影响。

从传统戏曲的唱腔、曲目上来看秦腔、昆曲、川剧三者的不同。秦腔古朴自然，音频相对其他戏曲腔调较低，声音传播较远且响度高，善演大型历史剧目如《三国》《杨家将》等，表演人数多且场面壮观，乐器种类也较为丰富；昆曲婉转清丽，音频相对其他戏曲腔调较高，吐词也较清晰，语速很快，常用快板式的地方方言，如苏白、扬州白等，它更善于表达细腻感情的《西厢记》，场面小，乐器种类也较少；而川剧唱腔兼五大唱腔之优点，又善于表演传统变脸特技，三者的经典保留剧目不同，表演的偏重与空间形式也大不相同。

从声音与戏场的特点来看，秦腔的戏场较大，空间比较开阔，戏台面积也较大，在北方声速传播慢，反射声音的回廊和墙壁又较远的情况下，混响时间较长，加之北方人的宽音大嗓，声音自然显得古朴浑厚，余音绕梁。而昆曲的戏场空间小而紧凑，戏台面积小，南方人语速较快，加之南方声速传播快，反射声音的回廊和墙壁又较近，混响时间短，声音清晰悦耳。川剧介于两者之间，空间比较适中[①]。各地的戏曲文化差异促使形成当地特殊的观演空间，像昆曲的高雅细

---

① 崔陇鹏．四川会馆建筑观演空间探析［D］．东南大学硕士论文，2009：53.

腻，与江南文人雅士的“园林文化”分不开；而川剧讲究场面的热闹和表演形式的丰富，与当地古朴的民俗文化分不开。

各地的戏台也会呈现出地域性建筑文化特征，像山西地区多用砖筑卷棚歇山，硬山；而长江流域的戏台则显现江南建筑特点，造型多曲折而流畅。为了更好的一次声反射，南方地区的戏台藻井设计和建造相当的华丽，其穹顶既可以起到聚声的效果，又可以提高演员的表演体验（表5-10）。台下也用水缸增强共振。而北方戏台上的鸡笼顶设计和建造相对简单，主要依靠戏台两侧的反音壁来反射一次回声，有些戏台经常利用山墙做成八字形的反射面，创造早期反射声，这对于加强中前区观众的音效是相当有效的。

南方戏台的藻井　　表5-10

宁波钱业会馆戏台藻井	宁波安澜会馆戏台藻井	宁波秦氏支祠戏台藻井

戏台到看台距离控制在22米左右，不仅对观看到动作细节有利，也可以保留直达声的强度。因为木结构对声音的反射能力不强，很大声能被吸收掉，加上消耗声能的顶部界面（戏园封闭的屋顶是反射效力较弱的）使得戏曲表演时的混响感较弱，观众主要接受的是来自戏台方面的声音。

此外，传统观演场所还有许多的共性。其一大特点是舞台面较高，通常可以两三米甚至更高的高度。这样做是为了避免观众的视线和声音的遮挡。对于演员声音来说，在其声能分布的投影面上观众范围越大说明直达声的接收效率越高，此外还可以在底部加入水缸用于扩大声音（图5-15）。传统戏场对声场还有一些有利的因素。如传统戏场的后台空间较小，这样就减少了声能的无谓损失。另外，传统建筑的围廊提供了一些小进深的凹凸空间，可以使声场扩散较均匀[①]。

《中国古戏剧台研究与保护》课题组采用科技手段，对颐和园德和园大戏楼和湖广会馆两个古代剧场进行声学测试，并运用测试获得的科学数据分析其声学

① 薛林平，陆凤华．山西传统戏场声学问题的初步研究［J］．太原理工大学学报，2003（03）．

特性，首次发现三个显著特点①：一是各频段的混响时间均集中在1秒左右，声学特性与完全露天开敞的演出空间存在差异。二是颐和园德和园大戏楼的回廊对声音有明显的侧向近次反射作用（这是声学上的一个优越之处，因为人耳对声源方位的辨别在水平方向上比竖直方向要好）。三是湖广会馆未采用现代剧场或录音室中常用的吸声材料，却使得混响时间只有1秒左右，用伊林公式进行估算，如果容积为3000～4000立方米，其平均吸声系数达到0.35～0.40，这一系数即使放到采用较多吸声材料的现代剧场之中，也属很高水平，这也是一项具有较高探索价值的工作。

图5-15　宁波钱业会馆戏台下水缸

5.2.3.2　视线与空间尺度

视线是除了声音以外影响空间尺度的另一重要因素。根据现代科学研究，要做到看得清楚，最基本的是控制观众席到舞台的距离，以及到舞台中心的偏角。研究表明，观众席到舞台的距离在15米内可以欣赏表情和身体细微动作的最大距离，在22米以内可以看清演员的一般表情，在38米以内只能看清一般身体的动作，而传统观演空间台口到正厅沿柱的距离一般都在10～25米之间②，也就是可以看清楚演员表情的距离，传统戏曲的演出中很重视人物的表情，这样的距离可以使观众欣赏到演员的细致表情和身体的细微动作，这些也足可以见戏曲对于“观”的重视。传统观演空间的视线设计，受以下多方面的影响。

首先，建造技术对舞台的视线的影响很大。在古代由于木结构的跨度有限，舞台的空间难以扩展，戏台的建造往往是对木结构跨度的挑战，为了增大戏台的开间面宽，及演出时的视野，传统戏台的面宽从宋元时的一开间增长到明清时期的三开间，但中间的柱子难以取代，成为影响视线的主要因素。为了尽量地减少柱子对表演的阻碍和干扰，古代工匠还使用抬梁、减柱、移柱等多种办法，将三开间中的柱子移开以利于观看，甚至采用石柱代替木柱的方法增加结构稳定性和持久性。久而久之，戏台产生了许多自身的建造特点，如四川

① 周华斌，柴泽俊，车文明等．中国古戏剧台研究与保护［M］．北京：中国戏剧出版社，2009.

② 王季卿．中国传统戏场建筑考略之二——戏场特点［J］．同济大学学报，2002（2）.

图5-16　自贡王爷庙戏台

的戏台一般多采用三开间，三面开敞，并采用移柱造，将中间的柱内收，以增加视野的宽度。又如四川金堂的戏台，采用石柱代替木柱，而自贡王爷庙戏台用减柱的方法将跨度造到10米以上（图5-16），但是不管用何种方式，在木结构的体系中，跨度10米以上，已经是极限了，再增加跨度只会增加结构的不合理性，影响整体的稳定性。这也就注定了演出的人员数量和规模，由此可见传统观演建筑对戏曲演出的影响巨大。可以说，正是由于建筑技术、材料、工艺等多方面的因素，限制了戏曲的表演方式，出场的人物数量，场景的规模和形式，进而影响了戏曲艺术的发展方向。

再次，除了建造技术对于舞台视线的影响外，不同戏曲本身对观看的要求也不同，如昆曲和秦腔，正所谓“南方听戏，北方看戏”，南方的舞台为正方形的三面舞台，其大部分面宽约在4～6米，进深4～6米，面积36平方米左右（表5-11）。形成这种平面尺寸的原因：一是戏台前的观众席是三面围合的，戏台向前伸出有利于更多的观众从不同角度近距离地看戏；二是乐队设备简单，经常布置在台的后侧，表现剧情也不需要庞大复杂的道具，一般只需弓马桌和两把椅子就够了。而北方多采用一面观的三开间舞台，其大部分面宽约在8～10米，进深4～6米，面积50平方米左右，也就是说，舞台表演区的宽度大于进深．一般为1.5／1或更大。形成这种平面尺寸的原因：一是戏台前的观众席是横向展开的，戏台加宽有利于更多的观众从正面看戏；二是乐队经常布置在台的两侧，表现剧情也不需要庞大复杂的道具，一般只需弓马桌和两把椅子就够了。

此外，笔者对神庙戏场、祠堂戏场和会馆戏场资料作了整理，对各地保留的94座戏台作出归类整理，其数据统计如表5-11所示（详细数据参照第3章表3-2）。

宋代到清代戏台的尺寸变化（根据第3章表3-2数据统计得出） 表5-11

年代	戏台面阔（平均值）	戏台面阔（平均值）	总面积（平均值）
宋代戏台面阔进深值	5米	5米	25平方米
元代戏台面阔进深值	6.7米	6.1米	40.9平方米
明代戏台面阔进深值	9.8米	7.3米	71.5平方米
清代戏台面阔进深值	8.1米	6.6米	53.5平方米

可见，由于戏曲演出的演化和需求，宋到明戏台逐渐增大，但清代戏台小于明代，是因为清代后建设的戏台大多分布于南方，场景小，戏台面积也小，所以戏台平均面积小（表5-12）。此外，我国北方喜欢历史剧、场面大的戏，故戏台也大，而南方更喜欢家庭剧，故戏台也小。从上可见戏曲本身特点对戏场建造方式的影响。

我国南方的戏台观看场景 表5-12

重庆湖广会馆后院小戏台	重庆禹王宫戏台	重庆齐安公所戏台

重庆湖广会馆后院戏台	宁波安澜会馆戏台	宁波安庆会馆戏台
		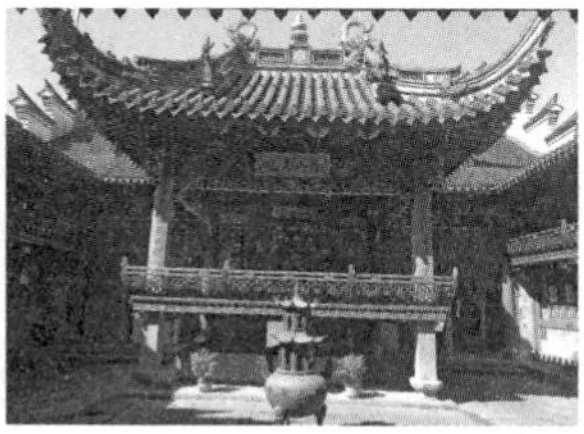

最后，戏曲的多视点化要求对戏台的影响。为了使得演出更加的充满活力，中国百戏自古就追寻多个表演场景共存的演出方式，而戏曲在其诞生之初，由于

其与百戏杂技密不可分的关系，一直也在寻求一种多视点、多场景的表演，但木构建筑的跨度的“瓶颈”是10米，无法容纳更多更庞大的表演群体和多场景的要求，要想有突破只能依靠多开间的并列，但多开间的柱遮挡了人的观赏视线，所以戏台只能向垂直向的多场景戏台探索。清代后期，由于建造技术的进步，产生了大型的皇家戏台和室内戏台，如北京德和园戏楼，其出现预示着中国古代观演空间从量的叠加到质的演化的飞跃。德和园戏楼的三层戏台可以同时演出，并可以互通，提供了多个观察视点，据宫廷档案记载，清代曾有五座形制相同的大戏楼。故宫寿安宫、圆明园同乐园、承德避暑山庄、故宫宁寿宫和颐和园德和园各有一座。但由于战争等原因，如今只有故宫宁寿宫畅音阁和颐和园的德和园两座得以保存。其实，这种垂直向多台叠加的方式并不是皇家戏台独有的，我国清代各地都先后出现过多处阁楼式的戏台，如自贡西秦会馆戏台就是二层三层可以同时参与演出，多个戏台同时演出的场景，也促使了舞台的多视点化。

总之，戏曲是观和听的艺术，从观看的角度来说，传统的戏场将观看的视距控制在22米左右，不仅对观看到动作细节有利，同时也保留直达声的强度。而伸出式戏台和多层戏台在满足表演功能需求的同时，还具有亲和性、多视点性的特性。从听的角度来说，戏曲表演为了获得更好的一次声反射，南方地区的戏台藻井的设计，既起到聚声的效果，又可以提高演员的表演体验，而北方戏台依靠戏台两侧的反音壁来反射一次回声。同时，传统戏场的围廊还提供了一些小进深的凹凸空间，可以使声场扩散较均匀和吸收。传统观演空间正是通过这些细小的设计，达到一个良好的观赏环境和演出效果，这些设计方法正是我们当代剧场需要向传统戏场学习的。

5.3 观演行为与空间活力

本章第一节讲述了戏曲与舞台的相互关系，是对行为与场所的适应性做出的分析和评价，主要探讨戏曲自身的特点。第二节讲述演出行为与场所周边环境的关系，是建筑空间秩序、空间尺度以及建构方式的研究，主要探讨观演空间的特点，本节讲述的空间活力，则是对空间使用的本体——人的集群的研究。

寻找传统观演空间中的空间活力，即寻找传统观演场所中的积极因素和积极空间[①]，日本建筑家芦原义信在其著作《外部空间设计》中将建筑空间分为从周围向内收敛的空间，和以中央为核心向外扩散的空间。由外部空间建立起从边界向内的秩序，并在边界内创造出满足人需求和功能的空间，这种空间称之为积极空间；而相对的，从中央向四周无限延伸的离心空间，认为其是消极空间。这说明，一个积极的空间首先应该是建立起一个完好的、向内的、有秩序的围合的空间，及在一个消极的自然环境中有积极的建筑空间秩序的建构。但是空间活力与空间秩序的形成互为反命题，秩序的建构是将杂乱的东西归整从而形成统一完整的体系，而活力则需要打破秩序，让其处于一种半"开放"的状态，产生渗透和交往，进而产生"流动"。相互渗透带来了许多介于内外两者之间的中间性状态，产生丰富的"多样性"，而多样性正是活力的前提条件，要素之间通过相互的渗透带来了多层次的联系，使得空间具有连续性，形成相互穿越渗透的公共空间。

简·雅各布斯在《美国大城市的死与生》一书中认为："人与人的活动及生活场所的交织的过程，产生生活的多样性，从而获得空间的活力。"在伊恩·本特利等人的建筑环境共鸣设计中，活力一词被描述为"影响一个既定场所，容纳不同功能的多样化程度之特性"，从中都可看出，活力本身包含有混沌、模糊性的概念，所以，人的行为具有不确定的和不稳定性，而且是一个自组织[②]的过程，而"人的集群"的行为方式，就是空间活力产生的因素，正是由于其不确定和不稳定性，使得空间活力成为一个不可量化的感性的状态。如何将其做一个理性的评价和比较，以更好地分析和选择更具有活力的空间和影响空间活力的因素？

本节为了深入地研究人群与空间的关系，笔者借用普利高津提出的耗散结构原理的一些特征来研究人的行为与场所的关系，寻找活力产生的内因与推动力。普利高津的耗散结构体系包括开放性、非平衡性、非线性等三个自组织特征，也就是一个系统在不依赖外界的情况下，其内部自发地呈现出非线性、不稳定性等特点，进而形成一个自组织的过程，而这样的体系才拥有活力。

笔者认为，当一个观演场所相应具有空间开放性，空间流动性（非平衡性），空间多元性（非线性）三个特点时，才能充满活力。也可以说，一个积极的围合空间，还必须具有开放性、流动性、多元性三种特征，在本节，笔者选用

① 李志民．建筑空间环境与行为［M］．武汉：华中科技大学出版社，2009：140.

② 自组织，指的是一个系统在不依赖外界的情况下，其内部自发将会呈现出非线性，不稳定性等特点．自组织理论兴起于20世纪60年代，其中最有影响力的是普利高津提出的耗散结构原理，其结构体系包括：开放性、非平衡性、非线性等自组织特征。

四川地区典型的传统场镇，来阐述一个充满活力的空间所具备的条件和要素。以下就以四川的古镇为案例，从观演空间的开放性、流动性、多元性这三个方面说明空间活力的产生和获得。

5.3.1 传统观演场所的“空间开放性”与“空间公共性”

“空间开放性”与“空间公共性”指的是同一事物的两个方面，“空间开放性”指物质性空间的开放程度，而“空间公共性”的论述强调了空间中公众的参与程度，前者重在物质空间、实体空间的开放，后者重在精神空间、人行为的开放性。

5.3.1.1 传统观演场所的“空间开放性”

开放是自组织的前提，公共空间必须保持充分的开放性，与外部广泛联系。同时，开放是相对的，在保持开放时，还应该保持自身的独立，它首先必须是一个像日本建筑家芦原义信所提到的“积极空间”，具有向心力和凝聚力，其次才能谈其开放性。正如中国传统聚落一样，聚族而居的内向凝聚力和环村高墙的实体形象塑造和催生了其内敛的性格，但也并非因此便成为一个缺少流动性的毫无生气的村落社会，这种内敛的向心性赋予了聚的含义[①]，而“人的活动总是从内部和朝向公共空间中心的边界发展起来的”[②]。传统观演场所的空间开放性可以从以下三方面体现：

首先，传统观演场所的空间开放性体现在柔性的内界面。传统观演场所的空间活力体现在外界面的封闭性和内界面的开放性，其外界面的“刚性”给外来者以坚固感和不可侵犯性，而内界面的“柔性”给内者以安全感和亲切性，柔性内界面主要体现在以半开敞的廊道空间作为联系室内外的主要手段。传统观演空间内界面通常由木窗、木雕花、木栏杆、木柱等空间要素组成，而且对于内界面的处理，经常是精雕细刻，景致丰富，使人造成强烈的围合感和安全感。在这样具有安全和围合的空间，人的心里才得以获取平静，同时激发人内心对真实人性的渴望，对人与人之间真诚交往的憧憬，对得到他人友情与亲情关爱的向往，进而产生了空间的活力。李允钰先生在《华夏意匠》一书中对中国传统的庭院空间这

① 任军．文化视野下的中国传统庭院［M］．天津：天津大学出版社，2005：159-192.
② 蒋涤非．城市形态活力论［M］．南京：东南大学出版社，2007：76.

样解释："中国建筑空间的艺术特征在于戏剧性安排一幕幕的封闭空间景象，大多数情况下，建筑物立面构图的目的用以构成一个院子的背景比之自身的表现尤为重要，它具有两重性，既是房屋的外观，又是庭院的背景，既是房屋的外，又是院子的内。"[①]与封闭的石墙外界面形成鲜明的对比，这种柔性边界及开放空间能够提供更多的交流场所，促使人的流动性和多元选择性，进而促使空间活力的产生（图5-17）。

其次，传统观演空间的开放性还体现在观演场所的多向度可达性上。传统的古镇观演场所中，通常包含有多个出入口，每个出入口都有不同的小路通达，这样就增加了到达和疏散的多种可能性。最典型的例子就是四川犍为县罗城古镇戏场，其是一条两百米长的开放的街道空间与戏场空间结合，可到达戏场的小巷达到八九条之多，可谓"条条小路通戏场"，这无疑增加了观演场所的可达性和开放性。在罗城古镇戏场中，我们也可以看出其观演空间是线性的，它适合于中国传统意义上的街市空间和花灯的表演，而线性的、流动的、开放性的观演空间，恰好能给走街串巷的民间戏曲以表演和施展的空间。

再次，传统观演空间的开放性还体现在开放的空间节点上。传统观演空间经常与村落的场口、节点空间、街道空间结合。它还常出现于场镇的端口或街道的中部等位置突出，景观比较开阔，且位于交通便利之处。如四川地区古镇选址规划时，把街道设计为S形，比喻成龙形街，"龙头一开，龙颈一合，龙头、龙喉一开，龙身一合；龙腰一开，龙尾一合。"以意会龙的形象，将主要建筑会馆庙宇等设于"天心十道穴位"之处，即"龙门""龙头""龙尾"等街道的节点空间，

图5-17　成都洛带镇湖广会馆两厢看台

① 李允鉌. 华夏意匠［M］. 天津：天津大学出版社，2005：169.

通常是较多的开敞空间和街道转折变化点，如街道的拐弯处、江边、水口拐弯处、山顶或山坡处。四川资中县罗泉古镇的盐神庙剧场就位于龙头场口处，古镇场口的盐神庙、城隍庙、川主庙等一起构成“龙头一开”，龙头之后的大宅院组成的封闭式街道为“龙颈一合”。传统古镇中将建筑与道路天地一起神化，体现了传统古镇中的一种实用主义精神和与自然和谐一体的理念。

5.3.1.2　传统观演场所的“空间公共性”

“空间公共性”是指物质空间在容纳人与人之间的公开、实在的交往以及促进人们之间精神共同体形成的过程中所体现出来的一种属性①。“空间公共性”强调的是空间对于公共过程的影响，即对人的行为、心理、生活方式的影响与被影响，其重视的是用空间的方式来促使公共性的产生和观演关系的融洽，促使人们更好的交流。

空间公共性的获得，主要是因为多种功能和多种行为方式在同一场所中的存在，以及模糊的界限区分，使得场所成为乡镇中的“客厅”、全村聚会的公共空间。最主要的是，这种镇的形成，多依靠市集形成，伴随着商业的交换活动，这也是空间公共性和空间活力被激发的最主要原因。如四川犍为罗城古镇（图5-18、图5-19），它利用街道作为戏场，戏楼位于街中偏西，被两侧的民居环抱，成为全镇布局核心和视觉焦点，构成众向所归的心理场所。戏楼地层架空，使街道空间隔而不断。戏楼两侧各有一排长约200米、宽约6米的荫廊，仿佛船篷，又称“船厅街”，船形空间加强了对戏台的会聚性。其两边凉厅房屋中有杂货铺、丝绸店、饭馆、茶肆等。在凉厅内不管晴天雨日都可照常进行贸易、喝茶、打牌、听川剧。它为乡镇活动提供了

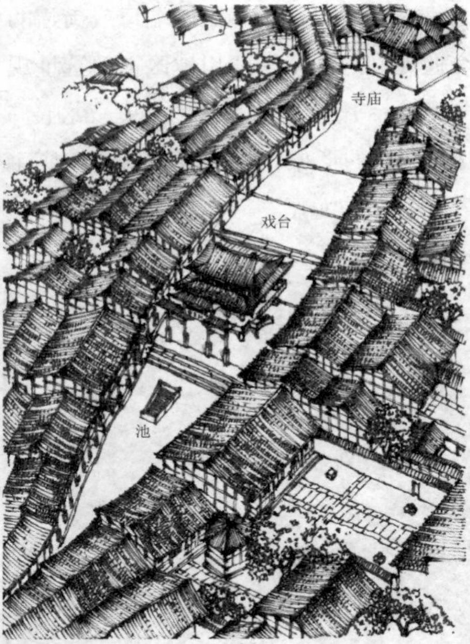

图5-18　四川犍为县罗城古镇戏场
（图片由东南大学钱强教授提供）

① 于雷. 空间公共性研究［M］. 南京：东南大学出版社，2005：16.

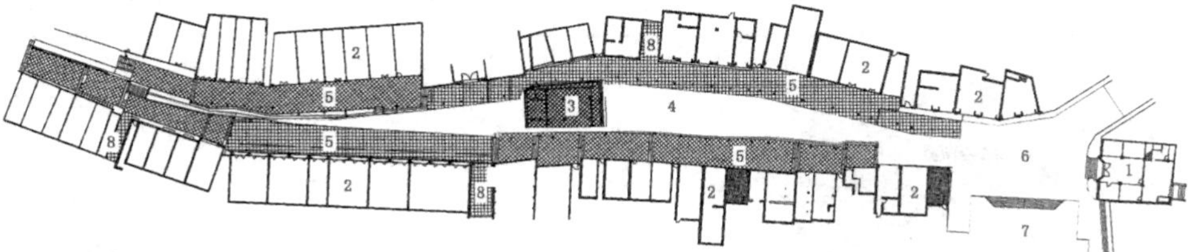

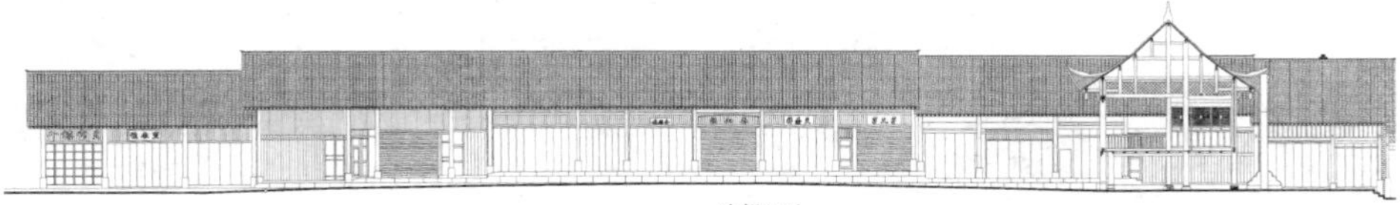

图5-19　罗城船形街平面. 南侧立面

（东南大学古建测绘组绘制）

全天服务，集市、节日时，它成为公共交往的广场，平时则为道路交通。这种城镇空间的多义性是中国文化的优秀传统。同时，它将街市、戏场、会馆等多种功能结合在一起，成为公众聚集活动的场所，也成为名副其实的结合型戏场。

空间的多元共存，使得戏场可以接纳不同阶层的人，以及不同的行为方式，以提供更多不同阶层的人交往的机会。这些公共场所应该是“多介质”空间，从而保证其丰富性，空间的活力的关键在于公共空间的混杂性、多用途性和易达性，从而促使人们的交往。可以说，一个有活力的空间是激发复合多元的交往行为的催化剂。如四川自贡仙滩天上宫戏场（表5-13），平时是过人的街道，又是同乡人公共的会馆，祭祀时是举行祭拜的场所，节庆时是看戏的场所，看戏的时候官绅坐在二层两侧的廊道，大殿的台阶上坐着看戏的平民，中间的道路上人来人往，不同的阶层都有自己的空间和位置，同时又可自由地交流，成为像西方市民广场一样的公共活动的中心，融合了各种人和各种活动的行为。传统戏场多处于会馆和庙宇之中，作为公众集会的场所，城镇的公共空间存在，有联系一方乡民“荣昌兴旺”的重要喻义。但从中也可以看出，传统古镇中观演空间没有像西方那样有专门的公共建筑和广场的布局，而是在城镇公共空间，与庙宇、会馆、街道等结合在一起，成为结合性剧场，其形态多样，空间也经常成为庙会、市场等公共活动的一部分。由于城镇街道与市场、民俗活动的融合，城镇自然也就生机勃勃而充满活力了。

当然，空间公共性的获得还需要空间连续性、空间模糊性等共同作用。可以说，空间公共性本身就是一个包含多样性和多重标准的概念，它依赖于人的自主、

四川自贡仙滩天上宫戏场　　表5-13

四川自贡仙滩天上宫戏台

四川自贡仙滩南华宫戏台

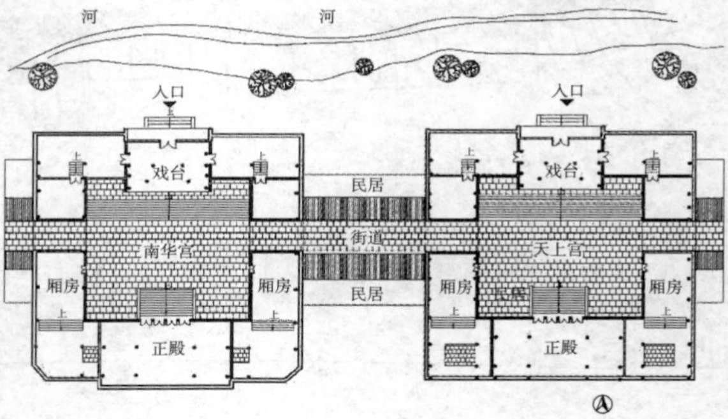

仙滩南华宫.天上宫一层平面图

自贡仙滩大殿与过街廊

仙滩天上宫与南华宫之间的街

仙滩天上宫二层看廊

自由地参与，各种行为之间多样性的联系，以及最大限度地将不同人的行为活动融合其中，以体现空间的广泛适应性。下文将对其他几个概念和内涵作深入的阐释。

5.3.2　传统观演场所的“空间多元性”与“空间模糊性”

传统观演场所的“空间多元性”与“空间模糊性”是相辅相成的。空间多元性是指具有多种功能意义的空间。即一个空间可以容纳多种功能，形成多义空间，为不同的活动提供相应的场所，做到对空间的综合利用。而空间本身的半开敞空间是亦此亦彼、亦内亦外的模糊性的空间形态，呈现出的融合、适应性比较强，因而可以促使尽可能多的活动发生。模糊空间指空间形态不是十分明确，常介于室内和室外、开敞和封闭之间，没有明确归属的空间。这一概念是由日本著名建筑师黑川纪章在20世纪60年代提出的，他认为：“缘、空和间都是表现在空间、时间或物质与精神之间的中间区域的重要字眼……作为室内与室外之间的一个抽入空间，介乎内与外的第三域，才是‘缘侧’①的主要作用。因有顶盖，可算是内部空间，但又开敞，故又是外部空间的一部分。因此‘缘侧’是典型的‘灰空间’，其特点是既不割裂内外，又不独立于内外，而是内和外的一个媒介结合区域。”他还指出，“一个既非室内又非室外，含糊、穿插的空间去发展‘间’，使人们得到一个伸展到街道上的公共空间和内部的私自空间的特殊联系的体验。”显然，黑川纪章所说的“间区域”“中间区域”“边缘空间”“暧昧空间”“灰空间”，实际上都是说的“模糊空间”，即功能不确定的空间。

5.3.2.1 传统观演建筑的“空间多元性”

传统观演建筑的空间多元性主要体现在其空间使用功能的结合上。纵观我国历史，几乎没有专门的演戏场所，都是功能结合型观演空间。神庙中的演出是与祭祀行为一起进行的观演活动，会馆中则是以酬神和商业交往为目的的演出活动，即便是清末出现的戏园，也结合其他商业活动如喝茶、小吃等同时进行。

空间的使用性质和功能要求由其中所容纳的人的行为活动决定，这种行为活动是发展变化的，于是就导致了空间功能的含混多义。例如街道上交通与日常生活相混杂，私人生活与公共空间交融；廊空间中交易市场、人际交往、日常生活、茶馆、酒楼等诸多功能容纳于其中，在同一空间中功能多样并存。四川罗城古镇戏场就是这样的空间。空间多元性体现在不同功能空间的结合与相同功能空间的结合两方面。

1．相同功能空间的结合

我国古代常有多个观演空间连在一起使用的状况，如陕西漫川关古镇中的鸳鸯戏楼（图5-20）、山西介休市关帝庙的三座连台（图5-21），分别向三个神庙演出，形成了一种多元复合的观演空间。又如山西万荣庙前村后土庙并台，也是两戏台并列，可以同时演出也可以分别演出，这样的建造方式又被称为斗台，顾名思义，是用于斗戏的台子，即两个戏班同时演出，以比出优劣，又如陕西韩城城隍庙的两座戏台，分别列于中轴线的东西两侧，也是用于对台演出。可见这样多元复合的观演空间在中国观演建筑的历史上屡见不鲜，其已经演变成为一种特有的文化和活动习俗。究其原因，它是在传统戏曲特有的观演方式以及空间多元

① “缘侧”：在日本传统建筑中，将廊下空间称为“缘侧”。

图5-20 陕西漫川关古镇中的鸳鸯戏楼

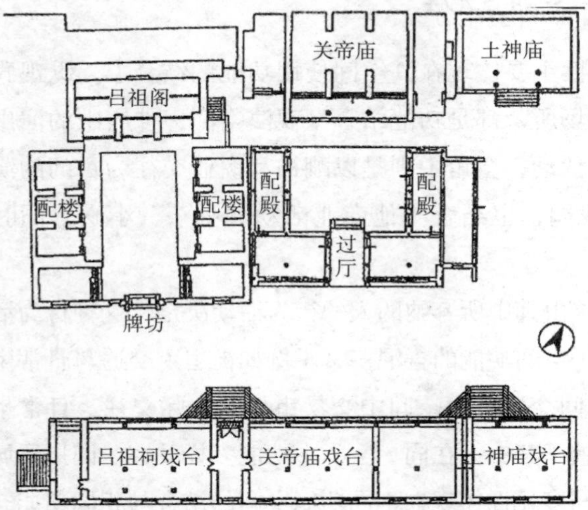

图5-21 山西介休市关帝庙平面图

国家文物局主编．中国文物地图集．山西分册（上册）．中国地图出版社．2006年．第501页

性的戏场这一特有的环境中产生的。

此外，空间多元性还和戏曲的程式化有着密切的联系。中国戏曲采取明代“传奇”的结构方式，将长篇的故事改编成为许多章节的“折子”戏，其演出可长可短，或“一炷香”，或“一杯茶”的功夫，看戏的人也随时的来随时的走。这种“破碎空间”使得观演的空间自由化，从而解放了场所使用的专业性，成为一种自由空间。如在折子戏的演出过程中，戏场中经过的路人甲偶尔关注一下演出的情节，演戏十分钟结束后他则继续赶路；而路人乙到来，下一部戏又开演，如此反复，这也使得道路和观演场所的结合得以实现。

2．不同功能空间的结合

我国古代的观演空间常常用于其他的功能，如在乾隆十二年《重建文昌宫序》记载在文昌宫中设置考场、学堂的习俗：“且议添置，建文昌宫两厢六间，并乐楼一座，为子弟会课之所，及岁祭祀献之仪。”又如道光十六年《重修文昌宫记》记载：“左右两廊，直逮乐楼，连延逶迤，枝蔓相纠。廊下考棚，列为四层，坐号整肃，容千余人。”说明文昌祭祀演艺与科举考试在行为属性上的共通性，都是在文昌神的“庇佑”下进行的仪式和活动。

我国有许多的戏台桥，就是桥和观演场所功能的结合。如福建永安市青水乡永宁桥戏场①（表5-14）。永宁桥长22.7米，为单拱石桥，桥上建阁，桥的一端为戏台，另一端是灵元宫，祀奉赵公元帅神像，戏台前面左右和灵元宫左右都有出入口，和永宁桥一起形成完整的戏场，形式独特。戏台面阔一间6米，进深三间，穿斗式构架。台面高1米，前后台以土墙分隔，两侧有上下场门，墙体以竹篾为骨架的泥灰土墙，桥上建阁，宽6米，桥两边有木栏杆，柱间有纵向固定长凳。演戏时在长凳上横向搭板，即为观众席，过往的观众也可以驻足观看，随时离开。旧时每年农历正月、三月、七月初一至十五日，有戏班从早至晚不间断演出，场面十分热闹。此外，桥上建戏台的还有浙江宁波鄞州区邱隘镇横泾村跨泾桥戏台桥（图5-22）。

福建永安市青水乡永宁桥戏场② 表5-14

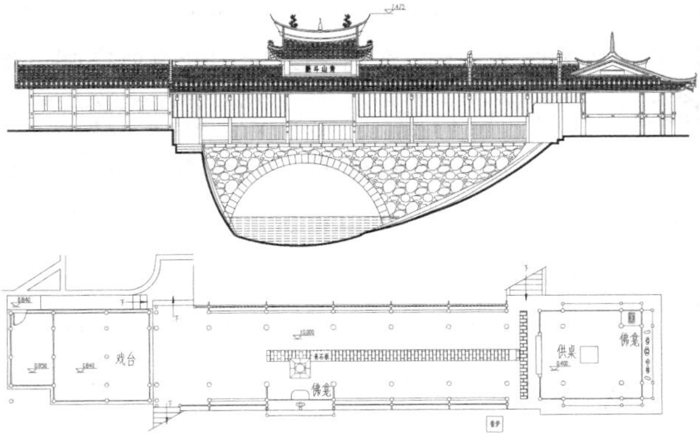

福建永安市青水乡永宁桥戏场立面与平面

从河道看桥的全景

桥的一端为戏台（另一端为神龛）

① 永宁桥戏台建于雍正二年（1724年），位于青水乡青水池和寨兜两个自然村交界之处.

② 永宁桥平面图，立面图等由东南大学建筑学院古建测绘组提供。

图5-22 浙江宁波鄞州区邱隘镇横泾村戏台桥来源：（http：//www.nbwb.net/detail.2007）

5.3.2.2 传统观演场所的空间模糊性

传统观演场所的空间模糊性，主要是指传统观演场所空间界定的不确定性与空间感受的含蓄性两方面。界面是限制建筑空间的物质实体，空间的性质在很大程度上取决于界面的性质，而传统观演空间中常利用厢房的宽挑檐、大殿的前廊形成看廊，庭院与廊之间所形成的界面由若干柱形成。这种界面是不明确、不完整的，空间特性也模糊了，廊空间成为既非室内、又非室外的中介过渡空间，形成室内外空间的水平过渡和渗透，人们得到了一个伸展到庭院上的过渡空间。柱、梁架等对空间的界定极弱且并不影响到空间的渗透，因而空间具有了流动性。如四川广安肖溪镇王爷庙戏场①，利用庭院的廊道和街道的廊道空间上的相似性与梁柱空间界定的微弱性，使街道的外廊成为庭院内廊向外延续的空间，戏场位于古镇西场口处街尾部，戏楼下面架空，又与街道两侧凉亭相通，使得戏场一侧敞廊成为过街楼，凉亭廊宽3～5米，廊柱高达5米，是人们贸易交易的场所，也是戏场遮风避雨和疏散的通道。

空间感受的含蓄性指空间界定的不确定性及空间多义性为空间承载大量的、复杂的信息提供了可能性。因此，人对于这一空间的感受就不是可以明确描述的，而相应地表现出的是一种含蓄性，也可说是模糊性的特征。如传统戏场的院落空间的功能具有广泛的适应性，如宴会、典礼、游戏、纳凉等。院落空间可以认为是一个半公共半私密的空间。在院落之内，人体会到的是内外模糊不定的空

① 陈蔚. 巴蜀会馆建筑［D］. 重庆大学的硕士论文，2003：26-31.

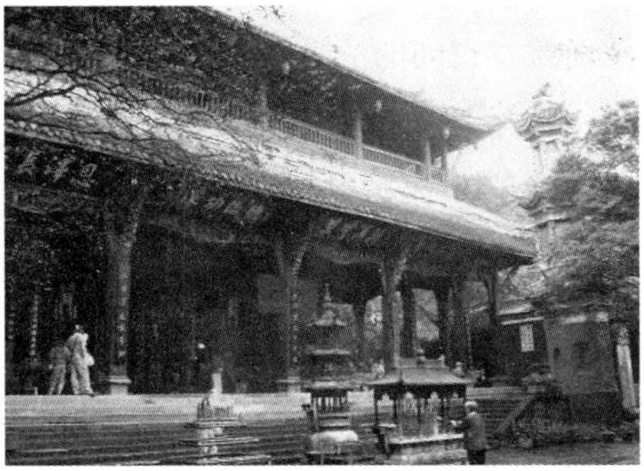

图5-23　都江堰二王庙大殿屋檐

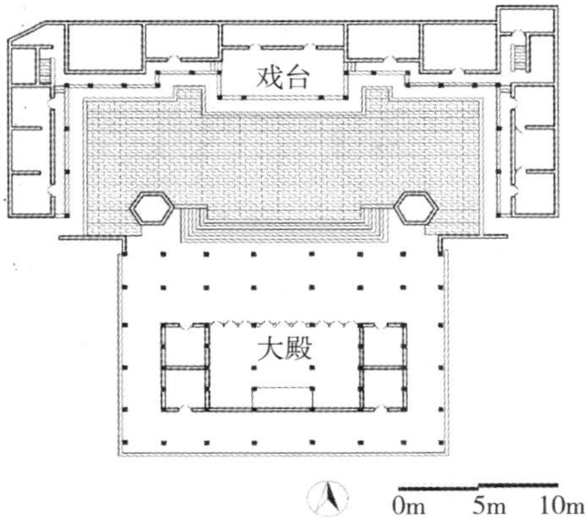

图5-24　都江堰二王庙戏场连续的屋檐和廊道

间特性，这充分体现了模糊性空间的含蓄性。人感受到的是物质与非物质之间的过渡状态，但却是充满复杂意义的空间。传统观演空间中的很多都运用空间模糊性的手法，使得空间混合，进而具有流动性、包容性和含蓄性，传达出浓郁的生活氛围和人情味。如四川自贡西秦会馆，以正厅廊式空间将庭院分为模糊的公共区域和模糊的私密区域，又如都江堰二王庙戏场（图5-23、图5-24），大殿和戏场四周都以围廊环绕，成为半开敞的空间，既可以让人行走，又可以作为观看演出的观众席。正是由于传统观演场所具备的“空间多元性”与“空间模糊性”等特征，导致了空间流动性和空间连续性的产生，进而导致空间活力的产生。

5.3.3　传统观演场所的“空间连续性”与“空间流动性”

传统观演场所中的“空间流动性”和“空间连续性”是对同一空间体验的不同表述。空间连续性是由传统建筑中界面分隔的模糊性造成的，界面分隔的模糊性使得建筑产生连续的内界面，进而产生“空间透明性”，使得人在一个空间中能够感知多个空间的存在，并产生一种意识上和心理上的空间导向，从而产生空间“动态”，而中国古建筑的美就在于其是“动态”的，每一个院落就像精心设计的室内一样，而通过明暗交替的空间转换达到不同的心理感受。

除了外向封闭性和内向开放性之外，中国传统聚落还有一个鲜明的特点，即聚落成员在建筑内部游历所能得到的一种连续的，流动的空间体验。而传统观演建筑空间采用从空间的限定性到空间的交错性，再从空间的交错性到空间的透明

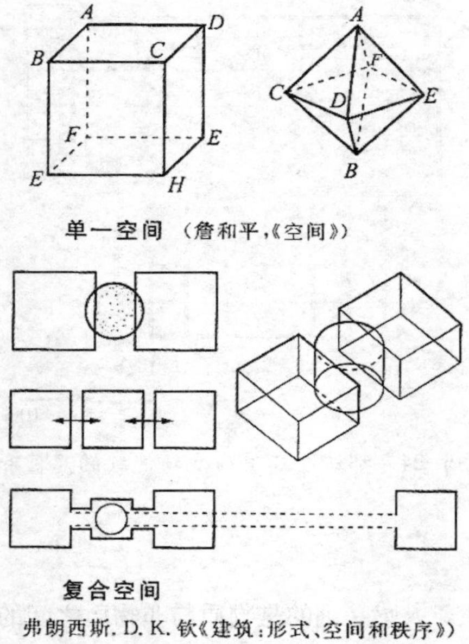

图5-25　单一空间与复合空间
李志民，《建筑空间环境与行为》，华中科技大学出版社，2009年3月第一版，第34页

性，最后从空间的透明性到空间的流动性的手法达到空间流动性的目的，从而激发空间的活力。

传统聚落空间是从均质单一空间演化而来的非均质复合空间（图5–25），这种从均质单一空间到均质复合空间[①]，再从均质复合空间到非均质复合空间的变化，其实都是一种空间从简单到复杂的“量变”的演进过程，而非均质复合空间到非均质连续空间的演变是一种“质变”的演进过程，它体现着时间这一“四维空间”要素的产生，作为空间的体验者，必须以“流动”的方式感受空间的变化，体现着空间流动性的产生。而富有变化和连续性的非均质复合空间才是积极的有活力的空间（表5–15）。

中日传统空间对比及空间形态的生成演化　　表5–15

	单元空间	组合空间	轴测空间	剖面空间
中国传统空间	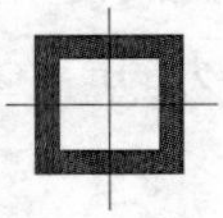	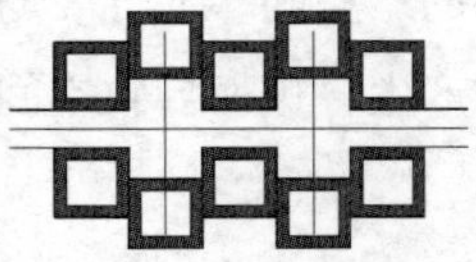	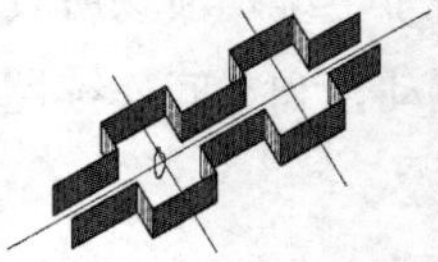	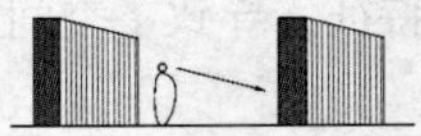
	虚轴空间	以庭院为连续空间	垂直围合的内向空间	垂直“内界面”连续
日本传统空间	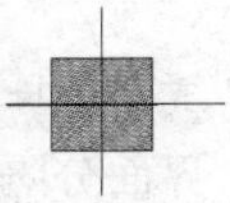	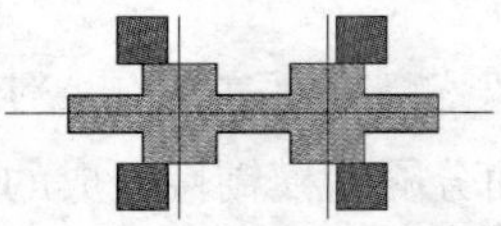	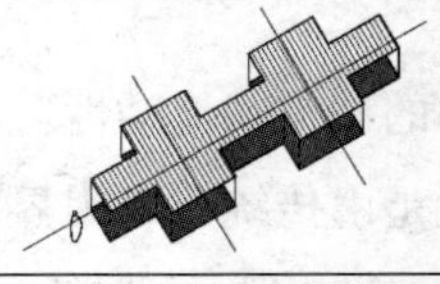	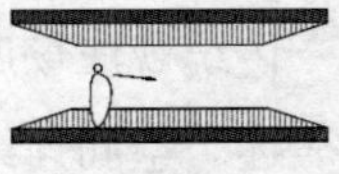
	实轴空间	以建筑为连续空间	水平开放的外向空间	水平“内界面”连续
传统空间形态生成演化	空间限定性	空间交错性	空间透明性	空间流动性
	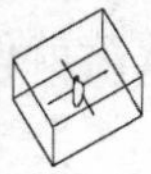	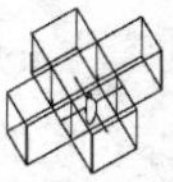	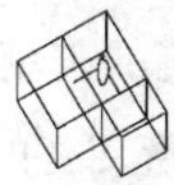	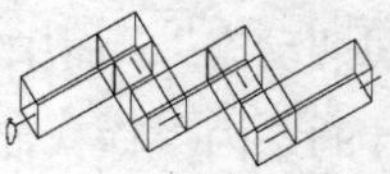
	均质单一	均质复合	非均质复合	非均质连续

① 李志民. 建筑空间环境与行为［M］. 武汉：华中科技大学出版社，2009：33.

5.3.3.1 传统观演场所的空间连续性

传统观演场所的空间连续性是空间流动性的前提，其特征可以从内空间的连续性、外空间的连续性、内外空间的连续性上说明。独立的观演空间通过道路和廊道，将其与多个观演场所或其他的公共空间连接，形成连续的空间意向。正如我国著名建筑师王澍先生所说的“场效应”，它是由连续的串珠式空间组合而成的，通过骑楼作为分隔，如果没有空间的转折变化以及连续的界面感受，这些建筑仅仅就是一个孤立的文物。正是由于这种空间的连续性，使其成为一个整体，构成完整的空间意境。此外，由于传统观演空间中柱、梁架等线性构件对空间极弱的界定并不影响到空间的渗透，因而空间具有了流动性。

1．观演场所内空间的连续性

观演场所内空间的连续，主要是指庭院中内界面的连续性。由于中国古建筑中，“外界面”是围合封闭的墙体，“内界面”才是真正的建筑立面，而建筑立面的感受，不可能如西方的庭园中的建筑那样一览无余，必须通过游览的方式穿越深深的庭院空间才能感受到，而内界面的开放性、外界面的封闭防御性，则是中国“盆地文化”的直接产物。不可否认，中国不同种类和功能的建筑表现出大致相同的布局和形式，而这些建筑也都是由同一原型发展而来的，但建筑的特征和其“性格”却是依靠庭院中的各种装饰、小品、雕刻来完成，塑造其应有的格调和空间精神，如庙宇中的香炉、幡、碑等。而内向的连续性，就体现在以连续的内廊道引导人的动态行动的方向，如四川自贡西秦会馆观演空间内连续的敞廊，几乎包围了整个内界面，通过走廊，人可以到达各个庭院空间和不同功能的房屋（图5–26）。

2．观演场所外空间的连续性

观演场所外空间的连续性主要指街道空间的连续性，传统聚落的街道空间分两种，一种是单纯的道路空间，两侧是封闭的实墙，其本身就是连续的封闭空间；另一种是有商业功能的街道，其空间是内庭院空间的外化，具有内庭院的空间特征。有商业功能的街道空间，常常利用外屋檐和外廊道来创造连续的外空间，如犍为县罗城古镇戏场两侧看廊，以连续的廊道空间将一个外道路空间内庭院化，使其成为拥有庭院特质的

图5–26　自贡西秦会馆连续的敞廊

戏场空间。又如永川县五间铺主街禹王宫戏场外的街道与“凉厅子”空间结合，“凉厅子”即街道两侧的敞廊，廊宽3～5米，是人们贸易交易的场所，它增强了街道空间的内聚性，使整个场镇街道成为“露天”的商业中心（图5–27）。

3．外空间与内空间的连续性

传统古镇观演场所外空间与内空间的连续，主要指内庭院空间与外道路空间的连续关系，其连续方式有拼贴和交合两种。

以拼贴的方式形成的连续空间，主要是通过戏场与道路的直接连接，如宜宾县越波场濒临岷江，是个集贸小镇，场中有禹王宫、南华宫、东岳庙三个戏场，三座建筑都位于场镇的端部，与镇子的出入口道路空间相结合。又如，四川永川五间铺古镇的三个戏场，通过街道两侧的敞廊与戏场无缝相连接，创造出了一种内外空间连续不断的意向。

以交合方式形成的连续空间，主要是指戏场与道路空间三维上叠合，比较典型的有四川合江白沙古镇，它建于明末清初，居民以土著川人为主，口袋形状的平面，场镇中沿着中轴线方向有三个戏场：月亮台街心戏台、川主庙戏台和张爷庙戏台，分别形成场镇的不同中心，月亮台为人流中心，川主庙为精神中心，张爷庙为副中心，戏场之间通过道路连接，道路上有四个过街楼，对空间进行分隔和限定。其中月亮台街心戏台为场镇入口处的过街楼，川主庙戏台是第二个过街楼，位于道路的交叉处，其他两个过街楼是张爷庙的左右两厢，不只是单纯的过街楼。还有城门的作用，有疏散和防御功能。其独特的过街楼的空间处理方式使得戏场空间和道路空间有各自的流线，互不影响且相互融合，为传统观演空间的经典作品（表5–16）。

在中国传统的观演空间中，连接私人空间和社会空间的正是街道，它使人感

图5–27　犍为县罗城古镇戏场两侧看廊

四川古镇戏场连续空间的形成方式[①] 表5-16

拼贴的方式形成的连续空间	四川广安肖溪古镇	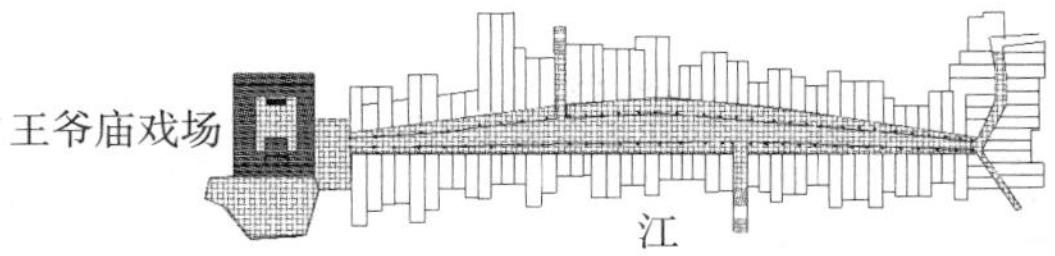	古镇街长约100米，东西走向，中间宽两头窄，最宽处约7米，最窄处约3米，场口处有王爷庙戏楼，其下架空又与凉亭相通，戏楼借助王爷庙主殿前大台阶作为观众席，在沿江一面有大平台，是人们进行社交和宗教活动的场所
	四川永川五间铺古镇	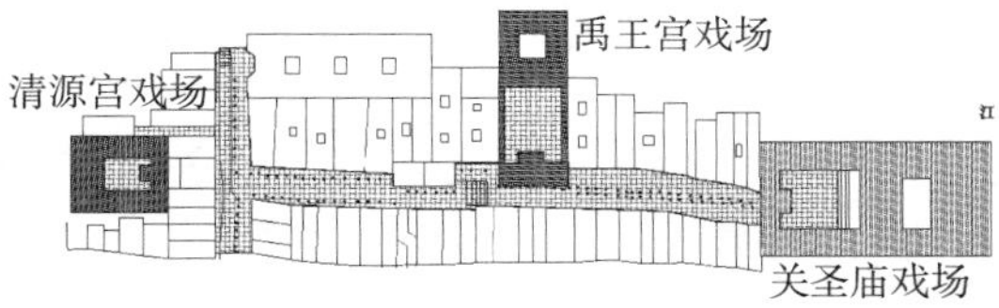	永川县五间铺主街上的禹王宫、南华宫、关圣庙等，它们与街道“凉厅子”空间结合，以高大的体量和独特的建筑造型成为场镇主景。街道两侧凉亭，廊宽3～5米，是人们贸易交易的场所，它增强了街道空间的内聚性，使整个场镇街道成为“露天”的商业中心
	四川宜宾越波古镇	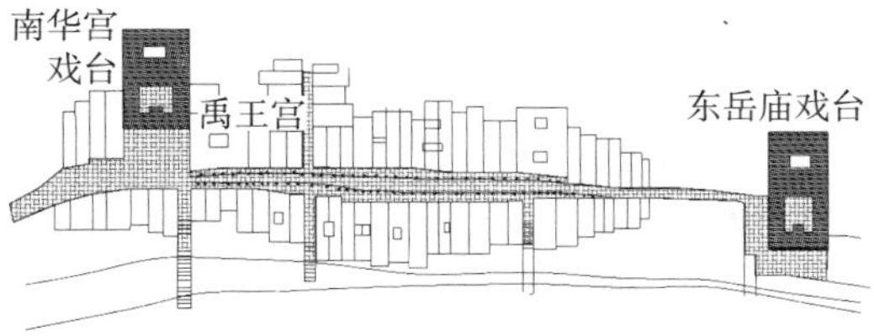	宜宾县越波场濒临岷江，是个集贸小镇，场中有禹王宫、南华宫、东岳庙，南华宫和禹王宫分别为广东会馆和两湖会馆，东岳庙为五岳神庙之一，三座建筑都位于场镇的端部，与镇子的入口和出口空间相结合，均有戏台，为封闭的戏场空间
	四川合江尧坝场	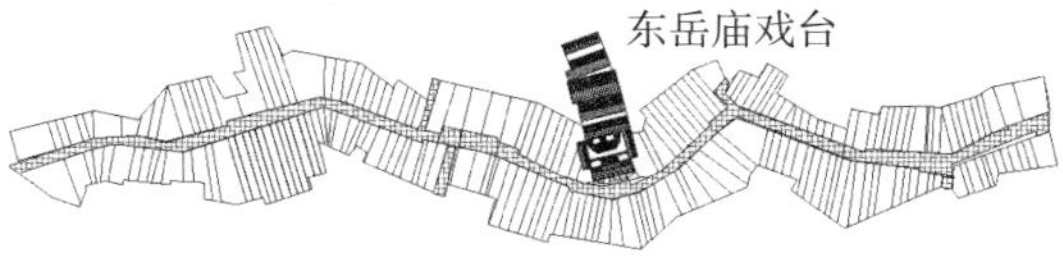	东岳庙处于尧坝场中央，面临古街，背靠聚宝山，整个建筑从山门到庙顶高差约15米，中轴线布置，共四进院落，山门背面即为戏台，戏台正对面为魁星阁，魁星阁两侧为左右看楼，庙顶处为三圣殿，是古镇的最高处
交合的方式形成的连续空间	四川犍为罗城古镇		始建于明代崇祯元年（1628年），全镇坐落于山顶，主街道为南北走向，两端较窄，中间宽敞。街中央为两层戏楼，一层架空为通道，戏楼正对面为灵官庙，街道两侧各有一排长约200米，宽约6米的荫廊，仿佛船篷一般，又称“船厅街”

① 季富政. 采风乡土［M］. 成都：西南交通大学出版社，2008：75-99.

续表

交合的方式形成的连续空间	四川合江白沙古镇	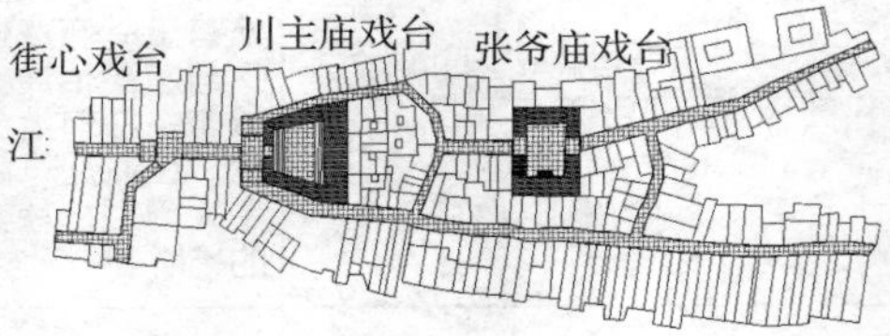	白沙古镇位于长江上游，建于明末清初，居民以土著川人为主，口袋形状的平面，月亮台为人流中心，川主庙为精神中心，张爷庙为副中心。清初，左右两厢跨过街道，与街道融为一体，可以看出，厢房不只是单纯的过街楼，还有城门的作用，有疏散和防御功能，四个过街楼，形成环线和以街心戏台、川主庙、张爷庙连续空间形成的中轴线
	四川合江顺江古镇	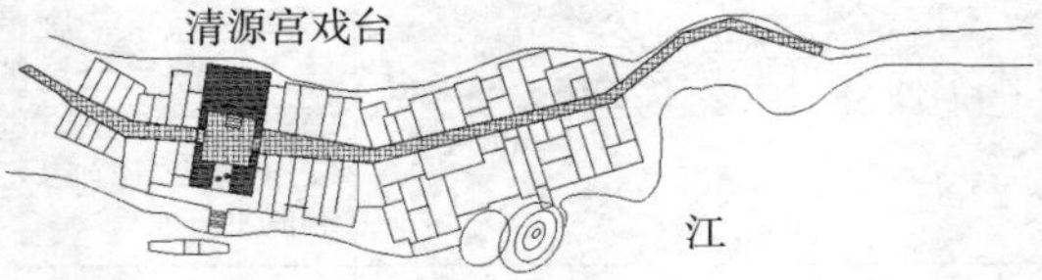	清源宫（川主庙）在清初，是川主李冰与镇江王爷的合建庙宇，大门临河岸码头，左右两厢跨过街道，与街道融为一体，可以看出，这种功能使得院坝成为独特的街道集会广场，不仅凝聚人气，还有利于寺庙的管理
	四川自贡仙滩古镇	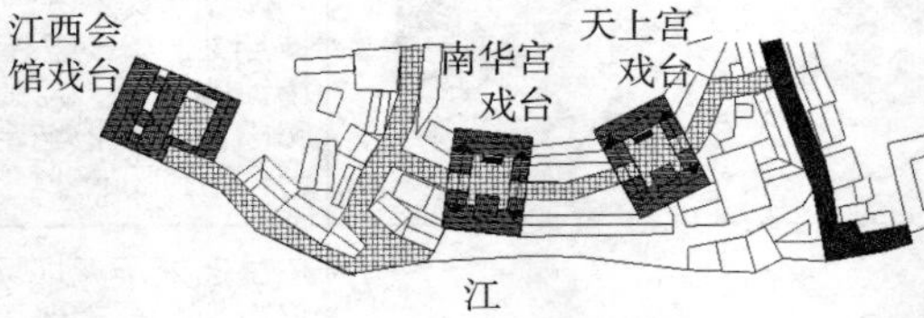	仙滩天上宫建于1850年，南华宫建于1862年，但是街道形成于会馆之后，在南华宫碑记载：“门厅、戏楼、疏楼、大殿、耳房、陪房、庑屋，皆与寺庙、民间建筑为一整体，循序渐进渐高，升合起伏，条井分明，疏漏下四城门，自通左右街道，启闭自如，制人流，控应变，防未然，巧妙之极，奇特罕见。”

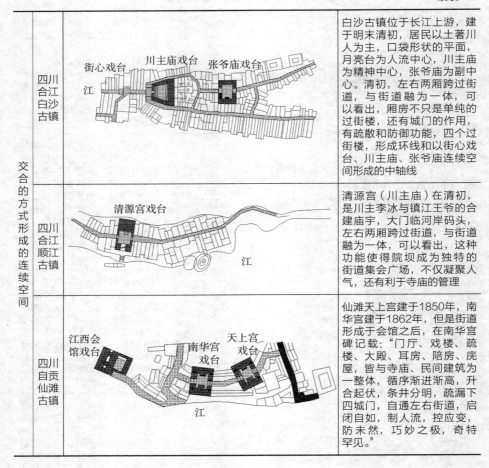

受到了流动的意义和价值，日常生活不断地发生和聚集，而这种多义性和流动性的生活方式，正是古代中国空间的特质，街道空间与庭院空间一起构成了中国特有的公共观演空间，起着西方广场的作用。街道和建筑处于相互渗透的状态，而街道是建筑的延伸，其本身就是生活空间。所以，我国传统的街道本身具有西方广场和道路双重功能属性，这也就决定了我国传统空间中道路所担负的多重功能：既可以是表演场所，也可以是交通空间。

5.3.3.2　传统观演场所的空间流动性

传统观演场所的空间流动性分为两种特征，一是演出场所本身体现出的临时性和流动性，二是人观演行为体现出的临时性和流动性。

图5-28　罗城戏场廊道内景

1．观演场所的“流动性”

观演行为与观演场所的“流动性”，正是传统观演场所中充满人气和产生空间活力的重要因素。这种流动性体现在：戏班随着演出需要而“跑江湖”“逢场作戏”，戏台随着庙会的需要而临时搭设，四周的人群因为赶集的需要而临时的相聚（图5-28）。

清代的康熙《南巡图》中画有绍兴柯桥镇搭在桥边的戏台，戏台对面是庙，台周围站满了观众。又如清农村演剧图：戏台顶棚是模仿瓦顶式，两侧有许多看棚。这种临时性地随着庙会和赛社而进行的演戏行为，随之而来的人群“瞬间聚集”“瞬间转移”的赶集行为，促使了临时戏台的出现。临时戏台，又名草台、野台，是为了演出而临时搭设的戏台，它的好处在于可以适应不同地形、时间的需要。据中国明清古文献中的记载，即使在遥远的村落，都频频有万人空巷的看戏的场景，更不用说城市里演戏，在明清绘画中我们可以看到城市和农村搭台演戏的场景。清汤斌《汤子遗书》卷曰：“吴下风俗如遇迎神赛会，搭台演戏于田间空旷之地，高搭戏台，哄动远近男妇，群聚往观，举国若狂。”

此外，传统的临时戏场是具有临时性的“功能置换”的观演场所，平时作为街道和晒谷的广场，在节庆时成为观演场所。如明画《南都繁会景物图卷》，绘的是一幅南京街市三月庆春游艺活动场面，戏台搭在街道正中，用木条和席子搭成，台周有栏杆，台后另搭一戏房，有上下场门与前台相通。观众站在街上看戏，另外，在街道的一边又用木条和木板搭了两座女台，上面遮有布幔，台上坐许多女眷。街道周围的店铺酒楼也挤满了看客。整个街道成了演出场所。可以看出，由于临时戏台和看台的出现，街道变为临时的戏场，阻塞了交通道路，这与我国现在农村的社火“借道演出”的场景很相似，而这种瞬时的“功能置换”和临时舞台的可移动性，使得街道和戏场共生共存，合理地利用和安排时间。这也是我国步行街文化的最初形式，日本东京歌舞伎町步行街就规定周一到周五白天作为车行道而其他时间为步行街而安排不同的使用时间。我国农村至今还有很多地方都还有秋收后在街道和晒谷的广场演出的习俗，可见临时性的观演空间所具有的季节性的流动性。

戏曲的演出活动多伴随着民间各种庆会活动而进行，演出空间环境也与人文环境相互重叠。近千年来，正是通过各类性质不同的演出场所，戏曲渗透到了中国社会的各个角落，遍及城镇乡村，成为广大民众最普及、最主要的娱乐方式与娱乐品种。

2. 观演行为的“流动性”

我国古代的演出场所不断转移的同时，观演行为本身也常处于动态的变化中。在传统古镇中的演出场所是流动与固定相结合的演出空间，其演出的空间依次是舞台—所行各处—舞台，戏曲表演也可以分为两部分：流动演出和固定演出。流动的演出主要是指庙会时前期在街道上边行边演，固定的演出就是戏台上的表演，常常是在游行表演结束后开始。这种表演方式在我国有着很悠久的传统，我们现在在农村还能看到的“社火”，大概就是这种演出形式的一部分。在明清，有各种各样这样的表演，当时称为“走会”，其内容经常是民间歌舞的串演，它没有一个中心事件、情节和人物，唱段曲调也不统一。这种走街串巷表演，一来铺垫气氛，二来聚集人气，三来消灾祈福，等游历完毕，才在戏台或坛场停留下来，举行一系列的仪式和表演。如：尧坝场东岳庙前及戏台下原为大米杂粮市场，平日里赶场开市，遇到庙会活动便张灯结彩，请戏班唱戏，抬着木刻的城隍塑像巡游，前面是仪仗队，戏班子跟在后头，装扮各种人物形象，百姓紧随左右，沿着街道巡游一天，以达到消灾祈福之功用，然后到晚上才点灯唱戏。也可以说是民间戏曲的特殊表演方式决定了流动与固定相结合的演出方式。

从上可以看出，传统戏曲走街串巷式的演出以及随着节庆不断迁徙的方式正是激发场所空间活力的主要因素，而古镇戏场的观演空间是线性的、流动的、非封闭的，恰好能给这样走街串巷的民间戏曲以表演和施展的空间，所以，传统古镇中连续的街道和庭院，正是古代人们交往和生活的公共场所，而正是这样的空间环境赋予传统观演行为以活力和持久性。

5.4 本章小结

本章是基于传统戏曲观演行为与传统观演场所空间关系的研究，探讨观演行为与空间尺度、空间模式的关系，从而探索传统观演场所空间活力产生的原因。

本章第一节，笔者提出传统戏曲表演具有缩放的“线性空间”、拼贴的“碎片空间”、虚拟的“艺术空间”三大时空特性。紧接着，笔者论述戏曲表演的特点对观演空间的影响，通过对戏曲及其观演场所差异性的产生，以及多个戏曲同台演出，生成新剧种现象的研究，探讨不同声腔对观演场所空间的影响。最后，反过来研究传统观演空间对戏曲演出的影响，通过对传统戏台和戏曲相对应的三方面特点——伸出式空间与多向性表演、虚拟空间与程式化表演、复合空间与互动性表演的论述，来证明戏曲演出与其观演空间的相互适应性。

本章第二节通过对观演模式以及传统观演空间组织方式与空间尺度的研究，探索影响传统观演行为与空间活力的因素。在通过对全包围式、半包围式和面对面式三种不同观演模式的分析后，笔者认为，传统戏曲与三面式的观演模式之间有着不可替代的关系。

通过对传统观演场所中的声音、视线与空间尺度的关系的研究后，笔者认为传统戏场在利用伸出式和多层戏台在满足表演功能需求的同时，还具有亲和性、多视点性的特性。同时，戏台通过藻井、水缸，以及两侧的反音壁来获得更好的一次声反射，传统戏场的围廊还提供了一些小进深的凹凸空间，可以使声场扩散较均匀和吸收。传统观演空间正是通过这些细小的设计，达到一个良好的观赏环境和演出效果。这些正是我们当代剧场所需要向传统戏场学习和改进的地方。

在对传统村落中观演场所的“自下而上”与“自上而下”的两种组织方式进行研究后，笔者认为，观演空间本身的尺度和构成形态并没有多大的改变，而城镇和农村空间尺度的不同才是造成两者观演空间不同的主要原因，其组织方式的不同则是影响其形成和推动其演化的主要动力。

本章第三节通过分析传统观演空间的“流动性”与“连续性”以及传统观演场所的“功能结合性”与“空间模糊性”对于其空间活力的促进意义。笔者认为，传统聚落空间是从均质单一空间演化而来的非均质复合空间，而作为空间的体验者，必须以“流动”的方式感受空间的变化，体现着空间流动性的产生。而传统观演建筑空间采用从空间的限定性到空间的交错性，再从空间的交错性到空间的透明性，最后从空间的透明性到空间的流动的手法达到空间流动性的目的，从而激发空间的活力。在研究了四川、山西、浙江古镇中大量的传统观演场所后，笔者认为由于传统观演空间中柱、梁架等线性构件对空间极弱的界定以及连续的廊道、街道和庭院，而正是这样的空间环境使观演空间具有了流动性。而传统观演空间中多种使用功能结合以及多样性的人群组织，赋予传统观演行为以活力和持久性。本章最后指出，一个富有变化和连续性的非均质复合空间是积极的富有活力的观演空间，而观演行为的“流动性”和“多样性”，才是传统观演场所中充满人气和产生空间活力的最主要的原因。

第6章
传统观演场所的保护、再生与发展方向

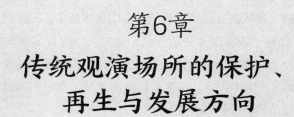

6.1 传统演剧与观演场所的保护与再生

本章主要论述中日传统观演场所的保护、再生策略及观演建筑发展方向。通过中日传统观演建筑的对比研究，说明不同的文化和表演行为对建筑空间发展的影响，同时提出我国京剧剧场的设计策略和未来观演建筑的发展方向。

6.1.1 传统观演建筑的保护现状

传统观演建筑与其他文化建筑一样，侥幸躲过历史上历次战争的摧残，却在20世纪60年代的“十年动乱”期间损毁过半。而20世纪80年代后的经济浪潮的影响，许多开发商和政府部门又在经济利益的驱动下，对大量遗存的传统观演建筑进行拆除。民国年间，各区县乡镇传统观演建筑还保留甚多；20世纪50年代，大部分被作为学校、公所、粮库以及分给群众作住房；当时许多戏坊、戏台被拆除，木料、石料被用去修水库、炼钢铁；有的又被作为封建糟粕的典型，遭受到毁灭性的破坏[①]。20世纪90年代后，许多文物机构才真正意识到问题的严重性，对遗留的传统观演建筑进行维修和普查。

6.1.1.1 中国传统观演建筑的保护现状

2006年，我国学者吴开英领衔的“中国古戏台研究与保护”课题组历时3年，对中国现存古戏台进行了普查和研究后发现，我国古戏台的保护情况很不乐观。20世纪50年代调查时，我国遗存古戏台建筑约有10万余座，而2008年调查统计时仅剩下1万余座，60年内损毁了十分之九之多，而且还有很多摇摇欲坠，濒临坍塌（图6–1、图6–2）。今天，我国各地的传统观演建筑除了由于经济开发和人为的破坏因素外，自然灾害和环境变迁是古建筑群破坏最主要的原因，如重庆三峡地区，由于许多的古代场镇都是沿长江而建，尤其是古代场镇中的许多寺庙、会馆都处于水位线175米处以下，在三峡大坝修建后不是被迁移就是被淹没，即使被拆迁保留的，也无法体现历史的原貌，空间格局和人文景象都已经改变。又如四川地区在2008年5月12日，遭遇了一场千年不遇的汶川8级大地震，在这场大地震中，巴蜀大地上诸多沉积千年的人文历史古迹遭遇了一场大劫难，其中著名的

① 何智亚. 重庆湖广会馆历史修复与研究［M］. 重庆：重庆出版集团，2006：62-93.

图6-1　年久失修的金堂广兴太乙宫戏台

图6-2　面目全非的自贡贡井贵州馆戏台

二王庙戏台以及各地众多的古戏台都被破坏而倒塌。

据车文明教授和吴开英研究员介绍，山西省是全国古戏台存量最多的省份，1979年山西省文化部门普查时尚存古戏台2887座，然而，课题组在2006～2008年间的拉网调查却显示，山西境内的古戏台只存1000余座；陕西省在新中国成立初期有古戏台3000多座，现仅存210余座；还有一些古戏台较多的地区，如河北张家口在1958年统计遗存古戏台2000余座，而现存仅500余座。越剧发源地浙江省嵊州市，原有古戏台1220座而现只存108座；与嵊州相距不远的宁海县是古戏台保护工作做得比较好的县，原有古戏台600余座，现在也只保存120余座[①]。我国学者薛林平在经过多年对全国的古戏台实地调研后，在《中国传统剧场建筑》[②]一书中写道："我国河南、河北、陕西、江西，拥有的数量都在100座以上，而其他大部分省份，现存的传统剧场则屈指可数。如黑龙江、辽宁、吉林、海南、贵州、青海、宁夏、天津等地，现存的传统剧场少于10座；如北京、内蒙古、甘肃、上海、江苏、湖北、湖南、广东、广西等地，现存的传统剧场不超过50座。"从上可以看出，我国的古戏台保护状况严峻，许多省市的传统观演建筑都濒临消失。

6.1.1.2　日本传统观演建筑的保护现状

日本在亚洲的传统文化遗产保护方面是先行一步的。日本对文化遗产的保护始于1897年（明治30年），日本在大规模普查的基础上，颁布了《古社寺保护法》。直至1929年（昭和4年）《国宝保存法》实施为止，日本已经确定的国家级寺庙建筑845座，但是，在20世纪六七十年代经济发展时期，古建筑的保护也受到了重创，以至于大量的传统观演建筑损毁（图6-3）。如：角田一郎在1971年

① 周华斌，柴泽俊，车文明等．中国古戏剧台研究与保护［M］．北京：中国戏剧出版社，2009：2.

② 薛林平.中国传统剧场建筑［M］．北京：中国建筑工业出版社，2009：2.

图6-3　调研中损毁的德岛县那贺郡相生町农村舞台

编著的《农村舞台的综合研究》[①]中，对现存的与损毁的歌舞伎和净琉璃舞台进行统计后得出，临时舞台147所，固定舞台1921所，其中不包括神乐的舞台，而在昭和47年（1972年）阿波学会对该数据进一步的核实后得出，日本全国当时农村等地拥有的歌舞伎与净琉璃舞台共有1338座，损毁431座[①]。可见，损毁的舞台在总数中比例很高。而阿波学会调查团于昭和58年（1983年）对德岛县记载的305座传统舞台进行调研后发现，残存仅有134座，被改造作为他用的舞台有128座，损毁的舞台有43座（表6-1）。可见许多舞台由于没有实际的演出用途被改造作为他用。

日本农村舞台的保存状况　　表6-1

市郡名称	德岛市	鸣门市	小松岛市	阿南市	板野郡	阿波郡	麻植郡	美马郡	三好郡	名西郡	名东郡	腾浦郡	那贺郡	海部郡	合计
调查件数	16	3	12	83	3	1	1	1	5	1	5	26	111	37	305
现存舞台	3	0	1	40	0	1	1	0	1	1	1	4	57	14	134
改造舞台	7	2	9	39	1	0	0	0	2	0	3	8	44	13	128
损毁舞台	6	1	2	4	2	0	0	1	2	0	1	4	10	10	43

此外，日本学者若井三郎对传统能舞台和神乐舞台进行调查研究，他在著作《佐渡的能舞台》中记载了220个能乐舞台，其中有35个能乐固定表演舞台，而临时装配使用的舞台有151栋。西和夫先生又于1984年～1996年间调研了日本新潟县的大部分传统舞台，并进行了测绘研究，在1997年出版的《祝祭的舞台——神乐与能的剧场》[②]中就大量地记录了现存传统舞台的状况。他在调查了佐渡地区的神乐临时舞台后，对许多传统舞台技术的遗失扼腕叹息。发现由于现代文化

① （日）森兼三郎. 德岛的农村舞台［J］. 住宅建筑，1992（2），120-161.
② （日）西和夫. 祝祭的临时舞台——神乐与能的剧场［M］. 东京：彰国社株式会社出版，1997.

的冲击，传统的演出方式和生活习惯被改变，对于传统舞台的装配维持也是举步维艰。

从上面可以看出，虽然日本在经济发展时期许多的传统观演建筑被破坏，但是由于存在健全的立法和文化保护意识，在文物普查和保护研究方面，远远地优于我国。

6.1.1.3 传统观演建筑的保护存在的问题

当代，虽然我国对传统建筑的保护取得了一定成效，但还没有当作一个完整的课题去研究，也没有进行过系统的普查。在笔者对四川现存传统观演建筑调研的过程中，有镇政府部门为地区经济发展修路倡议拆除或拆迁其建筑，虽然成都市文物处的研究员的坚决制止使这些建筑得以留存下来，但是由于一些自然、人为的原因，还有许许多多这样的不知名的文物，面临着存亡的危机，亟待维修和保护。同时，也暴露了我国在传统观演建筑监管方面的诸多问题。大概有以下几点：

首先，传统观演建筑的保护缺少监管且权责不明。

在我国，传统古建筑的保护一直作为当地政府部门的事，这种单一的行政管理模式势必导致职权滥用和无人问责的局面，如2011年3月10日，在陕西延安宜川县集义镇石台寺村，村支书以六万元的价格将建于康熙十五年（1676年）的观音庙的三座大殿：观音殿、娘娘庙和戏楼，私自卖给了一个山西商人，使得三百年古庙一夜被拆成废墟，整个过程没有经过村委会讨论，更没有召开村民大会。而笔者在2009年在四川自贡仙滩地区考察当地有名的江西会馆时，也了解到村里在没有经过村民讨论的情况下，于20世纪90年代初将会馆观演建筑拆除盖了学校，至今人们都记得江西会馆那华美的封火墙和精致的戏楼木雕，而在心里留下深深的遗憾。

所以，政府部门在对传统建筑保护时，应当将古建筑保护工作纳入地方经济和社会发展规划以及城乡建设规划。其中，最为重要的一点是，相关部门应该转变其职能，尤其是在文物保护事业越来越社会化的新形势下，不仅应当将封闭式的管理体系转变为开放式、面向全民全社会的管理体系，而且应当加大对古建筑保护的行政监管力度，依法行政。在实际的管理与服务工作中，把古建筑文物行政主管部门变成依法行政的榜样，变成善于组织各方力量共同参与会馆建筑保护事业的核心力量。更重要的是要建立一个层次分明、多位一体的保护机制，就是要明晰各部门的保护权责，做到完整严密的分段监管。如日本从中央到地方，每个市、镇、村各级政府都设立了相应的文化遗产保护机构，同时还有日本艺术振兴会这样的独立艺术法人，以及一些财团法人、志愿者个人参与到文化遗产的保护工作中。

其次，传统观演建筑的保护缺乏法律和制度保障。

我国现有的建筑遗产保护法律远远少于其他国家。日本是较早意识到对建筑文化遗产进行保护的亚洲国家。1950年的《文化财保护法》综合了以前的相关法律内容，其中确立了传统建造物群保护的认定、管理、利用、调查的制度体系；建立了文化财损失补偿与产权保障制度；设立了文化财保护委员会负责文化财保护。1966年颁布的《古都保存法》，建立了“传统建造物群保存地区”制度。至今日本对建筑遗产保护的法律修改已经达十次，从日本建筑遗产保护法规可以发现，作为社会发展到一定阶段形成的整体性保护观，是对建筑遗产认识提高的表现，而建立完善的建筑遗产保护法律制度，则是建筑遗产保护体系的支柱。

而我国，第一部有关建筑遗产保护的法律是20世纪30年代南京国民政府颁布的，其中只有六条有关内容。新中国成立后才出台《文物法》，1982年才出台《中华人民共和国文物保护法》，在2002年修改的文物法中对建筑遗产的保护在第二章之“不可移动文物”之第七条到第十九条中才粗略地提到。除了2008年出台的《历史文化名城保护条例》，正式的建筑文化遗产保护法规至今还未明文出台。也就是说对于建筑遗产保护至今没有详细的细则可以遵循，可见我国建筑文化遗产保护法规的滞后性。而现存的保护条例未清晰地界定保护对象。国外的法律保护对象清晰，有针对建筑文化遗产整体性保护的法律，如：某些国家还出台对某一类型的建筑文化遗产的保护法律，如日本于1880年就设立“古社寺保存金制度”，并利用这一基金开始了对社寺的维修与保护，1897年颁布了《古社寺保存法》，专门设立针对这一类型建筑的保护法律。在对于传统观演建筑的条例保护方面，我国还是一片空白。

最后，对于传统观演建筑的保护的财政投入太少。

在日本，国家财政力量作为古建筑最主要的保护支柱。据了解，作为文化遗产保护的专门机构，日本文化厅2011年预算用于文化遗产保护的资金共452亿日元，其中用于文化遗产的保存、修理和防灾，计划投资118亿日元；对文化遗产的推进、传承和利用，计划投资334亿日元。而我国的国土面积比日本大得多，建筑遗产也较日本多，但是资金的投入却很少。很多时候，只能借助国际资金进行解决，如著名的重庆湖广会馆中，在1999年向世界银行贷款

图6-4 昔日重庆湖广会馆群
何智亚,《重庆湖广会馆历史修复与研究》,重庆出版集团,2006年4月一版,第62-93页

图6-5 修复的湖广会馆广东公所戏楼
何智亚,《重庆湖广会馆历史修复与研究》,重庆出版集团,2006年4月一版,第62-93页

100万美元进行抢救性保护(图6-4、图6-5)。但是,全国各地还有诸多的传统观演建筑,也急需资金修复和妥善管理。而仅仅靠国外的资金援助,只怕很多都会毁于当下。

6.1.2 传统演剧及观演建筑的保护

6.1.2.1 中日传统演剧的保护

20世纪50年代末,我国文化主管部门对全国各地方的戏曲剧种普查时发现,当时我国各民族戏曲剧种共有368个。1982年,文化部门在编撰《中国大百科全书·戏曲卷》时,对其数量进一步的调查统计时发现,传统戏曲剧种只剩317个,减少了51个。而到了2005年,根据中国艺术研究院完成的"全国剧种剧团现状调查"数据结果显示,我国现存剧种仅剩267个,而且其中半数剧种仅有业余演出，60多个剧种没有音像及资料的保存，许多地方剧种正面临着消失的危险。依此数据推算，上半个世纪我国消失了上百个剧种，平均每年就消失两个剧种，戏曲剧种流失的速度是惊人的。而我国各省与传统观演建筑遗产有关的非物质文化遗产非常丰富，如四川地区的传统观演建筑被称为川剧的摇篮，在节庆活动时上演传统戏曲、灯戏等。

与我国毗邻的日本，也存在大量的传统戏剧遗存，如遗留有240多种能乐，而且很多都还在定期上演。金春信高在《薪能入门》中列举了日本当代还定期在各地上演的麻生薪能、台东薪能、松山薪能等119种薪能乐①，这些都是从古代能乐中衍生出的薪能，对剧种的资料都保存得非常完整。此外，早在1950年就在《文化财保护法》中提出无形文化遗产的理念，同时开始了对戏剧、音乐等古典表演艺术和工艺技术为对象的“重要无形文化财”即民间艺人的指定工作（人间国宝）。国家财政每年给予200万日元的补助资金，同时鼓励和引导社会团体与个人给予资金支持。这些措施，为培养能乐、木偶净琉璃戏、宫廷音乐等方面的后继者，提供了重要帮助。

对于我国戏曲演剧的保护，学者周传家认为：“对民族戏曲必须实施‘活态保护’的策略。所谓‘活态保护’就是‘有形保护’‘动态保护’，让民族戏曲不仅活在我们的记忆里，而且要活在现实生活中；不仅活在史料记载里，而且要活在舞台上；不仅活在专家的象牙塔，而且要活在民间；不仅活在被抢救的静态传统里，而且要活在动态的发展中。”

6.1.2.2 中日传统观演建筑的保护

传统观演建筑的保护不仅牵涉到场所空间的保护、律法的制定，而且还牵涉到古建筑修复的方法等问题。下文就从传统观演建筑的修复、空间保护、律法保护三个方面出发，对保护的方法进行探索。

1. 传统观演建筑的修复

日本的神社自7世纪起实行“造替”制度，即每隔几十年就重建一次。日本人在古建筑保护方面，有其独特的看法：那就是对一个城市古代风貌的保护，主要是通过建筑风格及人们的生活方式来体现，而不仅仅是对古老破旧的古建筑的维护。所以在日本，人们对古建筑的保护所采取的方法是不求原汁原味，但求神韵与风格的统一。他们认为保护的是传统观念和营造方式，而非古建筑本身。这

① （日）福地义彦.能的入门［M］. 东京：凸版印刷株式会社，1994：124.

一理念的形成与日本的建筑特点和自然环境相关，日本的古建筑多为木质结构，其根扎在地下．很容易腐烂，加之多发地震等自然灾害，其建筑很难长久保存。由此形成了它定期或不定期地将有价值的传统建筑物拆除并按原样重新翻建的习惯。如伊势神宫的保护，每隔二十年重建一次，从持统天皇（687～697年）至今1200年间已经重建60多次。

中国和日本的古建筑都属于木结构体系，所以中国也一直面临着这个问题，我国现阶段的古建筑保护理论来自于国际原则，是自上而下的制定，缺少自主的保护理论的探索，我国建筑文化遗产保护应该加入自下而上的中国保护经验，毕竟东方的木结构和西方的石结构建筑的保护体系和法律制定是有差别的，如日本的《奈良文告》就是对东方木构建筑保护的自生原则的探索。我国著名的古建保护专家罗哲文先生倡导的《曲阜宣言》也是对中国特色的保护理论的探索，解决的是古建筑保护的中外对接的问题。曲阜宣言和国际准则有很大的区别，如国际准则中认为，建筑的原构件是历史信息，有不可替代的作用，古建筑保护中新构件与旧构件要有识别性，而曲阜宣言认为中国建筑以木构为主，构件本身老化，形制才是历史信息，新与旧的和谐性为主要。这些经验对于传统观演建筑的保护有很大的借鉴意义。以重庆湖广会馆的修复工程为例，如果我们遵循国际准则，其戏楼的修复将无法进行，所以，我国建筑遗产保护法律的制定有待于建筑遗产保护理论自身的探索和发展，需要法律界和建筑界共同的努力和探讨，寻找一条自主的保护之路。

2．传统观演场所的空间保护

在对传统观演建筑修复的同时，还要重视传统观演场所空间的保护。首先，中国古建筑群是具有连续的界面的一个整体，离开“空间连续性”谈建筑保护，这些建筑仅仅是一个孤立的没有生存场景的文物，会造成文物保护的片面性，正是由于这种空间的连续性，才使其成为一个整体，构成完整的空间意境。对于保护规划的影响，希望不仅仅按照文物建筑的范围，而是按照界面和空间的连续性原则，对整个建筑环境做出整体规划。其次，需对传统观演场所的“空间原真性”进行保护，需要根据时空过程中的差异性，维护街区内部肌理的原生状态。再次，还要注重对传统观演场所“空间塑造物”的保护，这些建筑就是非物质文化的载体，戏文雕刻、乐器、脸谱，和这里共同构成原始的场景（图6–6）。同时，还有许多的石碑、小品等“空间塑造物”都应该是大力保护的范畴（图6–7）。

图6-6　自贡西秦会馆戏台木雕

图6-7　自贡西秦会馆戏楼柱础

6.1.2.3　传统观演建筑的律法和社会保护

1. 传统观演建筑的律法保护

目前，我国的建筑遗产保护仍在采用《中华人民共和国文物保护法》作为总则，其中对于建筑遗产的保护仍然处于文物角度的保护，相对于国外的法律，我国的法律还存在许多差距。

从上述可以看到，我国现有的建筑遗产保护法律存在着许多问题，现存的法律体系不仅很少，而且也未清晰地界定保护对象，同时缺少中国自主的保护理论的探索和对无形文化遗产的保护。那么，如何完善我国的建筑遗产法律呢？首先，在法律的制定中，应该用文化遗产的观念代替文物的观念，使得建筑文化遗产从文物中独立出来，形成自己独立的有章可循的法规体系。律法的制定要填补物种空白，保护物种多样性。如专门针对四川会馆的法律保护。其次，还要提倡广义的保护，保护文物古迹的历史完整性和环境完整性。再次，在重视物质文化遗产保护的同时，还要重视精神文化和制度文化。此外，还要分等级，分层次地设立保护的法律规范，如针对历史建筑、文物、历史街区、建设地带、保护范围、风貌协调区设定不同的法律要求，使得它们的划定和认定有章可循，同时对濒危古建筑要抢先保护，设为历史建筑，其后实现历史建筑到文物保护单位的过渡。最后，我们必须很清楚地认识到建筑遗产保护的关键是政策和法规，推动力则来自民间。在保护的同时，要为老百姓的生存提供条件，要让文物古迹与环境的保护达到一种可持续发展的状态，法律的制定不能满足单纯的保护，应以发展保护为切入点，这样才是切实可行的法律体系。

2. 传统观演建筑的社会保护

作为中小城镇的政府部门，应当加强对此类古建筑保护工作的领导，将古建筑保护工作纳入地方经济和社会发展规划以及城乡建设规划。其中最为重要的一点是，相关部门应该转变其职能，尤其是在文物保护事业越来越社会化的新形势下，不仅应当将封闭式的管理体系转变为开放式、面向全民全社会的管理体系，而且应当加大对古建筑保护的行政监管力度，依法行政。在实际的管理与服务工作中，把古建筑文物行政主管部门变成依法行政的榜样，变成善于组织各方力量共同参与会馆建筑保护事业的核心力量。归纳起来说，政府在此类建筑的保护中应该牢固地树立起“核心意识”。

学校及科研机构，应该建立研究基金，开展专项研究，对古老的传统观演建筑实施一次综合完整的测绘考察，以文字、图片、录像作记载，制成现状档案，留取资料，供决策参考。在这类工作中，要像苏秉琦先生在谈及遗存保护时所指出的那样，提高“课题意识”。

社会和群众，要鼓励其参与保护。文化遗产保护单靠政府和科研机构显然不够，从“政府保护”向“社会化保护”过渡是大势所趋。梁思成先生曾经指出：“要做好文物建筑的保护，关键是要提高全民对文物建筑价值的认识，这些有重大价值的建筑不仅属于一个地区、一个国家，而且是属于全世界的。”因此，我们也应该通过各种途径，增强全民保护古建筑意识，动员全社会的力量，鼓励民间资本参与抢救古建筑。还要建立保护组织，协助做好古建筑的保护工作。具体来讲，可以发挥媒体的宣传监督作用，唤起社会对古建筑深厚历史文化价值的重新认识，鼓励有识之士采取认养开发等方式参与会馆建筑的保护。在这个过程中，全民全社会应当具备“参与意识”。

6.1.3 传统演剧及观演建筑的再生

传统演剧和观演建筑的保护只是为了让其延续和存在，而如何更好地使用它、保护其价值的同时让它创造价值，使其成为活着的文化才是其根本目的，保留当地人的生活模式和传统的观演方式，才是传统观演建筑再生的根本之道。在过去，日本以“文化遗产保存”为重心，近年来也开始向以促进产业发展和观光等为目的的“文化遗产有效利用”转变。从中可以看出，发展和保护同时进行，才是传统观演建筑保护的长久之计和再生之道。

6.1.3.1 传统演剧文化的再生

在对待戏曲文化时，不能片面地认为它必须是走向剧场的高雅艺术，而要让其成为走向民俗性与艺术性两方面的戏剧文化。中国戏曲，从其诞生以来就存在仪式性和观赏性两方面的特点，寺庙祭祀场所强化其仪式性，而娱乐场所强化其观赏性。所以，今天，面对其保护时我们也要加以区分，从民俗性与艺术性两方面入手。民俗性是指戏曲演出需结合民间风俗和传统节日，创造传统人文气息，通常地方的小剧种和傩戏的演出可以与传统的节日、祭祀文化一起进行，从而丰富民众生活，保留文化传统，而大量传统的古代戏台和仿造的现代戏台都是其演出的场所。如：东京核心城区之一的目黑区，在昭和初期曾是盛产竹笋的广阔农田，现在人们借助当地遗存的古民居回味目黑农村氛围，每到正月、七夕节等传统节日，古民居还被装点一番，重现传统的庆祝方式和古代生活。

而艺术性是指戏曲要走向舞台艺术，作为观赏性极强的高雅艺术。我国著名的几大剧种如京剧、昆曲，需要走向专业化的室内舞台，提高其观赏性和表现力，最终成为国际知名的文化品牌。在这方面，日本已经远远地走在我国的前面。如日本歌舞伎，将灯光、设备运用到唯美的境界，使其具有极高的审美情趣，而充分展现其走向观赏价值。

日本当代的能乐演出逐渐走向仪式性，出现在节日祭祀的舞台上，还原其本真的面目。演出的时间通常在傍晚，演出前点上神火，在草地庭院或水面上演出，如奈良興福寺每年五月十一日十二日两日上演的新御能，近些年，能的演出逐渐和寺庙结合起来，能的观演场所也走向自然化（图6-8、图6-9）。日本能乐

图6-8 静冈修缮寺上演能乐熊野

福地义彦，《能的入门》，凸版印刷株式会社，1994年4月出版，21页

图6-9 静冈县清水寺松林上演三保的松原

福地义彦，《能的入门》，凸版印刷株式会社，1994年4月出版，第21页

金春流第七十九世宗家的金春信高这样描述当代新能乐的表演："在自然中观看能的演出，也是能的基因，与自然相融合的能，人在自然中共生，人与草树鸟同在，回归到朴素的原点，体会人在自然中的存在，体会人间最质朴的动作，唱着歌，跳着诗意的舞，象征的，独自铸造起来的世界，大众与自然共息。"

当代日本能乐演出的场所除了遗留下来的传统能乐舞台外，还有拜殿前、会场、广场、神乐殿、能乐堂等都可以上演，如东京的靖国神社夜樱能在每年3月靖国神社能乐堂演出，千叶薪能则在千叶县文化会馆西侧广场上演出，明治神宫薪能则在每年10月10日在明治神宫拜殿前广场演出。此外还有大量的特设舞台和临时舞台，如山形县的松山薪能就在每年6月在松山町历史公园的特设舞台演出。

我们国家的傩戏与日本的能乐属性相似，但在经济浪潮后，已经淡出了人们的视野，而戏曲演出本身止步不前，从舞台上看，不应该仅仅关注于舞台形式，而是还原一个空间环境，走向唯美的空间塑造，如能乐走向自然，而歌舞伎重视室内效果和技术的运用一样，给传统的曲艺以新的生命力。

6.1.3.2 传统观演场所的再生

我国的传统观演建筑常常散落在传统居民区，与庙宇、会馆等公共建筑结合在一起，所以在做保护规划时，通常需作为一个整体出发。但是保护规划通常存在指定的历史街区面积大、保护难、人口多等难题，当代在对存在传统观演建筑的历史街区进行保护时只是一味针对传统建筑本体进行保护，往往忽略人的存在和生活状态，大规模的居民搬迁和大面积建筑修葺成为古建筑保护的主格调，而其结果往往是劳民伤财，最后成为毫无人气的"建筑标本"而缺少真实的血肉。笔者认为在此方面可以借鉴日本对于历史街区的"针灸疗法"，即对重要的传统观演建筑进行"点式保护"，由于其常常处于建筑群的入口处，通过修整使其成为人们活动的场所和传统戏曲演出的场所，再通过街道的修整将各个点连接成为一个连续的空间，进而向整个区域的保护推进。但对于居民区的改造应该经历一定的时间，让衰败的历史街区逐渐地复兴，不能急于求成，而改造中的新旧结合是保持文化活力的关键[①]，这样旧有的居民地区有时间与新改造的街区和建筑融合为一体，最终达到同时保护建筑和人的生活模式的目的。当然，建筑保护和修葺的目的就是为了人的使用而服务的，如果仅仅使得修葺的古戏台成为游客参观

① 蒋涤非. 城市形态活力论［M］. 南京：东南大学出版社，2007：35.

图6-10　修复后的重庆湖广会馆之广东公所戏楼戏曲演出

何智亚，重庆湖广会馆历史修复与研究，重庆出版集团，2006年4月一版，第263页

的展品，则没有达到文化再生的根本目的。传统演剧及其观演建筑的再生主要是人的生活模式的再生，人是空间使用的主体，在保护的同时要关注使用人群和社会团体，如果缺失了人的存在，就缺失了文物存在的真实的场景（图6-10），而沦落成为空壳。

对于当下的历史街区的保护，笔者建议根据我国的古镇人口结构，建立分成多个等级的评价体系，对历史街区采用动态的保护模式。所谓动态的保护，不是一次性资金的投入，而是逐渐地，长时间一步一步地资金投入，让人与新的环境相互适应磨合，促使其形成良性的发展方向，同时对其状态进行考核，保持一种互动的状态。同时隔几年就要对其状态进行重新审查评定，对几年中当地保护的状况的好坏进行适当的奖励和处罚，及时对保护的策略进行相应的调整。社会的发展和文化遗产的保护，往往是一个博弈的过程，需要使其保持在一个动态的平衡体系中，而非一下子促使其成型，既不能不考虑人的使用，也不能不考虑古建筑的遗存状态。

在对传统观演建筑保护修复的同时，我们还要考虑其使用和经营，这样才使会馆建筑发挥更多的价值，筹集到更多的资金对其进行修缮和养护。梁思成先生也曾经提出“文物保护与古为今用”的问题：“我们保护文物，无例外地都是为了古为今用，各有不同。”[①]因此，从一定意义上讲，传统观演建筑在受到特殊保护的同时，还要恰当地利用。在古建筑群内设置博物馆对外开放，同时将其内部的传统观演建筑作为传统戏曲演戏场所，传播传统戏曲文化。我国目前已有相当一部分博物馆建立在古建筑内，形成了古建筑与博物馆合二为一的状况，同

① 梁思成. 梁思成全集·第四卷［M］. 北京：中国建筑工业出版社，2001：334-335.

图6-11　日本德岛市八多町犬饲五王神社舞台
住宅建筑，德岛的农村舞台，文，森兼三郎，照片，西田茂雄，1992年八月，第123页

时利用传统观演建筑做传统戏曲演出。如四川等地利用传统会馆戏台建成川剧戏曲博物馆，收集川剧脸谱和服饰、图案及绘画作品等进行专门文化的专题展览。还可以在进行文物收集活动的同时，在历史建筑周围新建仿古建筑做商业用途，开展演剧活动，补充博物馆的运行成本。此外，对于修复的传统观演建筑，要加以利用，定期举行演出，如日本德岛市西南位置的八多町犬饲的五王神社舞台（图6-11）。

6.2　中日传统观演场所的改革与设计策略

6.2.1　日本歌舞伎观演空间改革及其成就

世界古代四大戏剧，除中国和日本戏剧生存下来外，希腊和印度戏剧早已消亡。中国和日本是一衣带水的邻邦，两国的建筑与文化在许多方面都有相通之处，两国有悠久交流的历史，比起西方国家，更易于了解和借鉴。自明治维新后，日本成为西方文化传入中国的途径，西方的舞台、歌剧、话剧，以及各种文化，都源于日本，日本古典的舞台装置，经历了从利用自然景观到象征性布景，到写实性的布景等一系列的改革，完成了传统舞台向现代化舞台的过渡，而我国在传统舞台的现代化方面还远远落后于日本。所以，本节从中日传统的观演场所的对比研究出发，寻找中国观演建筑的改革方向。

6.2.1.1　日本歌舞伎观演空间改革

日本歌舞伎观演空间的发展改革可以分为四个时期。

第一时期：对能乐舞台的利用和改造。主要发生在17世纪的江户时期。其发展伊始，场所是临时性的，它脱离庙宇，随处搭台（图6-12），但在专门商业演出时是封闭的场子。后来，开始模仿能剧舞台，逐步有了固定的观众席，舞台形制也有变革：桥廊长度变短，桥面加宽，成为舞台的一部分，舞台面积增加。镜板上的松树，也扩展到桥廊后面的板壁上。后来在剧场上加盖整体屋顶，镜间被取消，柱子也被取消，但歇山戏亭得以保留[①]。

第二时期：对净琉璃（傀儡剧）舞台的利用和改造。主要发生在18世纪，此时净琉璃开始兴盛，歌舞伎乘机大量地沿袭其剧场空间与设备构造，剧本也原样接收，于是从那种形式中袭取了许多习套。如其在1736年加上了升降机，1758年，并木正三发明了世界上第一个转台。在1793年歌舞伎使用了换景的旋转舞台，歌舞伎对舞台效果的需求，造就了全世界最早固定设置于剧场的旋转舞台。1725年，出现了歌舞伎最突出的特征之一，此即桥挂，也称为花道。自观众席后方左侧的休息室通联至舞台的表演区域，通常与舞台同高。花道除了是演员登场的重要通道之外，就演出而言，和舞台一样属于表演空间，演员从花道伸入到观众席的连接处登场。紧接着，剧场中观众厅的纵深加大，容量增加，后排视距加大，由舞台伸出的“花道”扩展舞台空间来协调。这个空间也被经常赋予不同的环境意义，更加拉近了观众的距离。这种改革极受欢迎，于

图6-12　天和七年四条河原野郎歌舞伎

田口章子，《元禄上方歌舞伎—初代坂田藤十郎的舞台》勉诚株式会社出版，2009年，第61页

① （日）河竹繁俊．日本演剧史概论［M］．北京：文化艺术出版社，2002.

是在1780年又加上了第二条桥挂。同时还出现了悬吊设备，位于花道上方，用来使亡灵或动物角色的演员腾空飞行，悬吊设备由人力控制前进与升降。这一时期，舞台面积增加，同时添加附台，伸入观众席，成为三面观看格局，运用不同的布景和象征意义的颜色。当代歌舞伎拥有的很多特点都是向净琉璃舞台背景不断学习的结果，并将真实的造景与图案背景融合，给人物的出场创造逼真的环境（图6–13）。

第三时期：对西方舞台的利用和改造。其主要发生在19世纪，西方的镜框式舞台在日本出现，此时歌舞伎已经达成了它的特殊形式，借用能剧的屋顶已经抛弃，舞台面扩大直到它与观众厅的全宽相等。舞台上出现了丰富的布景，并采用多层幕布，还添加了安全措施，借助舞台机械，能够将整个平面、立体布景进行转换，并引入镜框式舞台。观众厅本身也被区分为许多四方的隔间（或称地面座厢），观众坐在里面的草席之上。1868年以后，因为西方影响的增加，又发生了许多的变化。在1878年引进了煤气灯，晚间演出于是开始。在1906年引进了舞台拱门，1920年以后，舞台画柜及西方式的座位已变成标准形状[①]。同时第二座桥道被撤废，只在剧本有所需要时才临时安置。1827年以后，旋转舞台分隔为内外两部分，都可以独立旋转，同时出现了换景之用的小型的升降平台，来让演员出其不意地登场或退场（表6–3）。

第四时期：自我改造和演化阶段。其主要发生在20世纪，在学习了众多的舞台特点后，歌舞伎开始自我消化和演进，对于各种设备和空间有取舍的改造，使其出现独特的视觉效果和空间体验，此外，舞台背景的不断进步也造就了精致细

图6–13　歌舞伎《鬼界的岛》的场景

八板贤二郎，《传统艺能歌舞伎的舞台》，新评论株式会社

① ［美］布罗凯特．世界戏剧艺术欣赏——世界戏剧史［M］．北京：中国戏剧出版社，1987：304.

腻而又唯美的舞台空间。当代的歌舞伎的舞台布景非常讲究，既体现日本的花道艺术，又有旋转舞台和升降舞台，千变万化，再配以华丽的舞蹈演出，可谓豪华绚丽。它用布景呈现各个地区，借着旋转舞台、升降机、讲台或舞台助理，布景在观众睽视下改换，大多数的布景加强纵的布局。也许因为这个原因，升降舞台上同时树立的布景没有超过两个，而且从来不是三角形，布景绘图绝少完全出于逼真的形式。譬如说，用来遮掩舞台后部的影片上，常常画着远景；在另一方面，绘图也不是以假变真的错觉，因为影片间的裂缝并未掩盖，而视野上端只用黑幕切断。舞台上有时也树立着相当写实的建筑物，但是它们总是和象征的影片配合着。很多布景按习套性质使用。白色可以代表雪，蓝色的可以代表水，灰色的可以代表平地。不同种类的树木可以表示地区的变动[1]（表6–2）。

1911年，日本第一座完全的西式剧场——东京帝国剧场建立，标志着日本剧场发展进入现代化阶段。

日本三大国剧的舞台背景　　表6–2

净琉璃舞台背景[2]			
	千鸟 · 龙的变化（德岛五王神社舞台）	中千畳（德岛八多町犬饲五王神社舞台）	太阳 · 鹤（德岛五王神社舞台）
歌舞伎舞台[3]			
	高足（鬼一判眼 · 大藏馆奥殿道具帐）	中足（新版歌祭文 · 野琦村道具帐）	常足（女殺油地狱 · 河内屋道具帐）
能乐舞台背景[4]			
	大膳神社能舞台	草药神社能舞台	牛尾神社能舞台

① ［美］布罗凯特. 世界戏剧艺术欣赏——世界戏剧史［M］. 北京：中国戏剧出版社，1987：305.
② （日）森兼三郎. 德岛的农村舞台［J］. 住宅建筑，1992：126.
③ （日）八板贤二郎. 传统艺能歌舞伎的舞台［M］. 东京：新评论株式会社，2009. 119.
④ （日）西和夫. 祝祭的临时舞台——神乐与能的剧场［M］. 东京：彰国社株式会社出版，1997：172.

歌舞伎舞台的改革及发展历程　　表6-3

17世纪（第一时期：对能乐舞台的利用和改造）	江户时期产生，发展伊始，其剧场是临时性的，脱离庙宇，随处搭台		
	开始时模仿能剧舞台	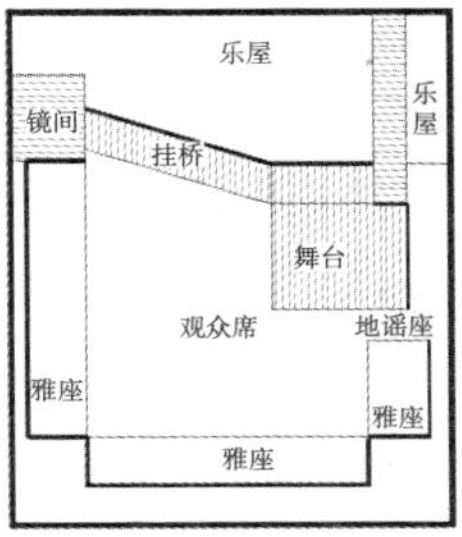 17世纪初期	
	逐步有了固定的观众席，舞台形制也有变革		
	桥廊长度变短，桥面加宽，成为舞台的一部分		
	镜板上的松树，也扩展到桥廊后面的板壁上		
	剧场上加盖整体屋顶		
	镜间被取消，柱子也被取消，但歇山戏亭得以保留		
	剧场中观众厅的纵深加大，容量增加，后排视距加大		17世纪初期，歌舞伎借用能乐的舞台①
18世纪（第二时期：对净琉璃舞台的利用和改造）	早期，舞台面积增加，背景开始运用不同的布景和象征意义的颜色		
	接着，添加附舞台，伸入观众席，成为演出的主要位置，观众席成为三面观看格局	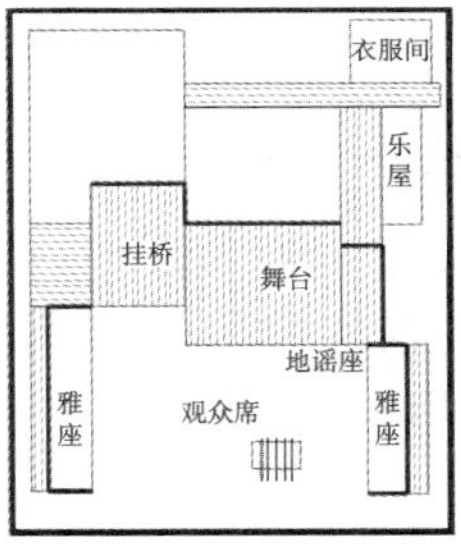 17世纪末期	
	1725年，出现了桥挂，也称为花道，演员从花道伸入到观众席的连接处登场		
	1736年，加上了升降机		
	1780年，又加上了第二条桥挂，由舞台伸出的“花道”扩展了舞台空间		
	1780年，出现了悬吊设备，位于花道上方，用来使亡灵或动物角色的演员腾空飞行		17世纪下半叶，元禄时期的（1688年到1703年）歌舞伎复原图②
	1793年，使用了换景的旋转舞台		

① （日）服部幸雄.绘读歌舞伎的历史［M］. 东京：株式会社平凡社，2008：22.

② （日）田口章子. 元禄上方歌舞伎——初代坂田藤十郎的舞台［M］. 东京：勉诚株式会社出版，2009：48.

续表

19世纪（第三时期：对西方舞台的利用和改造）	早期，借用能剧的屋顶已经抛弃，舞台面扩大直到它与观众厅的全宽相等	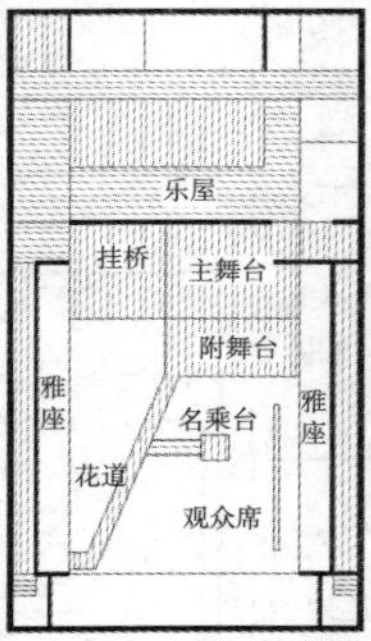 18世纪中期	
	接着，观众厅本身也被区分为许多四方的隔间（或称地面座厢），观众坐在里面的草席之上		
	1827年，旋转舞台分隔为内外两部分，都可以独立旋转		
	1827年以后，出现了换景之用的小型的升降平台，让演员出其不意地登场或退场		
	1868年以后，因为西方影响的增加，又发生了许多的变化		18世纪下半叶，日本天明八年（1788年）歌舞伎场[①]
	1878年引进了煤气灯，于是晚间演出开始	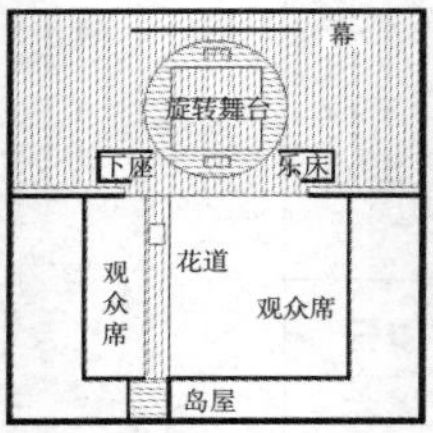 19至20世纪	
20世纪（第四时期：自我改造和演化）	1906年引进了西方舞台拱门		
	1920年以后，舞台画柜及西方式的座位已变成标准形状[②]		
	同时，第二座桥道被撤废，只在剧本有所需要时才临时安置		
	后来，拱门撤除，舞台宽度加宽，超过观众厅		20世纪，金昆罗的大芝居（1924年）笔者拍摄

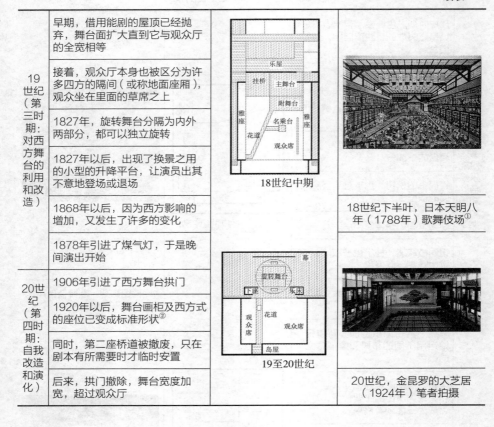

6.2.1.2　日本歌舞伎观演空间的创新和成就

歌舞伎舞台的成就有以下几点：

（1）空间活力与秩序的创造。空间变化最显著的特征是挂桥与花道的衰落与兴起，它们都是演员出场的空间。17世纪初歌舞伎舞台伸出于观众席中，演员利用挂桥出场，17世纪末，歌舞伎场的挂桥加宽成为舞台的一部分。18世纪早期，其空间中加入了花道，18世纪中期，出现第二条花道，20世纪，第二条被撤掉，同时斜向的花道变为垂直，花道增加了空间的丰富性，使得舞台空间扩大，观众与演员更多地交流。

（2）传统文化特性的保留。歌舞伎舞台在向西方学习的同时，并未改变歌舞

① 田口章子．元禄上方歌舞伎——初代坂田藤十郎的舞台［M］．东京：勉诚株式会社出版，2009：6.

② ［美］布罗凯特．世界戏剧艺术欣赏——世界戏剧史［M］．北京：中国戏剧出版社，1987：304.

伎舞台的基本特性。如：歌舞伎舞台画框虽被使用，但其长宽比率却与西方所见的不同。比如说现在东京的歌舞伎座，其舞台画框宽达90尺，高仅20尺。观众厅的比率也互相异趣。在歌舞伎座的深度就只有60尺，宽度却在百尺左右。

图6-14　花道上幽灵突然登场的升降机

（3）舞台设备技术的成就。积极地吸取国内外先进的舞台设备，并转化之加以利用。首先，是对净琉璃（傀儡戏）舞台的应用，日本的傀儡剧场可能是举世最为复杂的傀儡剧场[①]，和能剧不同，傀儡剧场利用布景，而为求换景便发明了许多舞台机关，如其在1727年时开始用升降装置，将一布景由下升上舞台面，1758年时则有旋转舞台的发明，这些机巧装置一直到1900年方为西方人所知。而歌舞伎大量的袭借其剧场空间与设备构造，从中袭取习套。19世纪以后，又对西方的先进技术加以吸收。如在1878年引进了煤气灯，在1906年引进了舞台拱门和舞台大幕，1920年以后，舞台画柜及西方式的座位已变成标准形状。

图6-15　舞台上部天井吊顶控制背景的升降、降雪、散花之用

总之，当时对先进的技术如旋转舞台、升降舞台，不排斥，大胆地运用，并变为适合于自己的设备，在探索中进步和发展，延续其文化的特殊性和魅力，在采用新的先进的舞台设备的同时，保留了自己的传统文化。很明显，歌舞伎舞台是一个传统的戏剧舞台，但在形成中，充分吸收了中西方文化，再加上不断的创造，现在的歌舞伎舞台又是一个充分采用了各种现代化设备的舞台（图6-14、图6-15、图6-16）。

歌舞伎在西方文化影响下，从演剧形式到内容改良，再到剧场改良，逐步进

① ［美］布罗凯特. 世界戏剧艺术欣赏——世界戏剧史［M］. 北京：中国戏剧出版社，1987：300.

图6-16　舞台底层转台

图6-17　国立剧场演歌舞伎空中飞人
八板贤二郎，《传统艺能歌舞伎的舞台》，新评论株式会社，2009，11月第一版，99页

行新剧和新舞台的创作。其中“新派剧”作为传统样式的进化形式，其舞台表演方式主要基于传统歌舞伎，保留了传统体制的音乐、花道、男扮女装等特征。内容则突破了幕府时期的戒律，而以表现现实社会为主。同时，引进了许多西方剧目，而用传统戏剧形式来演绎。使得传统戏剧形式连绵不衰，成为日本和世界艺术史上的瑰宝。歌舞伎在新剧运动的冲击下仍保持其原初性质。当代歌舞伎并不是随便在任意一个剧场里就能演出的，演出歌舞伎的剧场与舞台，必须是专门为演出歌舞伎而设计建造的专门剧场。剧场设备与瞬变机关能使大大小小的布景和道具在舞台上实现突现、突变、突消、突换的神奇效果，形成一个纵横交错、时空自然流动的戏剧生活空间①。其方法有以下几种。

瞬间换幕：主要是为换景用的，在转台上事先搭好一场场布景，到时一转动，景就变了，不仅可以缩短换景的时间，使一幕幕衔接得更紧凑，而且不闭大幕，在观众面前旋转变换场景，别有情趣。

空中飞人：在歌舞伎舞台上还会采用一种“近大远小”的处理手法。如《忠良藏》中，后撤的大城门景，会翻转，把小城门推向远方。在《一谷嫩军记》中，由五六岁的儿童小替身演员，表演在远方厮杀的场面。为表演飞天，即空中飞人，在空中设有飞行装置、宇宙索道。纵向一般沿花道设置，横向沿舞台设置。演员或道具可以在剧场上空飞行。还有用金属丝等把身体吊在空中的空中飞人的演技（图6-17）②。

瞬间变身：还引进穿了好几层衣服的系带解开之后，瞬间换衣装的脱去外装

① 俞健．日本的传统戏剧舞台［J］．艺术科技，2005（2）：7.
② 俞健．日本的传统戏剧舞台［J］．艺术科技，2005（2）：3-8.

露出内装，一瞬间与他人调换位置等的绝技等，真是令人目不暇接。这主要是为了迎合观众心理，给观众一种视觉享受的表演。1986年由现代派第三代人物市川猿之助创立的超级歌舞伎，把古典歌舞伎与现代相结合，最终形成戏剧形式的，其特色就是空中飞人以及瞬间与他人替换位置等的绝技以及引进了现代风格的音乐伴奏[①]。这与中国川剧中的“变脸”等绝技表演有异曲同工之道，为此，一直深受年轻的人们喜爱。

瞬间出场：歌舞伎剧场，需要时有左、右两侧花道，并列、相对而立。两道花道，往往成为两个矛盾对立的戏剧人物进行冲突的自然环境。老的方格式池座的歌舞伎剧场，都有两条花道。现在剧场和歌舞伎座剧场只设有主花道，在必要的时候再架设临时花道。在花道的七三位置，有长方形的甲鱼孔[②]，装有能够升降的小台板，可以把演员从地下通道升到花道地面上，实现突现、突失的效果。因为演员像甲鱼把头从甲壳里伸出来似的，所以叫甲鱼孔，也就是相当于现在的演员活门。

从上可以看出，经过四百多年的发展，歌舞伎已发展成为一种成熟的舞台艺术，其勇于创新，在追求当代性的同时保留了其民族性，形成自己独特的风格。2005年，歌舞伎被联合国教科文组织列为非物质文化遗产，日本歌舞伎还曾到中国、澳大利亚、加拿大、美国、埃及等国演出。外国人虽然听不懂它的高度风格化的舞台语言，但它强调戏曲效果的姿势、动作、眼神以及它的摆架子、玩特技和夸张的出场、快速的换装、神奇的转变，这些都是欣赏歌舞伎表演的乐趣所在。也是这种习套与写实的融合，使得歌舞伎比任何其他形式的东方戏剧，更容易为西方观众所接受。

6.2.2 中国京剧观演空间的改革与设计策略

6.2.2.1 中国戏曲及观演空间的改革

第一时期：清代中期至清末，室内剧场的出现与改革。

清中叶以后北京的茶园已颇具规模，随着四大徽班进京和京戏的形成与发展，人们不以品茗为主，而是以听戏为主了，茶园也随之改称戏园子。戏园的出

① 李锋传. 日本民俗传统艺能——歌舞伎（一）[J]. 东北财经大学日语知识，2006（3）：37.

② 俞健. 日本的传统戏剧舞台 [J]. 艺术科技，2005（2）：7.

现，标志着戏曲已基本实现由广场艺术向着剧场艺术转化，其封闭的室内空间使得戏场更适合于戏曲的表演。但是由于传统观念的束缚，室内戏园的发展一直缓慢地进行着。

第二时期：清末到新中国成立，新式剧场的出现与改革。

清末，在西方戏剧的影响下产生了新式的戏剧，但由于文化的惯性，传统戏曲此时仍占据主要地位，并出于对经济利益的追求，对旧戏园子进行了一定的改革，由此来吸引观众，尤其在北京、上海一带，这时的戏园在舞台上设立大幕、布景来净化演出环境，增设舞台设备和机关来创造奇异效果，增加配套功能设施和附属空间，集中布置座位，改善观赏环境等。除了剧场形制方面，还有管理机制方面：实行买票制度，不允许看戏时的其他活动，成立股份有限公司的运作模式。此时，商业化成了剧场发展的最大特点，观众厅相对豪华而其他设备虽有所进步，但仍显得比较落后。舞台机关设计开始风行起来。清同治十三年（1874年），在西方剧场的影响下，在上海建起了一座新型的欧式剧场——兰心剧院（图6-18），这是中国第一座现代化剧场，台口为镜框式，客座为三层楼，它为中国剧场的改革提供了建筑样式的直接借鉴。

在西式剧场兴起的清末，许多旧的戏园子也开始进行改良。最早的改良剧场是1908年上海的“新舞台”，比旧戏园子有了很大的改变：有台仓、吊桥、台口，将旧时的台柱子去掉，设置可以换布景的大幕。观众席围绕舞台成半月形，而且有起坡。这个舞台有伸出的台唇，部分保留着“三面观”的方式。以后许多改良剧场都以此作为借鉴。出于营业目的，布景逐渐成了一种风尚，观众区也加大。此时的演剧附属空间显得偏小。但是，当剧场的改革逐步进行时，由于战乱的原因剧场的发展停止。

第三时期：从新中国成立到现在，新式剧场的引进与传统剧场的探索。

图6-18 中国最早西式剧场——兰心大戏院

新中国成立后，由于社会制度、意识形态都发生了巨大改变，文化艺术地位和功能也有所变化。文艺在一段时间内成了意识形态的代言工具。而清末以来形成的剧场商业化，也在社会主义公有制、人民群众平等思想中被取消。逐渐地，国营剧场占据了上风，演员的地位有所提升。当然，新生的社会主义国家中的剧场仍然和世界先进水平有很大差距，但是由于政治制度的因素，我国这一时期选择向社会主义阵营中其他国家学习剧场和戏剧表演类型，由20世纪二三十年代向英美剧场商业性的学习转而向德国和苏联剧场模式学习。

这时期的学习主要有以下几点：首先，开始引入了德国比较流行的品字形舞台形式，其巨大的舞台空间提供了更多的附属空间和设备布置的可能性，与之前简陋舞台设施形成强烈的对比。这样大而全的舞台适应多种演出需求，而且演员与演出相关的准备、休息、排练等活动也得到了更多的重视。其次，剧场研究方面，不再仅停留在舞台场面表现的机械设备上，而发展到比较系统地学习剧场整体技术，建筑声学、设计方法、管理模式等方面开始逐步发展。再次，从20世纪50年代开始，我国组建国家扶持的文工团，并且为这些表演团体配备固定的演出场所，即“场团合一制”。这样一来，艺术团体对所属剧场更加熟悉，对其中各种技术设施的使用更加恰当和频繁，不至于造成只建不用的浪费。这种制度为当时推行的舞台机械化提供了实施和应用的机会，但剧场管理在这一时期没有得到更多重视。

6.2.2.2 中国戏曲及观演空间改革的问题

从中日戏剧舞台的发展可以看出，日本歌舞伎的舞台自从诞生之日起，就一直处于不断的探索和变化中，吸收其他舞台的特点，加以利用和尝试。京剧和歌舞伎是同时期产生的，自从在戏园上演后，其空间格局并没有多大的变化，甚至很少做出新的尝试，这说明以下几个方面的问题：

（1）传统的戏曲文化一直沉浸于抽象的表演和自我陶醉中止步不前，对新事物过于排斥，很少做出新的尝试。对于戏曲舞台的传统观念过于保守，我国室内舞台的出现时间虽然和日本相差不多，但一直未有革命性的改革，三百年来空间模式大同小异。在清末改革之际又遇到先进的西式剧场，于是对传统的文化加以抛弃，后处于半个世纪的战乱，剧场建设停滞，新中国成立后，面对奄奄一息的戏曲文化，戏曲舞台的改革更是无从谈起。

（2）在新中国成立后，剧场不仅作为文化的舞台，更是思想意识宣扬的场所，传统意义上的娱乐活动被赋予了政治意义，因此剧场经常和会堂混合在一起。在舞台形制方面，由于传统戏曲在一段时间内也因为意识形态问题受到了比较大的批判，发展受到了很大挫折甚至是致命打击，其相关联的伸出舞台形式也遭到遗弃，取而代之的是镜框式舞台。

（3）当代，对西方剧场不加思考的吸收，盲目地套用西方剧场，造成传统文化的丢失。尤其是偏激地采用德国剧场模式，而缺乏对与德国国情关系的合理评估，使得政府资金投入大，实际作用不大。此外，国外的一些设备是否适合中国戏曲的演出还有待探讨。如绍兴大剧院的舞台机械基本不用，“一般一个剧团要考虑自己的剧目在各个剧院都能演出，所以他们排演时，不会设计使用舞台下部机械。绍兴大剧院唯一一次使用了全部舞台机械（升降台、车台、转台），是在第七届全国艺术节，绍兴本地的一个绍剧团演出《真假悟空》排演时就是按照该剧场的舞台机械配置进行，能够比较充分地使用舞台机械。”①其说明剧场中的转台，升降台等设备，与戏曲的演出特点不相符合，利用的价值不高，而造成设备的浪费。

总之，我国观演建筑的改革之路举步艰难，当代学者面对断代的历史研究，文化传承责任重大，探索之路久远。

6.2.2.3 当代中国京剧观演空间的改革方向

当代中国京剧观演空间的改革面临着前所未有的困境。一方面，对于西方舞台的照搬使得我国戏曲舞台失去自我的形式；另一方面，戏曲舞台清末就停止了发展，使得舞台的改革失去了方向。笔者经过对中国戏曲舞台和日本歌舞伎舞台的对比研究后，认为当代京剧舞台应该从以下方面进行改革。

1. 对于舞台背景的改革

是否需要比较真实的舞台造景一直是中国戏曲面临的问题，如沈阳师范大学为传统戏曲《白蛇传》设计舞台时，剧中运用了很多实景，其中有仙境、寺庙、人间等不同场景，但是这也从某种意义上认可和接受了西方戏剧舞台的传统和设计风格，走上和日本的歌舞伎舞台同样的道路，即以一面舞台（镜框式舞台）为主，同时对背景的依赖度很高。但是，京剧对背景造景的要求较低，对换景的转台等设备依赖性弱，如果在以三面观看的舞台上，运用真实的布景，不仅会降低演员的表演方式，使得演员分心，同时会降低观看质量。

---

① 卢向东. 中国现代剧场的演进——从大舞台到大剧院［M］. 北京：中国建筑工业出版社. 2009：268.

在现代科技比较发达的今天，当代戏曲的演出可以采用虚拟与真实背景结合使用，利用三维投影技术来塑造若有若无的场景，在弥补演出缺陷的同时，还可以营造演出的环境和气氛，比真实的舞台造景更加适合于传统的戏曲演出。也可以运用中国山水画中散点透视的方法，设置多个场景，相互之间采用灯光，帷幕等虚拟的手法分隔，让演员动态地联系各个空间，而达到刻画场景空间和进深的效果，其有别于西方的焦点式的写实的舞台背景，更加符合中国自身的文化。

2. 对于多视点舞台的利用

不同于西方焦点式的舞台，中国戏曲舞台一直采用多视点的舞台，如京剧发展于清代的会馆剧场，三百年来一直采用伸出式舞台。如何继承和发展这一形式，则是当代所面临的问题。歌舞伎从三面舞台变为镜框式舞台的原因是西方的写实主义背景的引入以及对于唯美空间环境塑造的要求，从而造成歌舞伎表演对大型设备和换景的转台的依赖性，使得后台空间变大，前台与后台建立了密不可分的关系。而京剧对于背景的依赖性很小，虚拟性很强，走同样的道路显然不大合适。

中国的戏曲与日本以及西方戏剧最大的区别就是没有对于背景幕布的依赖性，抽象的表演方式决定舞台空间可以自由地转换，甚至夸张和虚拟，多视点的舞台可以营造观众被场景包围的感觉，就像当代的3D电影一样，让人从平板电影的二维空间走入立体的三维空间，同时，拉近观众与演员的距离。这种忽远忽近的视点，让观众既可近距离体味演员的神态、细微的动作，又可以对大的场面效果进行全面的观赏，如同拍电影一样，镜头忽然特写，忽然切换场面，丰富观众感受的同时提升了观看者的融入性。

京剧的舞台不仅需要从一面舞台走向三面舞台，还需要创造性地利用多个舞台同时演出，如颐和园的大戏台就是上下三层同时演出，当然多视点空间的创造和突破也会促使戏曲表演的创造性，如白先勇拍的青春版的牡丹亭，采用三个人分别扮演三个不同的杜丽娘处于不同的三个场景，其中一个杜丽娘所处的舞台上空悬挂的铁笼来限定场景和空间，表达杜丽娘囚禁的内心，而丝毫不影响演员在舞台的表演。当然，多视点式的舞台依赖于舞台的空间划分，在传统的舞台上，依赖帷幕作为空间划分的主要手段，而现代舞台则向一种空间式的划分迈进。

此外，近些年来国外出现的环绕式舞台，打破了观众以舞台为中心的概念，通过不同的环绕度来强化观众与表演者的联系，将小剧场设计成环绕式的活动舞

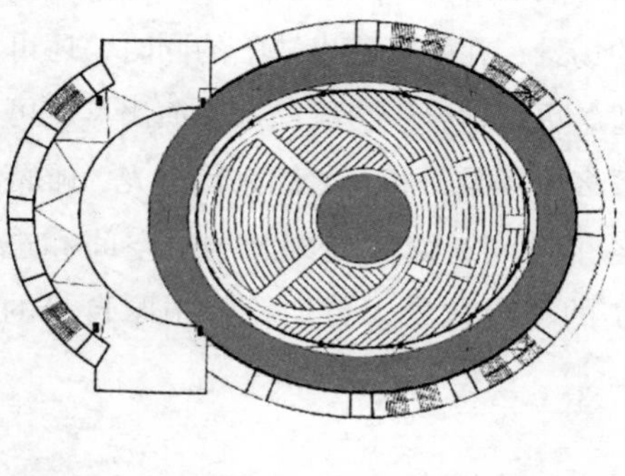

图6-19 “完全剧场”方案平面图
参考Franz Wimmer，Barbara Schelle著，陈思 译. 艺术类表演厅—剧院建筑类型实例研究. 建筑细部，2009年8月，第七卷第四期，第533页.

台。这种舞台形式是把表演区环绕在观众席的周围，并在某个部分扩大形成主要表演区，使观众获得一种环绕360度的“全景画面”的视野，呈现出无焦点，或者多焦点的状况。观众拥有更大的能动性，可以凭自己的喜好来搜索信息，不像和演员面对面的“被灌输”式的状态，观众有能力参与到戏剧——这种传达特定信息的艺术中来，如格罗皮乌斯在1972年设计的完全剧场方案，就是这样一个环绕式舞台[①]（图6-19）。它以另外一种方式达到了和观众交流的目的，这种舞台形式适合于小剧场，而这种舞台很适合中国戏曲表演中对于布景的依赖性小，方向性弱，且成多焦点式的特点。

3. 对于古代演出场所中舞台原型的借鉴和利用

从歌舞伎观演空间的改革反思我国京剧观演空间的改革，笔者认为首先需要探求传统京剧观演空间中的原型特征，如同歌舞伎剧场中将传统能乐观演空间中的挂桥改为花道，从而进行创造和激发观演空间活力。

上文在经过对传统观演空间历史原型的分析，笔者寻找到三个京剧观演空间的原型特征：飞桥空中阁楼、伸出舞台、多层舞台。下文就对三者进行一一分析，从中寻找突破点进行空间的拓展和再创造。

空间原型一——飞桥：元代北京皇宫的宫廷的飞桥，源自于仙人下凡，凌空而设，连接二层阁楼，成为二层舞台出场的必经通道。歌舞伎以花道作为空间的特点，京剧舞台也可以以“飞桥”作为空间发展的起点，进行空间演变和创作，使得演出空间得以向观众空间延伸，突破演员与观众之间明显的区域界线。

空间原型二——多层舞台：清代宫廷的阁楼，清代宫廷大戏台是皇宫戏台原型。空中舞台塑造，可以表演天上宫廷的场景，模仿清代宫廷三层的大戏台，上下舞台同时可以表演。当代京剧可以根据空中阁楼的原型，探索空中舞台的设计。当代戏曲舞台常用的划分舞台高低的方式是高舞台的应用与空间划分，即将

① 卢奇. 戏场的前世今生——对传统戏曲观演空间的探析［D］. 东南大学硕士论文，2010：67.

舞台划分为前后两部分，采用抬高的地坪作为上层舞台，上下舞台通过坡道和踏步连接，也是多层舞台的一种探索。

空间原型三——伸出舞台：清代北京戏园空间的伸出式舞台，常常设于室内，舞台上空还经常设有华盖，作为空间的限定和划分。中国传统舞台多采用伸出舞台，是因为戏曲的演出注重演员的细节表演和与观众的交流，所以在清末的戏园中都采用三面观的舞台，说明京剧等中国戏曲对于伸出式舞台的适应性。当代的京剧舞台也应该采用伸出式舞台，以增加表演的演出面，减少观众与演员的距离，或采用灵活多变的舞台来适应不同的需求，如将观众席的部分变为伸出式舞台，突破了传统的二维空间界限，让观众与戏剧演员最大限度地接近，创造出一种灵活的观演空间，让舞台可以围绕在观众周围而以此将观众吸引到表演中来，创造一种更加富有活力的观演空间。

6.3 当代观演建筑的发展方向与空间活力的再造

东方的民族文化在近代以来也遭受西方文明的巨大冲击，但在这种文化环境的巨变中，这些民族能够在学习的过程中保存和发展自己的风格。其中日本作为亚洲最发达的国家，也最具代表性，给当代中国以很大启示。在戏剧和剧场方面，尤其如此，其发展可以从以下三个方面展开：

6.3.1 日本当代观演建筑的发展状况

1. 现代化

1911年，日本第一座完全的西式剧场——东京帝国剧场建立，标志日本剧场发展进入现代化阶段。但是现代化绝不是对西方先进的观演建筑不假思索地引进其设备和空间模式，应该根据各种剧种演出特点的不同，发展相应的现代舞台空间。日本在很长的一段时期内很风靡镜框式舞台，但戏剧界和建筑界的人士很快发现了这种发展的局限性，而大力发展非镜框式舞台，使其在舞台形制及观演空间各方面都有所突破，创造出了独特的观演空间，如日本建筑师长谷川逸子设计的藤泽市湘南台市民剧场是一个球形剧场（图6–20），其利用先进的现代技术，创造出超乎人想象的观演空间，这种想法源自湘南台地区人们以农业为主，经常在

图6-20　藤泽市湘南台文化中心市民剧场内景
MEISEI株式会社编，《现代建筑集成/剧场》，MEISEI株式会社出版，1995年4月，141页。

耕作季节进行祭典活动的特点，而这种宇宙天体式的剧场正好符合这种原始的表演活动。不仅在舞台形制上有了新的发展，观演空间各方面都有突破。许多设计师为了表达出特别的观演感受，尝试了一些大胆的设计。

随着现代建筑思潮的兴起，戏剧家要求取消“幻觉化”而用一种将观众和演员融为一体的舞台空间结构。舞台可以围绕在观众周围而以此将观众吸引到表演中来。这种舞台形式适合开放的舞台表演，而建筑师也利用现有的技术设备来满足这一要求，使用整体化的剧院结构，取消观众和演员的隔离。灵活多变的舞台来适应不同的需求。甚至观众席、屋顶、地面、墙壁都是可变的，但是限于经济等诸多方面的考虑，这些做法实施较少①。但是这种表演的空间突破了平面，存在于整个观众空间的方法，对于中国演艺的舞台设置有很大的启发，日本的歌舞伎的“空中飞人”大概也源于这种空间的启发。

空间式是与各种舞台形式适合开放的舞台表演一致的，表演不仅是环绕式的，空中，舞台，观众厅内都存在，如日本的歌舞伎的剧场，空中飞人，以及花道上的表演，突破了传统的二维空间界限，让观众与戏剧演员最大限度地接近，创造出一种灵活的观演空间，而以此将观众吸引到表演中来。

当然有的时候要兼顾多种表演形式的可能性，这样可以进行变化的舞台便出现了，如长久手剧场，其可以变化为镜框式舞台、伸出式舞台、行道式舞台三种，剧场中间的观众席可以随意地升降，灵活地变为表演空间，使得观众席环绕舞台而设，也可以随意地调节观众席的人数，适合于不同的表演和观看的需求，

① Franz Wimmer，Barbara Schelle. 艺术类表演厅——剧院建筑类型实例研究［J］. 建筑细部，2009（4）：528-533.

成为一种名副其实的多功能剧场，如日本长久手剧场（图6–21、图6–22）。

我国当代的观演建筑首先应该向现代化，多元化发展，当然有的时候要兼顾多种表演形式的可能性，这样可以进行变化的舞台便出现了，如长久手剧场，东京新国立剧场中剧场。此外，为了符合现代人的行为模式和观演需求，也使用现

图6–21　长久手剧场外景
东南大学建筑学院钱强教授提供

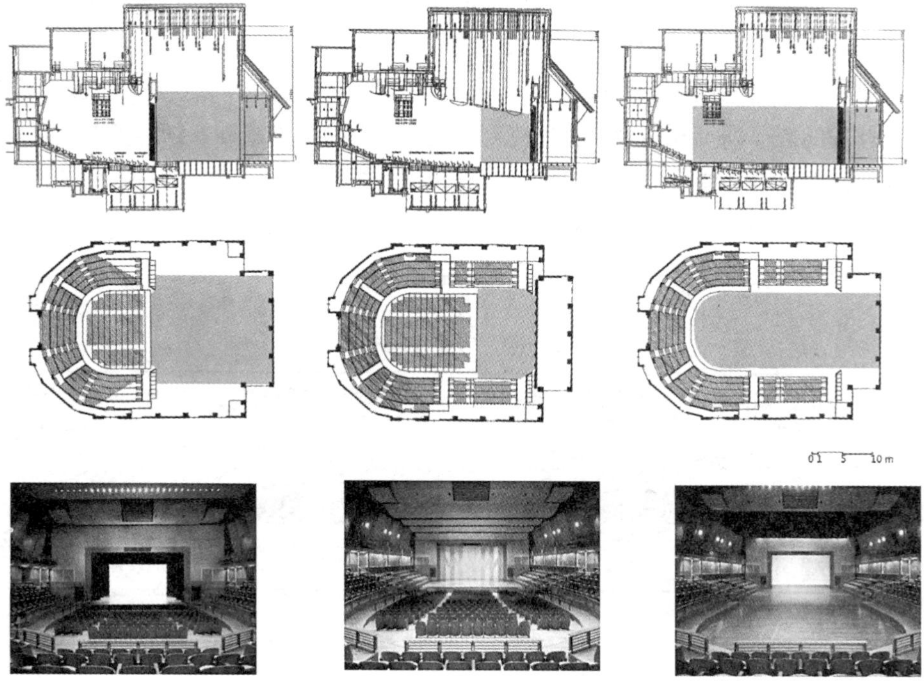

（1）镜框式舞台　（2）伸出式舞台　（3）行道式舞台

图6–22　长久手剧场观演空间的转换方式，平面图，剖面图及内景透视
图片由东南大学建筑学院钱强教授提供

代化的技术手段，并由此改革陈规，使其更合理的发展。

2．专业化

在向现代化发展的同时，还需要加强其专业化和多元化的发展，多元化，就是根据剧种和演出形式的不同，设置多种类型的观演场所，由于各种剧场分担不同的演出类型，可以充分发挥各自的特点。这样对剧场的数量和种类也提出了要求。在一段时期内，日本也很风靡镜框式舞台，但戏剧界和建筑界的人士很快发现了这种发展的局限性。社会也逐渐对非镜框式剧场理念有了更深入的认识。随着对剧场专业化、多元化的重视，日本根据剧种的不同，设置专业的能乐、歌舞伎、净琉璃的演出场所，如名古屋能乐堂、四国的金毘罗歌舞伎大芝居等。

随着日本国力水平上升和民众对戏剧认识的增强，对各类剧场环境和效果的要求增加。剧场技术水平的提高可以满足这种需要。现在，日本各地遍布观众席超过一千座的剧场，这些剧场司职不同的表演功能，来满足要求各异的表演形式。20世纪60年代开始，由于西方戏剧多元化思潮影响，日本也产生了很多不同观点的戏剧组织和不同形式的剧场，各演出团体配合专业人员对其表演的空间进行研究和改造。剧场专用化的趋势从20世纪80年代开始，为一些新建的剧场配备戏剧专用设备和技术。这种单一用途的舞台和观众厅主要针对一种表演艺术类型，可以将其表演发挥到极致。

技术的提高使得剧场设计和建造自由化，专业化的设施和有针对地专门化的设计，使得设备和舞台形式完美结合，对戏剧的表现更加突出。如日本传统的演艺文化能乐、歌舞伎、净琉璃配备有专门的现代化的能剧剧场和歌舞伎、净琉璃剧场，很好地保存了民族性的演剧文化（表6–4）。

日本当代三大国剧的舞台　　表6–4

四国金毘罗歌舞伎舞台①	名古屋能乐堂剧场②	日本某净琉璃剧场③

① 今尾哲也．歌舞伎的演剧空间构造——金毘罗的大芝居（摄影：风间秀夫），出自日本空间的历史考察.

② 图片由东南大学教授钱强拍摄提供。

③（日）山田庄一．歌舞伎、文乐、能、狂言的舞台［M］．东京：株式会社出版，2006：241.

续表

<table>
<tr>
<td>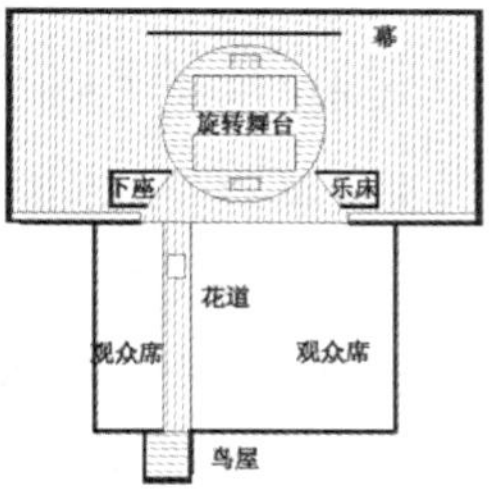
</td>
<td>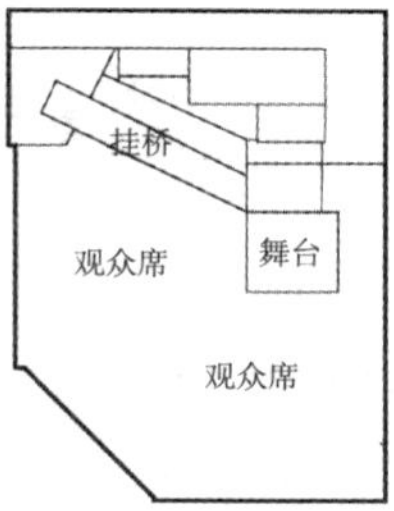
</td>
<td>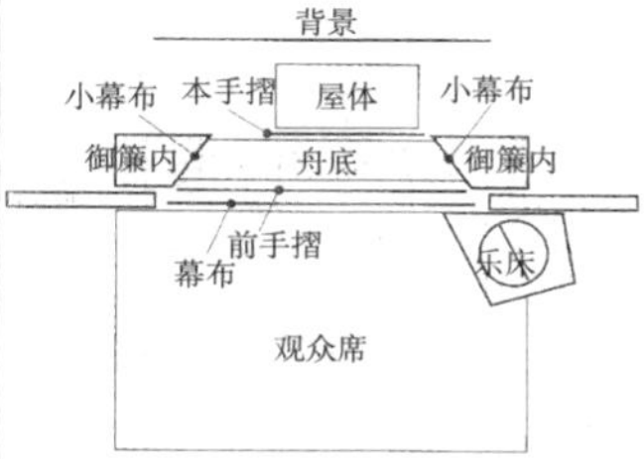
</td>
</tr>
<tr>
<td>当代的歌舞伎舞台①</td>
<td>当代的能乐舞台②</td>
<td>当代的净琉璃舞台③</td>
</tr>
</table>

日本近些年还出现了许多微型剧场，是被称为“黑匣子”的超小型剧场，其灵活性和实用性都很高，剧场运作费用也较低。我国学者曹路生在《东京观剧随感》中描述了东京新宿闹市区一幢大楼的二楼的小艾利丝剧场观看歌舞伎表演的情况，其歌舞伎的剧场总共只有一百多平方米，大概容纳一百多人，可以说是东京最小的剧场，整个房间被改装成一个黑匣子，三分之一的地方辟为演区，三分之二的地方搭超台阶式的架子铺上地毯，剧场观众席中间偏左处辟出一条“花道”供演员上下场，将舞台与观众席一分为二，观众需脱鞋赤足挤在一起。相比较大的剧场，这样的小型剧场具有演出时间灵活，表演更加专业，观演关系更加亲和等特点，所以往往门庭若市，效益很好。我国近些年也出现了这样的小型剧场，如我国北京小艺人剧场，其比一般的大型剧场更为实用，同时还增加了演出次数，减少费用，更可以创造独特的意境。

3. 民族化

在现代化，专业化的同时，还必须保持民族化和本土化。如上文所述，日本的演剧发展了自己的风格，并很好保留了传统剧种。像京都，大阪的新歌舞伎剧场（图6-23），台口很宽，进深很浅，观众席与舞台相离很远。这些都是和歌舞伎观演要求一致

图6-23 大阪新歌舞伎剧场（笔者拍摄）

① （日）八板贤二郎. 传统艺能歌舞伎的舞台［M］东京：新评论株式会社，2009：102.
② （日）村松伸. 国立能乐堂［J］世界建筑（日本），1984（04）：40.
③ （日）八板贤二郎. 传统艺能歌舞伎的舞台［M］东京：新评论株式会社，2009：78.

的，但观众席则是西洋式的。剧场外观也采用日本传统样式的多重屋檐，由内到外都展现出浓郁的民族特点。

民族样式同样是通过一种系统化的发展传承下来，并不是单纯形式化的原封不动的保留。将与传统的演出剧目相适应的演出空间，这种保留却远非故步自封式的。日本在吸收西洋技术和理念的时候，能够兼顾协调自身文化的发展。如上文所述，日本的演剧发展了自己的风格，并很好保留了传统剧种。这样就对其演出空间形式和剧场建筑风格有了更高的要求。表演行为，空间和建筑总是有机联系的，为了发展并继承传统精神的民族戏剧，由国家建设并管理一些“日本风格”的剧场。发扬民族性并没有将传统思想禁锢下来，而是融入了新的时代特征。如日本京都南座歌舞伎剧院，从建筑外形到建筑内部，在对旧的剧场传承的同时，创造出具有新的时代气息的剧场（表6–5），继承和发扬了剧场的民族特色，此外，名古屋的能乐堂也很好地保留了传统观演空间的特质。

从日本当代的观演建筑可以看出，其剧场对传统的演出方式和空间元素的传承，如能乐剧场中对挂桥和传统屋顶的舞台形式的保留，歌舞伎剧场中对花道的运用，净琉璃剧场对大夫座的保留，都可以体现出日本的剧场在现代化的过程中，对于民族特色及元素的保留和运用，而这些，正是我国当代的剧场建筑设计中所缺失的，所以，对于传统的学习和创新，才是我国当下剧场设计最迫切的需求。

日本京都南座歌舞伎剧院　　表6–5

	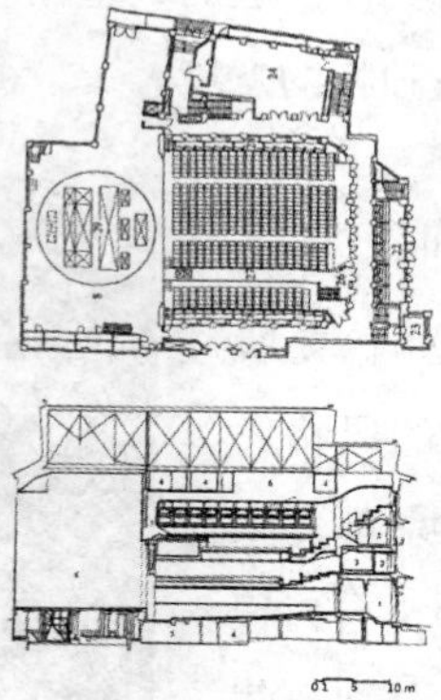	 具有400多年历史的南座歌舞伎剧院舞台 
京都南座歌舞伎剧院外景[1]	南座歌舞伎剧院平面图和剖面图	京都南座歌舞伎剧院观众席

① MEISEI株式会社编. 现代建筑集成——剧场［M］. 东京：MEISEI株式会社出版，1995：119-124.

6.3.2 中国当代观演建筑存在的问题和改革方向

6.3.2.1 当代观演建筑存在的问题

改革开放以来，我国的专业性观演建筑建设有了很大程度的发展，但是存在的问题也比较严重。

1．观演模式缺少亲和感

对于伸出式舞台和中心式舞台，观众分散环绕在三面和四面，但是每个演员每个时刻却只能对着一个方向表演。而镜框式舞台，则观众和演员都在相对的方向。因此伸出式舞台声学的处理更加复杂。从这一点来说，适应性观众厅规模不能太大。一般来说，要将演区上空的灯光照明系统与声音的反射措施综合考虑，向观众席提供早期反射声，以缓解声场分布的不均匀状态。然而延迟声反射又不可以太强，否则混响加大，不利于戏曲念白和唱腔的清晰度。而应有的舞台空间关系往往被忽视，观演空间脱离了戏曲要求，用单一的镜框式舞台来应对所有表演。这样做，戏曲表演应给予观众的在场感、围合感和亲密感就得不到体现。

2．建设规模和空间过大

剧场的建设经常是政府行为，占地和耗资较大。由于是政府出经费投资和管理，选址经常是在市中心区，剧场的规模效仿西方的大型剧场，且盲目攀比观众席数量，近千人的剧场常常观看的人数不过半，演出次数少而且不确定。可是对于现代剧场来说，一般投资较大，如果容量不够的话，运营上会有困难。另外，空间大会给观演带来困难。从技术的角度上来说，裸眼视距在15米内可以欣赏到表情和身体细微动作，超过22米时，就看不清面部表情了，38米以内还能看清一般身体动作。这些距离参数就是观看戏剧表演的视距控制线了。而传统的戏曲虽然和一般戏剧相似，会夸张动作幅度和面部表情的表现，不过也很重视一些比较细微的动作。尽管这些舞台动作也对生活中的原型进行了夸大，超过了一定的距离，对观赏是不利的。

3．设备和演出不相适应

为了适应观众厅多种格局，灯具的布置也需要较大的适应性。一般来说，在开敞格局中灯光设计考虑避免眩光；而在镜框式布局中，灯光照射方向和观众观赏方向一致。[①]传统戏场的规模一般较小，观众厅宽一般均在20米以内，因此两侧的围合墙面可为观众席提供有效的早期反射声；传统戏台上的藻井，以及舞台

---

① 董云帆. 多元·整合·适应——现代西方剧场建筑设计发展趋势研究［D］. 重庆大学硕士论文，2001：109-110.

后墙亦可为观众席提供早期反射声。据近来实测资料介绍，强反射舞台比强吸声舞台，对观众席的声场有显著提高。由此可见，现代剧场舞台（具有复杂机械吊杆与幕布的镜框式舞台）对响度有一定的影响①。

由于空间和功能不能对应，许多地区就盲目修建一些看起来比较炫目的项目作为形象工程。一方面，只是注重建筑的外表和效果的华丽，忽视其真正功能上的意义，使得建筑功能得不到应有的完善；而且盲目求大，好像宏伟更容易产生视觉冲击，这样和当地的使用要求不符，使用率低造成浪费；另一方面，为了给演出制造一些奇幻效果，同时也是给剧院带来一些票房上的噱头，一些地方不考虑实际需要，而配置一些舞台设备，而这些设备却得不到很好的利用，也造成了浪费。

4. 相关研究发展滞后

西方的现代剧场设计有一套相对完备的理论体系，是建立在对其表演各方面细致、深刻的分析之上的。如他们会根据西方人的歌唱发声特点和语言发声特性来总结出适合的混响时间，这种研究要求大量的针对演员的统计资料以及大量的各类人群参与进行主观评价。在技术细节的其他各方面都进行了这样的研究，从而得出相对准确的标准来指导设计。这样的流程是相对科学的，它全面利用现有的技术手段，来对戏剧这样的艺术形式进行充分的表现②。

虽然我国目前有一些零星的研究，但还不能组成一个完备的系统。往往是借用西方的一些数据，可是这些数据是基于其他剧种的特点，和戏曲存在着很大的差别。也许在某些方面存在一些相似性，或者差别并不是太大，可是当这些细小的差别在一个庞大的体系中又会影响到上一层级的因子，所以越复杂的体系这种差别越大，带来的问题也就越多。

6.3.2.2 当代观演建筑的改革方向

上文对当代观演建筑存在的问题做了说明。那么如何设计当代观演建筑、改善观演空间环境呢？笔者认为，可以从以下几个方面改变：

首先，应该从观演模式上进行改变，增强演员与观众的互动性。当代已建的剧场多采用西方的镜框式舞台，舞台高度低于观众厅且观众多俯视，演员与观众的距离拉得很远也缺少交流互动。当代的舞台设计，虽不同于以往的传统戏曲舞台，但也可以借鉴传统舞台三面观的优势，设计伸出式舞台，同时也需要设计能

---

① 毛万红. 传统戏场建筑研究及其音质初探暨浙江传统戏场［D］浙江大学硕士学位论文，2003：57.

② 卢奇. 戏场的前世今生——对传统戏曲观演空间的探析［D］. 东南大学硕士论文，2010：70.

够摆放专业设备的后台和摆放专业乐器的场地，乐队也可设置在舞台后部作为演出的一部分。观众席空间可以以舞台为中心布置，舞台高度介于各层观众席之间，使多数观众能够平视且拉近观与演的距离，这样演员与观众的互动性也较强，台上台下可以打成一片，加强了演出气氛。观众席的设置方式也应该改变单调的阶梯式的方式，空间大且单调，纵向的延伸使得观看的视距过远，整个剧场环境都缺少文化氛围和空间层次。传统戏场中的观众席分为两部分，庭院部分和看台部分，庭院部分以近似方形的大而完整的空间出现，看台部分以回廊的形式出现。当代的剧场设计，可以借鉴这种模式，吸取传统戏场庭院式和回廊式的优点，同时把观众席分成多层并有台阶相连，舞台与观众席或共用空间，或采用通高设计，或采用流动连续的小空间，场内摆放方桌藤椅，营造一种轻松自然的观剧环境，创造一种更加积极的剧场观演空间。

其次，从改变建设规模过大带来的问题上说，从大型剧场向中小剧场和综合的文化中心过渡。戏曲表演的剧场要求观众厅不能像舞剧剧场那样大尺度，研究表明，观众席的座位在750座位以内通常是适宜的，如果按照常识设计，则声学也不会有太大的问题。目前具体操作过程中，座位数量一般为600～800座，甚至更小，较好的视距控制在小于20米，一般为15米左右的范围内。这样规模的设计在一些地方是否能被业主接受还有待实践检验。传统观演空间的规模相对现代剧场来说无疑是要小得多的，这样才符合观演关系中的亲密感。这些年，国外出现了许多中小型剧场，还出现了被称为“黑匣子”的超小型剧场，其灵活性和实用性都很高，剧场运作的费用也较低。相比较之下，小剧场有着比大剧场更优质的声环境和灵活可调的机动性，尤其是当今的戏曲文化环境下，分散的小剧场比集中的大剧场更有利和更适用。同时还可以增加演出次数，减少费用，扩大影响力。

这样的小剧场演出，可以创造一种根据剧情需要而设计的独特的观演空间组织形式，使观演双方的物理空间结构灵活多变，一戏一格。如：国内著名的北京人艺小剧场内部舞台，即可根据不同的剧种，使用不同的舞台布置方式。在人艺小剧场演出的《美丽世界的孤儿》一剧中（图6–24），为了表现流浪儿颠沛流离的生活状态，将舞台抽象化为一条没有尽头的铁轨，而观众则分别在两端观看（图6–25）。这种舞台形式将戏剧情景空间化，有利

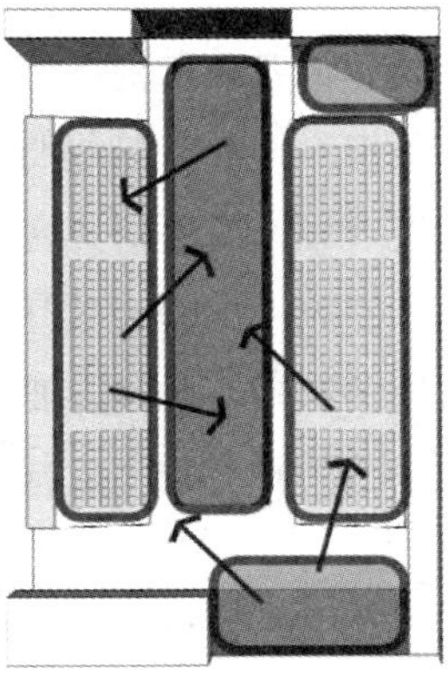

图6–24　北京人艺小剧场舞台平面分析

（a）《恋爱的犀牛》舞台布景　　（b）《美丽世界的孤儿》舞台布景

图6-25　北京人艺小剧场舞台

于醒目地揭示剧本内涵，也令观众有更直接的感受和体验，强化了空间效果。

再次，从解决演出与设备的矛盾上说，应该提倡原声演唱和提高声音的一次反射声。当代戏曲表演都采用麦克风，这样难免造成声音失真，随着戏曲艺术的发展和对演出音质要求的提高，话筒等扩声系统的作用将逐渐被淡化，演员原声唱的要求也会越来越高。如2005年11月18日在巴黎的第二届中国传统戏剧闭幕式的演出地点是能容纳300多人的小剧场，各个从国内请来的剧种班子：粤剧、潮剧、京剧、评剧等依次粉墨登场，演员们都采用真唱而不用话筒就把嘹亮的曲调传到了剧场的每个角落。所以，专业性剧场的设计，应该以戏曲表演的原声原唱及其绝技等原始特点为基准，通过空间和反声板的设置改变声环境。如墙面采用吸声材料或用帷幕等柔软的织物减少混响声，戏台后墙和两侧的木制墙面以及木制顶棚提供早期反射声，扩大演员的音量等措施。

最后，面对我国戏曲相关研究发展的滞后，进一步的深入研究应该基于戏曲唱腔的研究，量化各剧种戏曲演员发音的音频和声速。这对于戏曲舞台设计极为重要，涉及如何提高听音的音质质量，对混响时间的计算和反声板和吸声板位置的放置。此外，对戏曲传统观演模式和现代观演空间的实用性的研究上，应该对传统戏场空间进行声音混响测量，利用缩尺模型来分析传统庭院式戏场的音质，包括庭院上方是否敞开，改变围合界面高度，堂屋是否敞开等建筑形式的变化对音质的影响。同时，要挖掘地方特有的文化特色，作为地方剧种诞生的土壤，其戏场也有自身的文化特征。

6.3.3　观演场所的“回归”与“空间活力”再创造

日本当代的剧场走向现代化、专业化、民族化的道路，为我国的观演建筑的发展提供了参考模式，但其也存在着许多不可避免的问题，如资金投入大、上座率不足、剧场利用率不高等。反观中日历史上的传统观演空间，虽然观演的形式比较的简单，但人与人之间的交往的气氛并没有因为这种观演内容的简单而走向消极，而是充满着无限的活力，那我们就不得不反思，观演场所的本质是什么？追溯最早的人类观演活动的产生，其有两方面的目的："娱神"和"娱人"，而传统的演出是"借娱神的名义以娱人"，其目的是在欣赏演出的同时，教化民众、增加人与人的交往、创造和谐的社会关系，究其本质是促进人和神以及人与人的交流，而如今剧场中的演出主要是创造良好的观演环境，演员与观众的关系是输入和接收的关系，其恰恰忽略了观演场所需要创造"人与人交流的价值"这一本质，在当今信息高度发达的社会，传统剧场的许多功能都已经被电视、电影等现代科技逐步代替，那么，在当代传统剧场存在的价值何在？传统演艺存在的价值又何在？它是逐步地消亡还是以其他的方式新生？生存或是毁灭？这是当代剧场一个值得思考的问题。

笔者认为，剧场不仅不会在影视技术盛行的时代逐步消亡，而且会以新的面目逐步地兴盛，那么剧场需要往何处发展呢？如何以新的面貌出现？那就是当剧场回归其本来目的所在："增加人与人的交往，创造和谐的社会关系"，也就是从一个单一的、封闭的观演空间逐步地走向开放性和公共性，体现城市的公共性价值，成为公众参与的观演空间，才会避免其空间活力丧失和走向消亡。

1. 回归"空间公共性"的观演建筑

对于中日的当代剧场，其最大的问题是"空间公共性"的丧失，空间公共性的产生需要立足于城市的全体市民，而当代剧场是为高素质、高收入的阶层演出和服务的，这成为当今社会剧场单一的观众来源，主要资费往往由观看的市民承担而产生了高额的费用成为阻碍观众参与的最主要的原因，此外，剧场是步行很难到达的场所成为阻碍群众参与另一个重要因素。

反观中国古代的传统观演空间，大都依附于庙宇、商业、会所等建筑，具有体量小、分布广、功能结合和空间开放等特点，观看的群体也都是来自各个阶层，方便到达且时间灵活，此外，传统的戏曲演出费用常常由某一集体或者商人赞助，同时周围伴随着大量的商业活动，也就是说，很多的演出都是公益演出，而演出的费用往往由上层机构承担，同时商业活动反哺于上层，演出带有明显的商业利益。正是基于以上特点，传统观演场所才能成为千百年来人们生活交往的场所而经久不衰。

此外，笔者认为当代的剧场还需要向传统观演场所学习其经营模式，使其成为城市的公共交往空间，这就需要依托于传统商业街区，在增加传统商业街区空间活力的同时，使观演行为与交换行为相互促进，相依相存。城市商业的发展必然会带动开放的剧场环境，终有一天剧场不再是限于城市特殊人群欣赏的场所，而是会以一种开放的姿态成为城市的一种风景，让所有的人都可以参与和互动，这种活力和公共性的产生，更需要从传统中借鉴，正如简·雅各布斯在《美国大城市的死与生》一书中所说："人与人的活动及生活场所的交织的过程，产生生活的多样性，从而获得空间的活力。""容纳不同功能的多样化"走向空间开放性的观演建筑，可以使其重新获得"空间公共性"和空间活力。

2．观演场所"空间活力"的再创造

展望于未来的观演建筑，其空间活力的创造，还可以向传统观演场所的"空间开放性""空间连续性""空间多元性"三个方面学习，进而获得空间活力。

第一，观演场所的"空间开放性"。当代观演空间需向传统街区中的观演空间学习，我国传统街区观演空间具有内敛性和开放性双重特征，内敛的向心性赋予了聚的含义[①]，使得观演空间成为如芦原义信所说的——积极的空间，同时，其内向性是相对的，在保持自身的独立和内敛向心的同时，还应该具有开放的特点。观演空间的开放性主要体现在开放的节点空间，且位于交通便利之处，与外部有着广泛联系，开放性又使其多向可达，成为一个充满活力的空间。我国四川成都商业街区锦里的戏台就是一个向传统街区观演空间学习的实例。其戏台位于街道正中央，与交叉口的开敞空间一起构成演出空间，每逢节日便有川剧的演出，观看空间和步行空间的交混并没有影响观演正常进行，而是相得益彰。从上可以看出，观演空间应在商业街区中选择接近商业中心和商业出入口的地方设置，同时要保证观演空间的围合和多向可通达性，这样才能塑造一个向心的，有凝聚力和活力的观演空间。

第二，观演场所的"空间流动性"。在中国传统的观演空间中，连接戏场和戏场，以及戏场与外部公共场所的正是街道，它使人感受到了流动的意义和价值，日常生活不断地发生和聚集，而这种多义性和流动性的生活方式，正是古代中国空间的特质，街道空间与庭院空间一起构成了中国特有的公共观演空间，起着西方广场的功用。所以，在当代的商业街区的观演场所，如果将街道空间与庭院观演空间结合在一起，可以使观演场所的路径具有多向度可及性的同时，使其空间具有流动性的特质。而观演场所中连续的界面，又使得空间成为一个连续不

---

① 任军. 文化视野下的中国传统庭院［M］. 天津：天津大学出版社，2005：159-192.

断的整体，构成完整的空间意境。而人的动态行进的过程，正是时间和空间流动性产生的前提，可见，通向观演场所的连续不断的多个可选择的通廊是流动性产生的关键。

第三，观演场所的“空间多元性”。当代，随着社会文化的进步不仅促使戏剧观演方式的变革，人们对戏剧的消费行为也会发生变化。人们观看戏剧，不再限于单一的欣赏行为，还有一系列购物、娱乐、餐饮等一系列消费行为需要。为了满足这些需求，商业中的观演空间应该和市民其他消费行为场所复合一体，方便市民与观演场所更融洽地接触。所以，在设置观演场所时，创造一个多元性的、功能结合型的场所，对于激发观演空间的活力极为重要。

笔者认为，今后中日剧场发展模式需要向中日传统观演空间学习，发展一种具有开放性，流动性，多元性特征的观演空间，从而激发城市的空间活力。这就需要剧场不再仅仅作为观演的场所，而是作为城市交往的公共空间而存在，其容纳多种人群的存在和交流，而不是走向单一的封闭的形态，其不再满足于当下观演意义上的演出与观看，输入和接受，而是走向一种公共空间的形态。在这样的空间中，可以最大化地激发人们对于相互交流的向往，促进彼此之间的相互了解，促进彼此的关爱和友谊，不再止步于对于物质和技术的追求，而真正地达到对人精神层面的关怀。观演场所的产生，是基于促进人类精神层面交流的需求，而回归到观演场所的起点和人对于观演的本质需求，则是未来观演场所发展的方向。笔者相信终将有一天，随着社会的发展，剧场会作为城市的“公共性空间”存在，走向一种开放的形态，回归于城市的市民阶层。

6.4 本章小结

本章重点探索中国京剧剧场的产生和发展，同时与日本的歌舞伎室内剧场的发展作对比，借以说明不同的文化和表演行为对建筑空间发展的影响。本章基于对传统表演艺术和观演场所的双层保护与再生，探讨当代观演场所的发展方向。

首先，本章第一节介绍了传统观演建筑的现状，提出对传统观演建筑的保护存在的问题：保护缺少监管、权责不明；保护缺乏法律和制度保障；政府财政投入少。提倡对传统观演建筑需立法保护，并逐渐从“政府保护”向“社会化保护”过渡。同时对传统演剧文化和观演场所的再生和开发利用提出可行意见。

其次，本章第二节，通过对日本歌舞伎舞台的改革历程及其创新的研究，笔者认为，日本歌舞伎及其舞台自从诞生之日起，就一直处于不断的探索和变化，吸收其他舞台的特点，加以利用和尝试。而我国的京剧及其戏曲舞台没有过真正意义上的改革。当代的剧场更是盲目地套用西方剧场模式，造成传统文化的丢失。笔者经过对中国戏曲舞台的历史研究和日本歌舞伎舞台的对比研究后，认为当代京剧舞台应该从舞台背景和空间观演模式方面进行改革和大胆的尝试。在经过对传统观演空间历史原型的分析后，笔者寻找到三个传统观演空间的原型特征：飞桥、多层舞台、伸出舞台，为京剧的改革提出历史依据和参考。

然后，笔者通过对当代观演建筑设计存在的问题以及空间活力产生方式的研究，提出当代观演场所的改革和发展方向。对于当代专业性观演建筑，笔者认为存在观演模式缺少亲和感、建设规模和空间过大、设备和演出不相适应、相关研究发展滞后等四个问题，提出当代专业性观演建筑需从以下几个方面改变：第一，从改变观演模式上说，当代观演空间应该多采用三面观看的观演模式，镜框式的剧场舞台应该向伸出式舞台转换，增强演员与观众的互动性；第二，从改变建设规模过大带来的问题上说，从大型剧场向中小剧场和综合的文化中心过渡；第三，从解决演出与设备的矛盾上说，应该提倡原声演唱和提高声音的一次反射声；第四，面对我国戏曲相关研究发展的滞后，应进一步深入开展基于戏曲唱腔的研究，量化各剧种戏曲演员发音的音频和声速。

最后，笔者提出，中国当代观演建筑需要走现代化、专业化、民族化的道路。同时，今后的剧场发展模式需要向中国传统观演空间学习，发展一种具有开放性、流动性、多元性特征的观演空间，回归到观演场所的起点和人对于观演的本质需求，以激发观演场所的“空间活力”，创造出具有我国本土特色的戏曲观演空间。

结　语

中日两国的传统观演场所和戏剧都是同源异流的文化，其同源性体现在前期的传播过程，而差异性体现在后期的演化过程，其演变最主要的动因，是演艺及观演行为方式的变化促使了舞台空间的演化。所以，通过对日本及中国传统观演行为和观演场所的对比研究，不仅能填补观演建筑断代史研究上的空白，同时还能寻找到传统观演空间充满活力的原因，从而基于传统的文化和演艺形式更好地营造当代的观演建筑。

对于我国观演建筑的发展，笔者认为，我们必须在学习的过程中保存和发展自己的建筑特色和民族风格。从历史上看，任何成熟的艺术和建筑形式都与其特定的文化环境和时代背景有关，不能割裂其特定的语境，特别像戏曲这样在几千年的传统封建社会下产生并沿袭的表演形式，不可避免的有其固有的内在特质，而西方剧场也是基于其自身表演艺术形式而产生的，与中国的观演空间要求会有很大的差异。所以，不能盲目套用西方的剧场模式进行设计和研究。

当代中国的观演建筑在向现代化、专业化发展的同时还必须保持民族性。现代化绝不是对西方先进的观演建筑不假思索地引进其设备和空间模式，而应该根据各种剧种演出特点的不同，发展相应的现代舞台空间；而专业化则是要求各演剧团体配合专业人员对其表演的空间进行研究和改造；民族化同样是通过一种系统化的发展方式使文脉得以延续，形式得以传承，从而创造出与传统演出剧目相适应的演出空间，这种保留却远非故步自封式的。在这些点上，日本作为亚洲最先进的国家，在当代戏剧和剧场的发展方面，给当代中国以很大的启示。在近代日本歌舞伎剧场探索过程中，民族样式通过一种系统化的发展得以传承下来，并不是单纯形式化的原封不动的保留，而是将其改变成与传统的演出剧目相适应的演出空间，为了符合现代人的行为模式和观演需求，也要使用现代化的技术手段，并由此改革陈规，使其更合理地发展。“只有民族的，才是世界的。”所以，中国当代观演建筑只有从传统文化中提取精华，走现代化、专业化、民族化的道路，才能创造出真正意义上的具有我国本土特色的戏曲观演空间。

最后，笔者认为，今后的剧场发展模式需要向中国传统观演空间学习，发展一种具有开放性、流动性、多元性特征的观演空间，从而激发城市的空间活力，这就需要剧场不再仅仅作为观演的场所，而是作为城市交往的公共空间而存在，其容纳不同类型人群的存在，激发人们对于相互交流的向往，促进彼此之间的相互了解和关爱，不再止步于对于物质和技术的追求，而是真正地达到对人精神层面的关怀。观演场所的产生，是基于促进人类交流和精神层面的需求，而回归到观演场所的起点和人对于观演的本质需求，则是未来观演场所发展的方向。

参考文献

相关日本文献

[1] 石川县立历史博物馆. 能乐——加贺宝生的世界[M]. 金泽: 石川县立历史博物馆发行, 2001.

[2] 须田敦夫. 日本剧场史的研究[M]. 东京: 相模书房, 1957.

[3] 西和夫. 祝祭的临时舞台——神乐与能的剧场[M]. 东京: 彰国社株式会社, 1997.

[4] 佐藤隆信. 古事记·日本书记[M]. 东京: 大日本印刷株式会社, 1991.

[5] 五木宽之. 百寺巡礼·第三卷·京都篇[M]. 东京: 大日本印刷株式会社, 2003.

[6] 宫元健次. 图说日本建筑[M]. 东京: 株式会社学芸出版社, 2001.

[7] 清水裕之. 剧场构图[M]. 鹿岛: 鹿岛出版社, 1988.

[8] 坂田泉. 东北地方的舞乐舞台[M]. 东京: 日本建筑学会, 1960.

[9] 若井三郎. 佐渡的能舞台[M]. 新潟: 新潟日报事业社, 1978.

[10] 角田一郎. 农村舞台的综合的研究——歌舞伎、人形居的中心[M]. 东京: 樱枫社, 1971.

[11] 三上敏视. 神乐出会[M]. 东京: 太阳印刷工业株式会社, 2010.

[12] 田口章子. 元禄上方歌舞伎——初代坂田藤十郎的舞台[M]. 东京: 勉诚株式会社, 2009.

[13] 山田庄一. 歌舞伎、文乐、能、狂言的舞台[M]. 东京: 株式会社出版, 2006.

[14] 服部幸雄. 图绘歌舞伎的历史[M]. 东京: 株式会社平凡社, 2008.

[15] 福地义彦. 能的入门[M]. 东京: 凸版印刷株式会社, 1994.

[16] 河竹繁俊. 日本演剧全史[M]. 东京: 岩波书店, 1959.

[17] 河竹繁俊. 日本演剧史概论[M]. 东京: 文化艺术出版社, 2002.

[18] 八板贤二郎. 传统艺能歌舞伎的舞台[M]. 东京: 新评论株式会社, 2009.

[19] MEISEI株式会社编. 现代建筑集成——剧场[M]. 东京: MEISEI株式会社出版, 1995.

[20] 佐藤隆信. 古事记·日本书记[M]. 东京: 大日本印刷株式会社, 1991.

[21] 河竹登志夫著，丛林春译．戏剧舞台上的日本美学观［M］．北京：中国戏剧出版社，1999.

[22] 杉山太郎，伊藤茂著，黎继德译．中国戏曲的可能性［M］．北京：中国戏剧出版社，2003.

[23] 田仲一成，布和译．中国戏剧史［M］．北京：北京大学出版社，2011.

[24] 广田律子，王汝澜．鬼之来路．中国的假面与祭仪［M］．北京：中华书局，2005.

[25]（日）伊东忠太郎．中国建筑史［M］．北京：商务印书馆，1937.

[26]（日）森兼三郎．德岛的农村舞台［J］．住宅建筑，1992（2）.

相关中文文献

[1]［宋］孟元老．东京梦华录［M］．济南：山东友谊出版社，2001.

[2]［元］陶宗仪．南村辍耕录［M］．北京：中华书局，1959.

[3]［美］詹姆斯·斯蒂尔．剧院建筑［M］．大连：大连理工大学出版社，2007.

[4]［美］布罗凯特．世界戏剧艺术欣赏——世界戏剧史［M］．北京：中国戏剧出版社，1987.

[5] 王强著．会馆戏台与戏剧［M］．台北：台北文津出版社，2000.

[6] 中国戏曲志编辑委员会．中国戏曲志·浙江卷［M］．北京：文化艺术出版社，1997.

[7] 胡忌．宋金杂剧考［M］．北京：中华书局，2008.

[8] 胡臻杭．南宋临安瓦舍空间与勾栏建筑研究［D］．南京：东南大学硕士论文，2010.

[9] 薛林平．中国传统剧场建筑［M］．北京：中国建筑工业出版社，2009.

[10] 廖奔．中国古代剧场史［M］．郑州：中州古籍出版社，1997.

[11] 吴晟．瓦舍文化与宋元戏剧［M］．北京：中国社会科学出版社，2001 .

[12] 张家骥．中国建筑论［M］．太原：山西人民出版社，2004.

[13] 薛林平，王季卿．山西传统戏场建筑［M］．北京：中国建筑工业出版社，2005.

[14] 段建宏．戏台与社会——明清山西戏台研究［M］．北京：中国社会科学出版社，2009.

[15] 叶渭渠．日本建筑［M］．上海：三联书店，2006.

[16] 滕军．中日文化交流史［M］．北京：北京大学出版社，2011.

[17] 唐月梅. 日本戏剧 [M]. 上海：三联书店，2006.
[18] 周华斌. 中国剧场史论 [M]. 北京：北京广播学院出版社，2003.
[19] 冯骥才. 老戏台 [M]. 北京：人民美术出版社，2003.
[20] 栾冠桦. 角色符号：中国戏曲脸谱[M]. 北京：生活·读书·新知三联书店，2005.
[21] 韦明铧. 江南戏台 [M]. 上海：上海书店出版社，2004.
[22] 高琦华. 中国戏台 [M]. 杭州：浙江人民出版社，1996.
[23] 郭广岚，宋良曦. 西秦会馆 [M]. 重庆：重庆出版集团，重庆出版社，2006.
[24] 四川省建设委员会. 四川古建筑 [M]. 成都：四川科学技术出版社，1992.
[25] 杜建华. 川剧 [M]. 成都：四川人民出版社，2007.
[26] 蒋维明. 四川移民会馆与川剧 [M]. 成都：四川客家研究中心编印，2005.
[27] 孙大章. 中国古代建筑史——清代建筑，第五卷 [M]. 北京：中国建筑工业出版社，2000.
[28] 杨永生. 中国古建筑全览 [M]. 天津：天津科学技术出版社，1996.
[29] 王世仁. 王世仁建筑历史论文集 [M]. 北京：中国建筑工业出版社，2001.
[30] 乔忠延. 山西古戏台 [M]. 沈阳：辽宁人民出版社，2004.
[31] 张耕. 中国大百科全书：戏曲曲艺卷 [M]. 北京：中国大百科全书出版社，1992.
[32] 李畅. 清代以来的北京剧场 [M]. 北京：燕山出版社，1998.
[33] 刘彦君. 东西方戏剧进程[M]. 北京：文化艺术出版社，2005.
[34] 萧默. 山西古代建筑营造之道 [M]. 北京：三联书店，2008.
[35] 赵英勉. 戏曲舞台研究 [M]. 北京：文化艺术出版社，2000.
[36] 周华斌、柴泽俊、车文明等. 中国古戏剧台研究与保护 [M]. 北京：中国戏剧出版社，2009.
[37] 于一. 巴蜀傩戏 [M]. 北京：大众文艺出版社，1996.
[38] 任军. 文化视野下的中国传统庭院 [M]. 天津：天津大学出版社，2005.
[39] 赖武、喻磊. 四川古镇，四川出版集团，2010.
[40] 俞孔坚. 理想景观探源：风水与理想景观的文化意义 [M]. 北京：商务印书馆，1998.
[41] 翟文明. 图说中国戏剧 [M]. 北京：华文出版社，2009.
[42] 高文. 四川汉代画像砖 [M]. 上海：上海人民美术出版社，1987.

[43] 李志民. 建筑空间环境与行为 [M]. 武汉：华中科技大学出版社，2009.
[44] 蒋涤非. 城市形态活力论 [M]. 南京：东南大学出版社，2007.
[45] 李允鉌. 华夏意匠 [M]. 天津：天津大学出版社，2005.
[46] 赵万民. 龚滩古镇 [M]. 南京：东南大学出版社，2009.
[47] 赵万民. 安居古镇 [M]. 南京：东南大学出版社，2007.
[48] 季富政. 采风乡土 [M]. 成都：西南交通大学出版社，2008.
[49] 季富政. 巴蜀城镇与民居 [M]. 成都：西南交通大学出版社，2000.
[50] 白剑. 华夏神都——全方位揭秘三星堆文明 [M]. 成都：西南交通大学出版社，2005.
[51] 周育德. 中国戏曲文化 [M]. 北京：中国友谊出版公司，1996.
[52] 马彦祥，余从. 中国大百科全书 · 戏曲曲艺卷 [M]. 北京：中国大百科全书出版社，1983.
[53] 廖奔，刘彦君. 中国戏曲发展简史 [M]. 太原：山西教育出版社，2006.
[54] 张连. 中国戏曲舞台美术史论 [M]. 北京：文化艺术出版社，2000.
[55] 李修生. 元杂剧史 [M]. 南京：江苏古籍出版社，2000.
[56] 车文明. 中国神庙剧场 [M]. 北京：文化艺术出版社，2005.
[57] 罗德胤. 中国古戏台建筑 [M]. 南京：东南大学出版社，2010.
[58] 刘徐州. 趣谈中国戏楼 [M]. 北京：百花文艺出版社，2004.
[59] 沈尧定. 舞台美术设计实践与技巧 [M]. 北京：北京工艺美术出版社，2004.
[60] 任半塘. 唐戏弄 [M]. 上海：上海古籍出版社，2006.
[61] 何智亚. 重庆湖广会馆历史修复与研究 [M]. 重庆：重庆出版集团，2006.